科学出版社“十四五”普通高等教育本科规划教材

工业软件导论

韩启龙　李丽洁　徐悦竹　主编

科学出版社

北京

内 容 简 介

本书是编者在近十年工业软件研究、教学的基础上撰写的。书中系统阐述工业软件的起源与发展、工业软件开发所需的基础知识、常用工业软件关键技术、新型工业软件等相关理论与技术。

本书共 3 篇 12 章。基础篇内容包括绪论、工业软件理学基础、工业领域基础知识、计算机基础；专业篇包括研发设计类软件、生产制造类软件、经营管理类软件、运维服务类软件；高级篇包括工业大数据、工业知识图谱、工业互联网、数字孪生等。

本书可作为软件工程、智能制造、机械工程、计算机科学与技术等专业的本科生或硕士研究生的教材，也可供上述领域中的研究人员和工程技术人员阅读参考。

图书在版编目（CIP）数据

工业软件导论 / 韩启龙, 李丽洁, 徐悦竹主编. 北京 : 科学出版社, 2024. 11. --（科学出版社“十四五”普通高等教育本科规划教材）. -- ISBN 978-7-03-078736-1

Ⅰ. TP311.52

中国国家版本馆 CIP 数据核字第 20244JZ554 号

责任编辑：于海云　滕　云 / 责任校对：胡小洁
责任印制：吴兆东 / 封面设计：马晓敏

科学出版社出版
北京东黄城根北街 16 号
邮政编码：100717
http://www sciencep com
固安县铭成印刷有限公司印刷
科学出版社发行　各地新华书店经销
*
2024 年 11 月第 一 版　开本：787×1092　1/16
2024 年 11 月第一次印刷　印张：14 1/2
字数：344 000

定价：69.00 元

（如有印装质量问题，我社负责调换）

前　　言

党的二十大报告强调：“加快实施创新驱动发展战略。坚持面向世界科技前沿、面向经济主战场、面向国家重大需求、面向人民生命健康，加快实现高水平科技自立自强。”

随着人工智能、移动计算、大数据、物联网等新一代信息技术的快速发展，全球制造产业面临新的科技革命与产业革命。面向工业企业转型升级的迫切需求，世界各国纷纷制定相关战略，在促进产业快速发展的同时，也对相关领域人才培养提出了新的要求。

工业软件是现代工业的大脑和灵魂，是推进制造业高质量发展的核心要素。工业软件应用范围非常广泛，涵盖船舶制造、航空航天、机械铸造、环保化工等各个行业和领域，又涉及生产流程中的设计、仿真、分析、制造、控制等多个环节。不同于传统的软件开发，工业软件开发需要面对大量的物理和数学问题，涉及多学科、多专业知识的交叉融合，面临非常复杂和高端的技术挑战。为了使读者充分了解工业软件，作者试图尽可能地使用浅显易懂的语言来描述。本书就工业软件相关技术提出一个蓝本，竭力为读者提供一整套完整的工业软件入门知识体系。

全书共分为三部分：基础篇、专业篇和高级篇。

基础篇包括第 1～4 章，介绍工业软件以及其他学科常用的基础知识。第 1 章为绪论，主要介绍工业软件的由来、工业软件的内涵与发展、工业软件分类，以及工业软件开发流程等；第 2 章为工业软件理学基础，主要介绍微积分、线性代数、运动与受力分析等理学知识在工业软件中的应用；第 3 章为工业领域基础知识，主要介绍工业工程、产品设计工程知识模型构建等相关知识；第 4 章为计算机基础，主要包括软件工程、计算机图形学、有限元分析等。

专业篇包括第 5～8 章，按照应用业务环节分别介绍相应的工业软件。第 5 章为研发设计类软件，主要介绍计算机辅助设计、计算机辅助工程、计算机辅助制造、电子设计自动化等；第 6 章为生产制造类软件，主要介绍制造执行系统、分布式控制系统、数据采集与监视控制系统、可编程逻辑控制器等；第 7 章为经营管理类软件，主要介绍企业资源计划、供应链管理系统、客户关系管理系统等；第 8 章为运维服务类软件，主要介绍机械状态监测与故障诊断、智能预测性维护等。

高级篇包括第 9～12 章，介绍工业软件新形态的相关知识。第 9 章为工业大数据，主要介绍工业大数据内涵、工业大数据技术架构等；第 10 章为工业知识图谱，主要介绍知识图谱基础、知识表示、知识抽取、知识存储、知识推理等；第 11 章为工业互联网，主要介绍工业互联网基础、工业互联网平台等；第 12 章为数字孪生，主要介绍数字孪生基础、数字孪生模型架构及应用等。

本书由韩启龙、李丽洁、徐悦竹任主编，吴晓明、赵英男、宋洪涛任副主编。在撰写本书的过程中，编者得到同事及研究生的支持，其中包括刘钦辉、王也、卢丹、杨建华、李鑫、罗恩泽、刘文强、徐凤鸣、王咏怡、王辉、薛瑞、罗天舒等，在此深表感谢。

本书的出版得到国家重点研发计划项目（2020YFB1710200）的资助。

工业软件涵盖各种行业和领域，涉及大量的专业知识和技术，罕有人士能对其众多分支领域均有精深理解。由于编者水平有限，书中疏漏之处在所难免，敬请读者不吝告知，将不胜感激。

编　者

2023 年 4 月于哈尔滨

目　　录

基　础　篇

高 级 篇

基 础 篇

第 1 章　绪　　论

本章学习目标：

（1）了解工业软件的基本概念；

（2）了解工业软件的特点、分类和作用；

（3）了解工业软件的内涵与发展；

（4）了解工业软件研发技术体系。

软件是新一代信息技术的灵魂，是关系国民经济和社会发展的基础性、战略性产业。在云计算、物联网、数字孪生、大数据、人工智能等新兴技术快速融合的背景下，软件正在定义可以定义的一切。

作为工业技术软件化的结果，工业软件是工业化的顶级产品，它既是工业产品的基本构成要素和研制复杂产品的关键工具，也是工业机械装备中的“软零件”和“软装备”。在全球工业进入新旧动能加速转换的关键阶段，工业软件已经渗透和广泛应用于几乎所有工业领域的核心环节，软件能力正在成为企业核心竞争力之一。工业软件是智能制造、工业互联网、网络协同制造的核心内容，是现代产业体系之“魂”，是工业强国之重器，其创新、研发、应用和普及已成为衡量一个国家制造业综合实力的重要标志之一。

工业所包含的行业广泛，涉及的领域众多，且过程复杂，以工业知识与技术为基础的工业软件研发具有极大的难度。工业软件研发涉及理学、工学、管理、计算机，以及工业软件细分领域等多学科知识的深度交叉融合，具有这种融合能力的工业软件人才极少，而传统工科专业培养体系难以满足日益发展的工业软件对人才的迫切需求，因此，编写覆盖工业软件基本概念、相关基础理论、细分工业软件、新兴工业软件等内容的工业软件导论教材对工业软件人才培养具有重要意义。

1.1　工业软件的由来

1.1.1　工业革命

工业的本质是社会分工的体现，分工越细，生产效率越高。工业革命的本质是生产力的跨越式大幅度提高。

第一次工业革命从 18 世纪 60 年代～19 世纪 40 年代，是由英国发起的技术革命，以蒸汽机为标志，用蒸汽动力驱动机器取代人力，从此手工业从农业分离出来，正式进化为工业。它是技术发展史上的一次巨大革命，开创了以机器代替手工劳动的时代，不仅是一次技术变革，更是一场深刻的社会变革，从此人类进入了机器时代。

第二次工业革命从19世纪70年代～19世纪末，出现了一系列的重大发明，使人类的动力解决方案又有了重大突破，以内燃机、飞机、汽车等为标志，电气开始代替蒸汽成为新型能源。除了提供动力之外，电还有“光、热、磁”等效应，促进了更多技术和应用的诞生，如电灯、电暖器、电冰箱、电梯等成千上万种电器和设备。内燃机具备优良的、高效的、可移动的动力装备，以至于在百余年后的今天仍然发挥重要作用。第二次工业革命极大地推动了生产力的发展，对人类社会的经济、政治、文化、军事和科技产生了深远的影响，从此人类进入了电气时代。

第三次工业革命从20世纪40年代～20世纪70年代，以计算机、原子能、航空航天、遗传工程等为标志，不仅极大地推动了人类社会经济、政治、文化领域的变革，而且也影响了人类的生活方式和思维方式。随着科技的不断进步，人类衣、食、住、行、用等日常生活的各个方面也发生了重大的变革，从此人类进入了信息时代。

前三次工业革命使得人类发展进入了空前繁荣的时代，但也造成了巨大的能源、资源消耗，付出了巨大的环境、生态代价，并且急剧地扩大了人与自然之间的矛盾。尤其是进入21世纪，人类面临空前的全球能源与资源危机、全球生态与环境危机、全球气候变化危机等多重挑战，由此引发了第四次工业革命——绿色工业革命。

第四次工业革命从2011年至今，以人工智能（AI）、清洁能源、无人控制技术、量子信息技术、虚拟现实（VR）以及生物技术等为突破口，是一场全新的绿色工业革命。它的实质是通过人机物互联互通，大幅度地提高资源生产率。其特征是经济增长与不可再生资源要素全面脱钩，并且与二氧化碳等温室气体排放脱钩，人类进入了智能化和自动化的全新时代。

四次工业革命发展过程见图1-1。

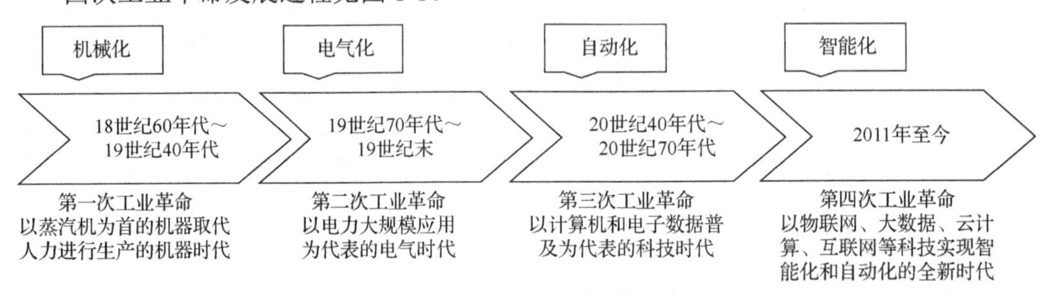

图1-1　四次工业革命发展过程

1.1.2　计算机起源与发展

计算机的发展包括硬件与软件两个方面，二者之间相互促进、协同发展。

1）计算机硬件发展方面

世界上第一台电子计算机——埃尼阿克（ENIAC）在1945年诞生于美国宾夕法尼亚大学，由18000个电子管和其他电子元件组成，重达30t，运算速度为5000次/min。

计算机硬件发展经历了电子管、晶体管、集成电路、大规模与超大规模集成电路四个时代。

（1）电子管时代。计算机以电子管为主要元件，体积大，运算速度慢，存储容量小，耗电量大，可靠性低，稳定性差。

（2）晶体管时代。计算机以晶体管为主要元件，相比于电子管，晶体管减小了计算机的体积与耗电量，提高了计算机的运算速度。

（3）集成电路时代。集成电路取代了晶体管，使计算机的体积再次减小，同时降低了成本，并使计算机的运算速度更快，存储容量更大，可靠性更高，稳定性更好。

（4）大规模与超大规模集成电路时代。大规模与超大规模集成电路进一步缩小计算机的体积，提升了运算速度，同时存储容量更大，稳定性更好。

2）计算机软件发展方面

阿达·洛芙莱斯（Ada Lovelace）是计算机程序的创始人，也是著名的英国诗人拜伦之女，还是英国著名的数学家，建立了循环和子程序概念，被视为“第一位给计算机写程序的人”。

计算机软件发展分为三个阶段。

（1）软件技术发展早期（20 世纪五六十年代）。FORTRAN 等具有高级数据结构和控制结构的高级程序语言问世，并且能够将高级语言程序翻译成机器语言程序的编译技术也逐渐成熟，使程序设计和编写的效率大为提高。

（2）结构化程序和对象技术发展时期（20 世纪七八十年代）。从 70 年代初开始，软件系统规模逐渐增大，需要花费大量的资金和人力，可是研制出来的产品却是可靠性差、错误多、维护和修改困难。在此阶段，面向对象技术逐渐兴起，传统的面向过程的软件系统以过程为中心，而面向对象的软件系统是以数据为中心。与系统功能相比，对象类及其属性和服务的定义在时间上保持相对稳定，还能提供一定的扩充能力，这是十分重要的，这样可以大大节省软件生命周期内系统开发和维护的开销。

（3）软件工程技术发展新时期（20 世纪 90 年代至今）。历经三十余年的研究和开发，人们深刻认识到，软件开发必须按照工程化的原理和方法来组织和实施，基于组件的软件工程和开发方法成为主流，软件过程管理进入软件工程的核心进程和操作规范，软件体系结构从两层向三层或者多层结构转移，使应用的基础架构和业务逻辑相分离，这些成果标志着软件工程技术已经发展上升至一个新阶段。

1.1.3　工业 4.0 与智能制造

1. 工业 4.0

工业 4.0 的概念最先由德国在 2013 年的汉诺威国际工业展览会上正式推出，是基于工业发展的不同阶段做出的划分。

按照目前的共识，工业 1.0 是以蒸汽机为首的机器取代人力进行生产的机器时代，即蒸汽机时代；工业 2.0 是以电力大规模应用为代表的电气时代；工业 3.0 是以计算机和电子数据普及为代表的科技时代，即信息时代；工业 4.0 是利用信息技术促进产业变革的时代，即智能化时代。

工业 4.0 的特点体现在以下五个方面（图 1-2）。

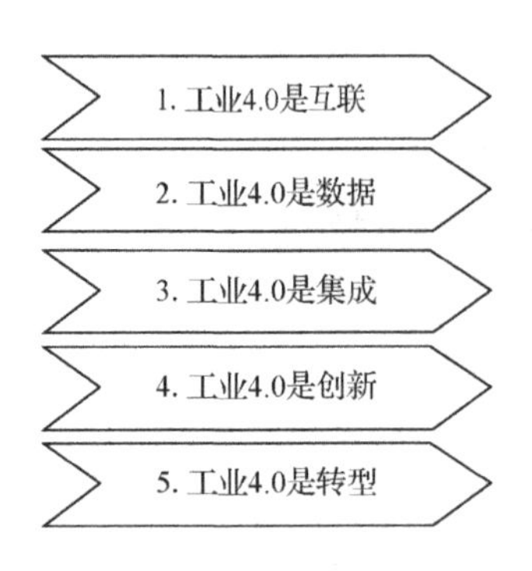

图 1-2 工业 4.0 五大特点

1）互联

互联工业 4.0 的核心是连接，即要把设备、生产线、工厂、供应商、产品和客户紧密地联系在一起。

2）数据

工业 4.0 连接产品数据、设备数据、研发数据、工业链数据、运营数据、管理数据、销售数据、消费者数据。

3）集成

工业 4.0 将无处不在的传感器、嵌入式中端系统、智能控制系统、通信设施通过 CPS 形成一个智能网络。通过这个智能网络，人与人、人与机器、机器与机器，以及服务与服务之间能够形成互连，从而实现横向、纵向和端到端的高度集成。

4）创新

工业 4.0 的实施过程是制造业创新发展的过程，制造技术、产品、模式、业态、组织等方面的创新将会层出不穷，从技术创新到产品创新，然后到模式创新，再到业态创新，最后到组织创新。

5）转型

对传统制造业而言，转型实际上是从传统的 1.0、2.0、3.0 的工厂转型到 4.0 的工厂，使整个生产过程更加柔性化、个性化、定制化。这也是工业 4.0 的一个非常重要的特点。

另外，计算机软件与硬件的发展也促进了工业 4.0 的诞生与发展，人工智能、工业互联网、工业云计算、工业大数据、工业机器人、三维（3D）打印、知识工作自动化、工业网络安全、虚拟现实九大技术支柱为工业 4.0 提供了强有力的支撑（图 1-3）。图 1-4 展示了德国 4.0 战略要点，主要包括 1 个网络、4 大主题、3 项集成及 8 项计划。

2. 智能制造

智能制造的概念在 20 世纪 80 年代末由纽约大学 P. K. Wright 教授和卡内基梅隆大学 D. A. Bourne 教授出版的 *Manufacturing Intelligence* 一书中被首次提出。其目的是通过集成知识工程、制造软件系统、机器视觉和机器控制，对技术人员的技能和专家知识进行建模，以使智能机器在没有人工干预的情况下进行小批量生产。

智能制造的普适定义：面向产品的全生命周期，以新一代信息技术为基础，以制造系统为载体，在关键环节或过程中具有一定的自主性的感知、学习、分析、决策、通信与协调控制能力，能动态地适应制造环境的变化，从而实现某些优化目标。

图 1-3　工业 4.0 九大技术支柱

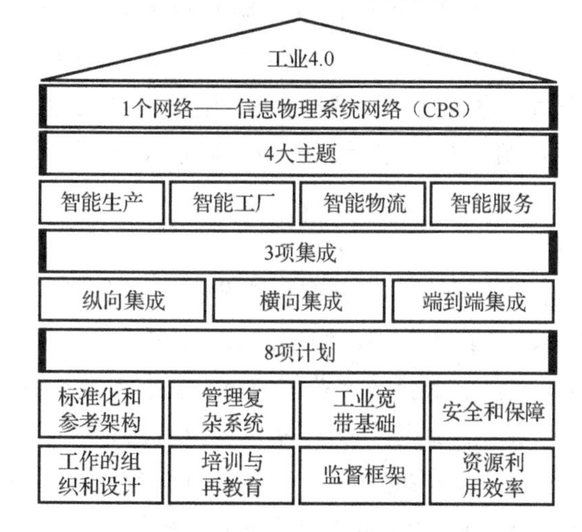

图 1-4　德国工业 4.0 战略要点

智能制造的关键技术为智能制造系统的建设提供支撑，智能制造系统是智能制造技术的载体，它包括智能制造模式、智能产品、智能制造过程等技术。

智能制造在工业 4.0 中处于核心地位，作为广义概念，智能制造包含如下五个方面：产品智能化、装备智能化、生产方式智能化、管理智能化、服务智能化（图 1-5）。

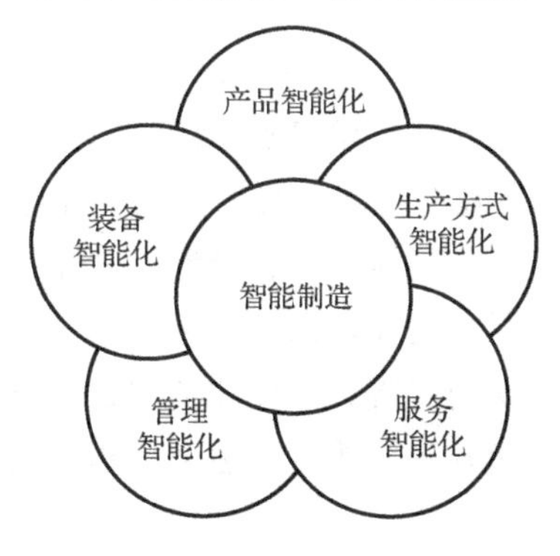

图 1-5　智能制造的五个方面

1）产品智能化

产品智能化是把传感器、处理器、存储器、通信模块、传输系统融入各种各样的产品，促使产品具备动态存储、感知和通信能力，实现产品可追溯、可识别、可精准定位。计算机、智能手机、智能电视、智能机器人、智能穿戴基本都是物联网的“原住民”，这些产品从生产制造出来就是终端设备。而传统的空调、冰箱、汽车、机床等都是物联网的“移民”，将来这些产品都要接入到网络世界。有专家估算出，一些物联网的“原住民”和“移民”加起来将超出500亿个，且这一数据将保持10年、20年甚至50年。

2）装备智能化

根据智能工业、信息处理、人工智能等技术的集成系统，可以构成具备感知、分析、推理、决策、执行、自学能力，维护等生态系统理论，自主适应功能的智能生产系统，以及其网络化、协同化的生产制造设施，这一切都归属于智能装备。在工业4.0时代，装备智能化的过程可以在两个层面上开展：单机智能化，即单机机器设备互联而构成的智能生产线、智能车间、智能工厂；研发智能化，根据渠道和消费者洞察进行前期的更新改造。只有二者互相结合、相得益彰，才可以实现端到端的全链条智能制造更新改造。

3）生产方式智能化

个性化定制、极少量生产制造、服务型制造及其云制造等新业态、新模式的实质是重组客户、供应商、销售商及其企业内部组织的关联，重新构建生产制造体系中信息流、产品流、资金流的运行模式，重造新的产业价值链、生态系统和竞争布局。在工业时代，产品价值由企业定义，企业生产制造什么产品，客户就买什么产品，企业标价多少钱，客户就花多少钱——主导权完全把握在企业手上。而智能制造能够实现个性化定制，不但去掉了中间阶段，还加速了商业流动，产品价值不再仅由企业来定义，也可由客户来定义——只有客户认同的、参与的、乐意介绍的产品才具备价值。

4）管理智能化

随着纵向集成系统、横向集成系统和端到端集成系统的逐步推进，企业数据的及时性、完整性、准确性不断提升，使管理方法更加准确、更加高效、更加科学、更加合理。

5）服务智能化

智能服务是智能制造的核心内容，越来越多的制造业企业意识到从生产制造型向生产制造服务型转型的必要性。未来将会实现线上与线下并行的O2O服务项目，两种能量在服务项目智能层面相向而行，一种能量是传统制造业不断拓展服务项目，另一种能量是从消费互联网流向产业互联网。例如，微信未来不仅将实现人与人的连接，还将实现人与机器设备、服务项目等之间的连接。个性化的研发设计、总集成系统、总承包等新服务项目产品的全生命周期管理方法会伴随着生产过程的变革不断产生。

1.2　工业软件内涵与发展

1.2.1　工业软件定义

目前，学术界与产业界对工业软件缺乏标准的描述，工业软件还没有统一的定义，主流的工业软件定义可以分为以下几种。

1）从工业软件应用范围和效果进行定义

《2022 年中国工业软件行业全景图谱》和《实验室认可领域分类》指出，工业软件是指专用或主要用于工业领域，提高工业企业研发、制造、经营管理水平和工业管理性能的软件。

世界领先的工业软件厂商西门子提出，工业软件是一种可以帮助人们在工业规模上收集、操作和管理信息的应用程序、过程、方法和功能的集合，其强调工业软件在生产活动中的工具属性。

2）从工业软件本身属性的维度进行定义

走向智能研究院执行院长赵敏、中国船舶集团有限公司独立董事宁振波在《铸魂：软件定义制造》一书中提出，工业软件是以工业知识为核心、以 CPS 形式运行、为工业品带来高附加值的、用于工业过程的所有软件的总称。安世亚太科技股份有限公司（简称安世亚太）高级副总裁、国家工业软件与先进设计研究院常务副院长田锋在其著作《知识工程》中提出，工业软件一般指融合工业相关的基础学科原理、工业机理以及工业知识，用于工业当中的一类软件，其强调了工业软件所融合的行业知识、机理和科学原理。

3）从实际工业生产过程出发进行定义

中国工程院孙家广院士在 2018 年提出，高端工业软件也称为制造业核心软件，是指支持制造业设计开发、生产制造、经营管理、运维服务和再制造等产品全生命周期和企业运行全过程集成及优化的支撑软件，是制造、信息和管理等技术交叉融合发展的产物，是工业软件的核心组成部分，其强调了工业软件在制造业实际生产各过程中的角色和作用。

虽然学术界与产业界对工业软件概念缺乏标准的描述，但都有一个基本共识，即工业软件是工业技术软件化的成果。

《中国工业软件产业白皮书（2020）》指出，工业软件是工业技术/知识、流程的程序化封装与复用，能够在数字空间和物理空间定义工业产品和生产设备的形状、结构，控制其运动状态，预测其变化规律，优化制造和管理流程，变革生产方式，提升全要素生产率，是现代工业的“灵魂”。

判断软件是否是工业软件主要从以下两点。一是看实际内容：软件中的技术、知识是否以工业内容为主；二是看最终作用：软件是否直接为工业过程和产品增值。

因此，一些可以在某种场合用于部分工业目的或业务过程的通用软件，如 Office、WPS、微信、钉钉、视频播放软件、图片渲染软件、操作系统等，皆不属于工业软件。

1.2.2　工业软件内涵

综合应用场景、效果与自身属性，总体上，工业软件面向工业领域，承载工业知识与经验，满足研发设计、生产制造、运维服务、经营管理等场景需求；信息资源贯穿数据采集、分析、决策、执行等各个环节；具有嵌入式软件、传统软件、工业 App、系统、平台等多种形态；可以极大增强工业技术与知识的复用性；有效提升和放大工业经济的效益。

工业软件可以分为四个层面，如图 1-6 所示。

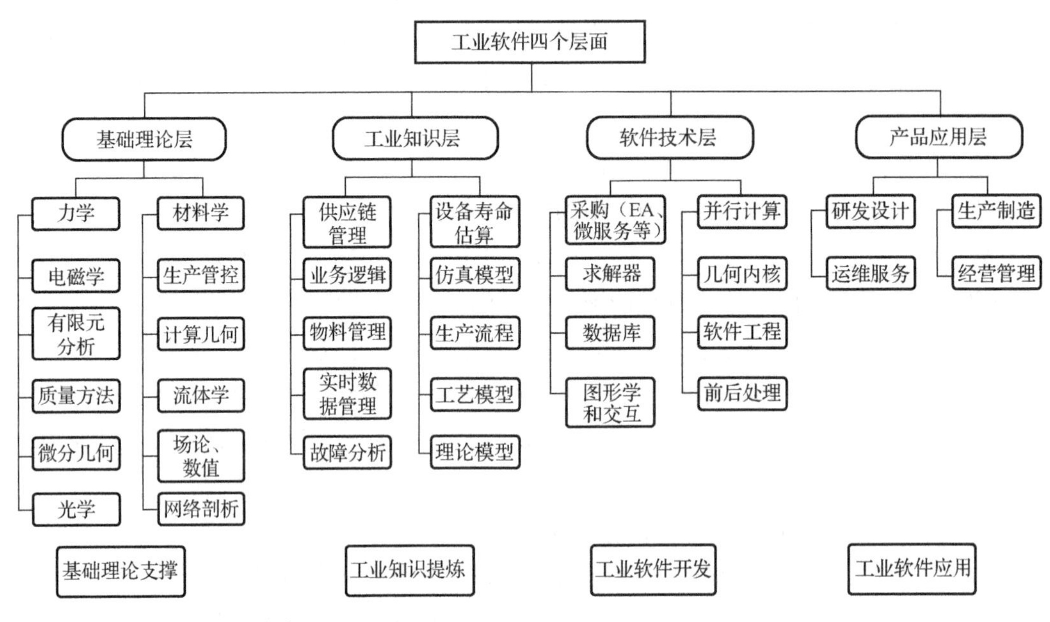

图 1-6　工业软件的基本认识

1. 基础理论层

工业软件研发需要多学科等基础理论作为支撑，具体如下。

（1）数学基础：几何、微积分等多种计算理论、算法等数学基础。

（2）物理基础：物理对象建模、特性等物理基础。

（3）其他基础：生产、运维、经营等各类控制、管理及其他学科理论基础。

2. 工业知识层

工业知识是工业软件的核心，是对业务流程、经验的提炼与沉淀，经过标准化、规范化、数字化，形成算法、方法、模型以反映物理世界的规律。工业行业繁杂，不同行业的工业知识差异较大，因此，工业软件体系格外复杂。

3. 软件技术层

工业软件在外观和结构上表现为软件，需要具有良好的软件架构、规范的研制过程，应结合软件工程、数据处理、并行计算、可视化等相关技术，对工业知识进行封装，形成成熟的软件产品。

4. 产品应用层

针对不同工业领域，在研发设计、生产制造、运维服务、经营管理等不同环节进行应用与迭代更新，提高软件成熟度。

1.2.3　工业软件特点

与通用软件相比，工业软件与工业场景密切相关，更强调软件与工业的融合，以及更高的可靠性和安全性要求，具有多、专、广、高四个特点。

1. 多领域知识融合

工业软件不仅仅是先进工业技术的集中展现，更是多领域知识的交汇融合。

从科学角度，每个物理实体与过程均可映射为状态空间下的数学表达，多种数学表达相互协同，完整反映物理系统的耦合性。从工程角度，智能产品、装备和制造系统是多专业交联集成的复杂系统，研发过程中涉及机、电、液、热、控等多个不同学科，各学科之间相互耦合影响，需要多学科技术的集成。

软件工程领域的理论与技术的突破会迅速融入工业软件中，加速工业软件发展。例如，云技术发展成熟后，工业软件从 C/S 部署、B/S 部署发展为云订阅模式；芯片与并行计算技术提高后，用于复杂仿真计算等的 CAE 软件的计算效率得到了快速提升。

2. 专业领域细分

工业软件源于工业，用于工业，优于工业，具有天然的工业基因，与工业密不可分。联合国产业分类中包括 41 个工业大类、666 个工业小类，目前在几乎所有类型的工业产品的研发、生产、测试等关键环节与场景中，都用到工业软件。

工业软件的终端用户是工业企业。工业软件开发商与工业企业深度互动，工业企业不断使用工业软件，反馈各种问题，并且快速迭代以及优化改进，是工业软件生存与发展的基本条件之一，如果没有细分专业领域用户的深入应用，工业软件就很难成熟。因此，工业软件需要不断在细分专业领域方面推出新的功能，同时，工业界在实践应用中对工业软件进行“反哺”和实用砥砺打磨是工业软件最终走向实用的最佳实践。

3. 应用广泛

工业包括的行业广泛，如制造业、采掘业和能源业等，制造业又分为离散制造业（典型行业包括机械、汽车、电子、电气、家电、造船等）、流程制造业（典型行业包括钢铁、化工、石化、水泥等工业原材料制造）和混合制造业（结合了离散制造业和流程制造业的特点，生产是流程制造业，包装是离散制造业。典型行业包括制药、食品饮料、烟酒、日用消费品等）。

同时，工业软件也涉及工业工艺的各个环节，如产品研发、生产、管理、协同等，不同环节对应的工业软件的差异比较大，标准化程度也不同。

4. 可靠性、安全性要求高

工业软件的每一行代码在一套软件的几百万、几千万行代码中也许微不足道，但是软件的特点决定了即使是一行代码的错误，也可能因为马太效应而导致整个软件的运行结果错误，进而造成软件失效、系统宕机，甚至某种运行装备的停工停产。因此，工业软件作为服务于工业产品的研制和运行的生产力工具，在功能、性能效率、可靠性、安全性和兼容性等方面有着极高的要求。

合格的工业软件产品应具备功能正确、性能效率高、可靠性强、数据互联互通等特点。因此，为研发合格的工业软件产品，需要针对工业软件构建全生命周期测试验证体系，确保工业软件产品的质量。

1.2.4　工业软件重要性

1. 工业软件赋能工业发展

工业软件对工业的发展具有极其重要的技术赋能、杠杆放大与行业带动作用。长期以来，工业软件对工业产值的杠杆放大与行业带动作用一直是一个模糊不清、难以统计的数字。以下根据类比数据和业界估算数据来说明工业软件对工业产值的杠杆放大与行业带动作用。

类比 1：产品设计阶段的成本仅仅占产品开发投入成本的 5%，但是产品设计决定了 75%的产品成本。以研发设计类工业软件（如 CAx）为例，其可以帮助在产品设计阶段从源头控制产品成本，该类比可以引申为研发设计类工业软件对最终产品成本施加了 15 倍的杠杆效应。

类比 2：在软件开发全过程中，如果在需求收集阶段修复一个所发现的缺陷需花费 1 美元，那么在产品设计阶段修复该缺陷需花费 2 美元。以此类推，如果产品投入使用后才发现该缺陷，那么进行修复所需的费用将暴涨至 69 美元。该类比说明，有了软件开发工具的辅助，在产品设计阶段花费 2 美元即可从源头修复软件缺陷，其可以引申为研发设计类工业软件对最终产品质量施加了近 35 倍的杠杆效应。

综上，在产品研发的早期采用工业软件即可对最终产品的成本和质量施加 15 以及 35 倍的杠杆效应，考虑到在产品全生命周期、订单全生命周期和工厂全生命周期中，工业软件都有几倍到几十倍的杠杆效应，因此，可以较保守地认为工业软件对工业产品至少有 10 倍的杠杆放大和行业带动作用。

2. 工业软件赋智工业产品

工业软件对工业产品价值提升有着重要影响，不仅仅是因为产品研发、生产等软件可以有效地提高工业产品的质量和降低成本，更是因为软件已经作为“软零件”“软装备”嵌入了众多的工业产品之中。前已述及，软件是工业技术/知识的容器，而知识来源于人脑，是人的思考过程与思考内容的结晶。因此，软件作为一个“大脑”而为其所嵌入的工业产品赋智——从汽车、船舶、飞机等大型工业产品到手机、血压计、测温枪、智能水杯等小型工业产品，其中都内置了大量的软件。

3. 工业软件创新工业产品

发展工业软件是复杂产品研发创新之必需。今天要想应对产品的结构复杂性、技术难度以及产品迭代速度的挑战，仅仅依靠人力研发已经是不可能实现的，各类工业软件的支持成为必不可少的条件。例如，飞机、高铁、卫星、火箭、汽车、手机、核电站等复杂工业产品的研发方式已经从“图纸+样件”的传统方式转型到完全基于研发设计类软件的全数字化“定义产品”的方式。以飞机研制为例，由于采用了“数字样机”技术，设计周期由常规的2.5年缩短到1年，减少设计返工40%，制造过程中的工程更改单由常规的5000～6000张减少到1081张，工装准备周期与设计同步，确保了飞机的研制进度。

近些年，“数字样机”技术已经发展成为数字孪生技术。基于工业软件所形成的数字孪生技术，企业在开发新产品时，可以事先做好数字孪生体，以较低成本在数字孪生体上预先做待开发产品的各种数字体验，在数字空间中调整生产、装配、使用、维护等各阶段的产品状态并进行验证直到达到最佳状态，再将数字产品投产为物理产品，一次性把产品做好做优。基于数字孪生的数字体验是对工业技术极其重要的贡献与补充，是产品创新的崭新技术手段。

4. 工业软件促进企业转型

发展工业软件是推进企业转型的重要手段。工业软件具有鲜明的行业特色，广泛应用于机械制造、电子制造、工业设计与控制等众多细分行业中，支撑着工业技术和硬件、软件、网络、计算机等多种技术的融合，是加速两化融合的手段。在研发设计环节中，研发设计类软件不断推动企业向研发主体多元化、研发流程并行化、研发手段数字化、工业技术软件化转变；在生产制造过程中，生产制造类软件的深度应用使生产呈现敏捷化、柔性化、绿色化、智能化的特点，加强了企业信息化的集成度，提高了产品质量和生产制造的快速响应能力；在企业经营管理上，经营管理类软件推动管理思想软件化、企业决策科学化、部门工作协同化，提高了企业经营管理能力。

1.2.5 工业软件基础与分类

就工业软件本身而言，由于工业门类复杂，脱钩于工业的工业软件种类繁多，分类维度和方式一直呈现多样化趋势，目前国内外均没有公认、适用的统一分类方式。进入21世纪后，工业软件无论在功能还是在门类上都发展迅速。一切应用于工业领域的软件都属于广义的工业软件，不同类别的工业软件之间的底层逻辑差异较大。原本的特定领域工具型软件已从狭义概念向工具链上下游和端到端的全生命周期软件方向演进，进而发展到“数字工业软件平台”。种类如此丰富的工业软件已经形成了一种客观存在。从某种维度和视角来对其进行分类是必须要做的工作。

1. 国家标准提出的工业软件分类方法

《软件产品分类》（GB/T 36475—2018）中，将工业软件（F类）分为工业总线、计算机辅助设计、计算机辅助制造等9类。GB/T 36475—2018中的工业软件分类示例（F类）如表1-1所示。

表 1-1　GB/T 36475—2018 中的工业软件分类示例（F 类）

分类号	名称	说明
F	工业软件	在工业领域辅助进行工业设计、生产、通信、控制的软件
F.1	工业总线	偏嵌入式/硬件，用于将多个处理器和控制器集成在一起，实现相互之间的通信，包括串行总线和并行总线
F.2	计算机辅助设计（CAD）	采用系统化工程方法，利用计算机辅助设计人员完成设计任务的软件
F.3	计算机辅助制造（CAM）	利用计算机对产品制造作业进行规划、管理和控制的软件
F.4	计算机集成制造系统	综合运用计算机信息处理技术和生产技术，对制造型企业经营的全过程（包括市场分析、产品设计、计划管理、加工制造、销售服务等）的活动、信息、资源、组织和管理进行总体优化组合的软件
F.5	工业仿真	将实体工业中的各个模块转化成数据整合到一个虚拟的体系中，模拟实现工业作业中的每一项工作和流程，并与之实现各种交互
F.6	可编程逻辑控制器（PLC）	采用一类可编程的存储器，用于其内部存储程序，执行逻辑运算、顺序控制、定时、计数与算术操作等面向用户的指令，并通过数字或模拟式输入/输出控制各种类型的机械或生产过程
F.7	产品生命周期管理（PLM）	支持产品全生命周期内信息的创建、管理、分发和使用
F.8	产品数据管理（PDM）	用来管理所有与产品信息（包括零件信息、配置、文档、CAD 文件、结构、权限信息等）和产品相关过程（包括过程定义和管理）的软件
F.9	其他工业软件	不属于上述类别的工业软件

该标准提出的工业软件分类方法较大程度地集合了工业领域中的常用工业软件，但是没有明确列出嵌入式工业软件（可能归类于 F.9），缺失了能源业和探/采矿业工业软件。

2. 工业和信息化部给出的工业软件分类方法

在 2019 年 11 月，经国家统计局批准的由工业和信息化部发布的《软件和信息技术服务业统计调查制度》中，将工业软件划分为产品研发设计类软件、生产控制类软件、业务管理类软件，如表 1-2 所示。

表 1-2 《软件和信息技术服务业统计调查制度》中的工业软件分类示例

软件代码	工业软件	备注
E101050100	产品研发设计类软件	用于提升企业在产品研发工作领域的能力和效率，包括 3D 虚拟仿真系统、计算机辅助设计（CAD）、计算机辅助工程（CAE）、计算机辅助制造（CAM）、计算机辅助工艺规划（CAPP）、产品生命周期管理（PLM）、过程工艺模拟软件等
E101050200	生产控制类软件	用于提高制造过程的管控水平，改善生产设备的效率和利用率，包括工业控制系统、制造执行系统（MES），制造运行管理（MOM）、产品数据管理（PDM）、操作员培训仿真系统（OTS）、调度优化系统（ORION）、先进控制系统（APC）等
E101050300	业务管理类软件	用于提升企业的管理治理水平和运营效率。包括企业资源计划（ERP）、供应链管理（SCM）、客户关系管理（CRM）、人力资源管理（HEM）、企业资产管理（EAM）等

该分类方法下的三类工业软件比较简明，但是以制造业工业软件为主，忽略了能源业和探/采矿业工业软件。

3. 基于企业经营活动维度的工业软件分类方法

通常企业的经营具有三个维度：业务执行、业务管理和业务资源。

业务执行包括需求、研发、制造、营销、供应和运维等全生命周期的各阶段，“业务执行”是企业生存的主线，本质是“满足客户需求”。

业务管理包括数据、需求、质量、项目、市场等贯穿业务阶段的全生命周期的管理领域，“业务管理”的目的是保障业务执行按照既定的时间、路线和质量达成既定的目标——产出满足客户需求的产品。

业务资源包括知识、设备、采购、人力资源、成本、财务等支撑业务执行的贯穿全生命周期的资源。业务资源以事务处理为导向，一是保障业务执行具有可行性和高效率，二是通过对于企业资源的有效管理，降低间接成本，达到“节流”“增效”的目的。

上述三个维度的各个阶段、各个领域以及各种资源都具有相应的工业软件支撑，参见表1-3。

表1-3 工业软件按照企业经营活动的维度进行分类

大类/子类		内容	备注
业务执行	业务操作工具	需求工具软件	需求分析（RA）工具
		研发工具软件	包括CAD、CAE、EDA、系统建模（SysM）、系统分析（SysA）等
		制造工具软件	包括CAM、PLC、APS等系统
		营销工具软件	卖场运行（SO）系统
		供应工具软件	仓储管理（WM）系统
		运维工具软件	设备维护（EM）系统
	业务过程系统	需求过程系统	需求工程（RE）系统
		研发过程系统	包括研发管理系统RDPS、MBSE系统等
		制造过程系统	包括MES、ALS等系统
		营销过程系统	客户关系管理（CRM）系统
		供应过程系统	供应链管理（SCM）系统
		运维过程系统	维护维修运营（MRO）系统
业务管理		数据管理（DM）系统	PLM是各分系统集成而成的平台形态
		需求管理（RM）系统	
		质量管理（QM）系统	
		项目管理（PM）系统	
		市场管理（MM）系统	

续表

大类/子类	内容	备注
业务资源	知识管理（KM）系统	ERP 是各分系统集成而成的平台形态
	设备管理（EM）系统	
	采购管理（PM）系统	
	人力资源管理（HRM）系统	
	成本管理（CM）系统	
	财务管理（FM）系统	

基于企业经营活动维度的分类方法的优点是以业务作为牵引进行工业软件分类，视角较为新颖，比较适用于咨询业务；缺点与前两种分类一样，聚焦于制造业，未涉及工业中的能源业和探/采矿业工业软件。

4. 基于业务环节的工业软件分类方法

工业软件可以分为研发设计类、生产制造类、运维服务类、经营管理类或其他类型，分类情况以及相关产品情况如表 1-4 所示。

表 1-4　工业软件分类

工业软件				
研发设计类	生产制造类	运维服务类	经营管理类	其他
CAD	SCADA	PHM	ERP	工业互联网平台应用
CAE	MES	MRO	SCM	开发环境
CAM、CAPP	DCS、PLC	FA	SRM	辅助开发工具
EDA	APS	QMS	OA	测试工具
PDM、PLM				
…	…	…	…	…

（1）研发设计类软件，是支持产品研发过程的软件，主要目的是提高产品开发效率、降低开发成本、缩短开发周期、提高产品质量，其主要包括计算机辅助设计（CAD）、计算机辅助工程（CAE）、计算机辅助制造（CAM）、计算机辅助工艺规划（CAPP）、电子设计自动化（EDA）、产品生命周期管理（PLM）和产品数据管理（PDM）等软件。

（2）生产制造类软件，是支持产品制造过程的管理和控制的软件，主要目的是提高制造设备利用率、降低制造成本、提高产品制造质量、缩短产品制造周期、提高制造过程管理水平等，其主要包括制造执行系统（MES）、高级计划与排程系统（APS）等制造运营管理类软件，以及可编程逻辑控制器（PLC）、数据采集与监视控制（SCADA）、集散控制系统（DCS）等现场管控类软件。

（3）运维服务类软件，是支持工业产品使用过程的运维和服务的软件，主要目的是提高设备利用率、降低运维成本，其主要包括故障分析（FA）、预测和健康管理（PHM）、质量管理系统（QMS）、维护维修运营（MRO）等软件。

（4）经营管理类软件，是支持企业经营管理和企业间协作的软件，主要目的是提高企业的经营管理水平、产品质量和客户满意度，以及企业间信息和物流协作的效率，降低企业管理成本、信息交流和物资流通成本，提升整个产品链价值，其主要包括企业资源计划（ERP）、供应链管理（SCM）、供应商关系管理（SRM）、办公自动化（OA）等软件。

（5）其他类型软件，是支持企业内和企业间系统集成的平台类软件，以及支撑工业软件研发和测试的工具类软件，主要目的是支持协同研发、智能生产和服务等能力。

简明易懂是基于业务环节的工业软件分类最鲜明的特点，在该分类方法下，分类过于聚焦于制造业，基本上是“制造业信息化软件”的划分，忽略了能源业和探/采矿业工业软件。

5. 其他工业软件分类方法及注意问题

业内专家也往往将工业软件按照行业属性划分为：对原材料进行勘探、测量、分析、加工的软件；对电力、燃气、生物等能源进行管理、检测、维修的软件；对物料、工具、技术、人力、信息和资金等制造资源进行整合、管理的软件等。其他实际用到的“二分法”还有：按照算法来划分工业软件，可以分为常规算法软件和人工智能算法软件；按照工业信息化与自动化来划分工业软件，可分为工业 IT 软件和工业 OT 软件等。还有一些白皮书不推荐使用的分类维度，这些分类维度相对模糊，令人难以把握，例如，“高端工业软件”“大型工业软件”“核心工业软件”等说法不易清晰界定，在实践中难以准确衡量。

1.2.6 国内外工业软件发展状况

1. 国内外工业软件发展的要求

1）单一工业场景需求

利用计算机的计算和存储能力解决数字化表达和复杂计算问题。

2）工业生产协同要求

不同类型的工业软件之间加速融合，各系统通过定制化接口相互集成，整合自身产品线，提供集成化、平台化的整体解决方案。

3）工业互联智能要求

技术发展打破软硬件产品技术边界，软硬件设备互联互通。云平台提供给用户服务，数据、知识、算法、机理模型成为工业软件的硬实力。

2. 全球工业软件市场格局

从全球工业软件市场格局看，美国、欧洲的企业处于主导地位，把握着技术及产业发展方向。

离散制造业领域中最为关键的研发设计类软件主要由达索系统（法国）、西门子工业软件股份有限公司（德国）、ANSYS 公司（美国）、海克斯康（Hexagon）集团（瑞典）等把控。

生产控制类软件的高端市场主要由西门子工业软件股份有限公司、欧姆龙集团（日本）、霍尼韦尔国际公司（美国）、艾斯本技术有限公司（美国）等占据。

经营管理类软件的高端市场主要由思爱普公司（德国）、甲骨文股份有限公司（美国）等占据。

计算机辅助设计软件方面，国际厂商技术成熟、优势明显，以达索系统、西门子工业软件股份有限公司、参数技术公司（美国）为代表。

计算机辅助工程软件方面，国际厂商产品线完善且处于垄断地位，国内没有形成可持续发展及维护的大型软件。

电子设计自动化软件方面，新思科技股份有限公司（美国）、楷登电子公司（Cadence）（美国）、明导国际公司（美国）垄断了整个市场，国内企业无法提供数字全流程解决方案来满足高端芯片设计需求。

全球工业软件的市场格局相对稳定，美国公司综合实力强、数量众多，德国、法国、英国、瑞典、荷兰、瑞士、意大利等国家的企业颇具特色，日本、韩国、印度的一些公司也不容忽视。

3. 各行业、产品、领域横向比较

（1）船舶行业的国产化基础相对较好。

代表企业有北京数码大方科技股份有限公司（简称数码大方）、广州中望龙腾软件股份有限公司（简称中望龙腾）等。船舶产品型号多、批量小、体型大，对精确度的要求不高，产品个性化强。

电子、汽车、航空、航天等复杂装备行业的自研软件比例极低；装备装配复杂，建模精确度要求高，产品安全责任大。

（2）对我国各个工业软件细分领域进行横向比较，可以发现产品类别齐全但发展不均衡。

以 2019 年为例，经营管理类的国内市场份额占到 70%，而研发设计类只有 5%，如图 1-7 所示。图 1-8 展示了国内市场前十大供应商中国内外企业数量对比。

（3）主流国内外厂商在各类工业软件细分领域的发展情况。

在研发设计类软件领域，主流厂商包括达索系统（Dassault Systemes）、西门子工业软件股份有限公司、欧特克（Autodesk）、PTC、新思（Synopsys）、Cadence、Aveva、ANSYS、Altair、海克斯康、ESI、ZUKEN、Altium、ARAS、Numeca 等；在经营管理类软件领域，主流厂商包括 SAP、Oracle、Infor 等；在产品生命周期管理相关领域，EPLAN 是电气设计领域的领导厂商，CADENAS 则是三维零件库领域的领导厂商，Bentley Solutions 是 AEC 行业的主流厂商，Materialise 专注于增材制造的设计、优化等软件与增材制造服务，MathWorks 公司的 MATLAB 软件则是全球主流的工程计算软件。全球主流增材制造设备厂商 3DSYSTEM 旗下有面向模具行业的 CAD/CAM 知名软件 CIMATRON、逆向工程软件 Geomagic 等。在三维模型的可视化领域，Unity3D 公司提供了开发引擎，且该引擎应用广泛。Tebis、HyperMILL（Openmind 公司）、Esprit（DP Technology 公司）和 Mastercam（CNC Software 公司）是目前为数不多的独立的 CAM 软件主流厂商，CGTECH 是领先的数控仿真软件。

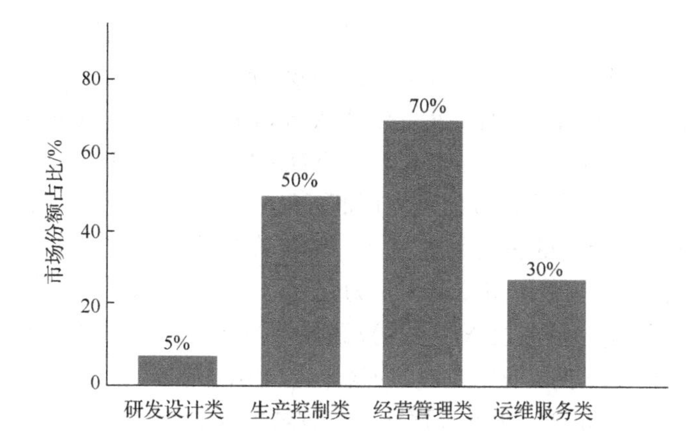

图 1-7 2019 年各类国产工业软件占国内的市场份额

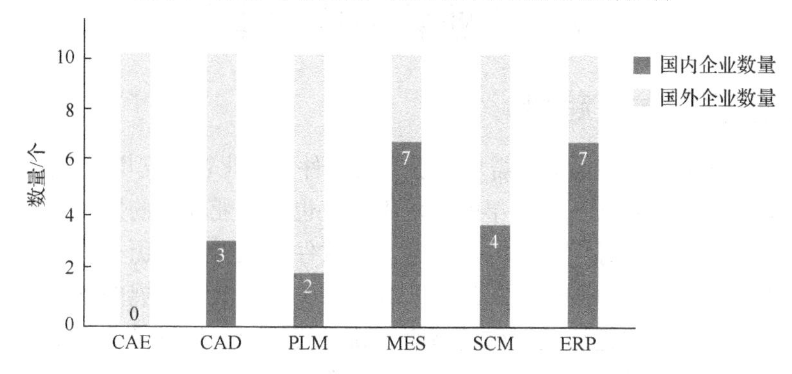

图 1-8 国内市场前十大供应商中国内外企业数量对比

国内方面，在计算机辅助设计领域，主流厂商有中望龙腾、山东山大华天软件有限公司（简称华天软件）、数码大方等；在计算机辅助工程领域，主流厂商包括安世亚太、英特仿真、西安前沿动力软件开发有限责任公司、哈工程数值水池等；在电子设计自动化（EDA）领域，主流厂商包括北京华大九天科技股份有限公司（简称华大九天）、芯禾科技、杭州广立微电子股份有限公司（简称广立微）等。

在生产制造类软件领域，西门子股份公司（简称西门子）、三菱电机株式会社（简称三菱电机）、施耐德电气有限公司（简称施耐德电气）、罗克韦尔自动化有限公司（简称罗克韦尔自动化）、GE、霍尼韦尔国际公司、横河公司（简称横河）、艾默生电气集团、ABB（包括上海贝加莱工业自动化有限公司）、欧姆龙集团等老牌劲旅仍处于领先地位，而倍福自动化有限公司、菲尼克斯电气公司、研华科技等公司也发展迅速，德国 3S 公司的 Codesys 软件在 PLC 编程软件领域占有重要地位，利乐公司则是食品包装行业的巨无霸，从设备到耗材再到软件，无所不包，OSIsoft 公司开发的 PI 数据库是全球实时数据库的主流品牌。

总体来看，国内厂商规模小，在中低端细分市场上，单项产品具有不错的实力，但是缺少智能工厂整体数字化解决方案；在制造执行系统（MES）领域，产品种类较多，在某些细分领域具有行业竞争优势，然而在技术深度和应用推广方面存在较大的差距。

在运维服务类软件和经营管理类软件领域，主流厂商包括 SAP、Oracle、INFOR、

Sage、Epicor、微软 Dynamics、IBM 等，还有一批专注于细分制造业的专业 ERP 厂商，如 IFS、QAD、EXACT、abas、MonitorERP、Aptean 等。在 MES 领域，西门子工业软件股份有限公司、罗克韦尔自动化（Rockwell Automation）、GE、Honeywell、ABB 等主流工业自动化厂商实力强劲，还有 MPDV、FORCAM、PSI、Aspentech 和 AEGIS 等专业厂商；Kronos 是劳动力管理领域的领先厂商；Salesforce 则是全球公认的 CRM 领导厂商，在微软 CRM 软件市场的占有率也很高；JDA 在供应链管理市场处于领先地位。在企业资产管理领域，IBM、INFOR、IFS 实力强劲；Software AG 在业务流程管理和工业物联网平台领域占据领先地位；SAS 则是数据分析领域的领先厂商。此外，还有文档管理领域的 OpenText（并购了汽车行业供应链平台 Covisint），数据分析领域的主流厂商 Informatica、Teredata，BPM（业务流程管理）领域的 K2 和 Ultimus 等。

1.3 工业软件技术体系

1.3.1 工业软件发展趋势

工业革命驱动工业发展，工业需求牵引工业软件，工业软件支撑工业进步。网络化、数字化、智能化仍将是未来 5～10 年的技术主线，也是工业软件的发展方向。当前正处于工业软件技术变革的新时代，这也是我国工业软件后来居上的历史机遇期。网络化推动工业软件走向云端化、协同化、共享化；数字化是工业软件发展的核心，产品数字化与数字化交付、过程数字化与数字化转型需要新一代工业软件提供核心支撑；智能化是工业软件发展的未来，但工业智能化一定是以数字化为坚实基础的。

（1）从技术趋势来看，工业软件逐步走向集成化、平台化、智能化。

① 设计、制造、仿真一体化趋势推动工业软件向集成化发展。

系统之间的传统界限正在消失，传统机械设计与仿真软件、电子设计自动化（EDA）软件，以及与其他软件［如制造执行系统（MES）、人机界面（HMI）等］都在逐步融合。CAD 与 CAE 正在紧密地连接在一起，设计即仿真，这将成为工业领域的标配，这种连接的力度正在得到空前的加强。传统的 CAD 和 CAE 分而治之的局面正在由 CAD 厂商率先打破。大型 CAD 公司欧特克通过收购大型通用有限元分析软件 ALGOR、模具分析软件 MoldFlow，在 2016 年推出仿真分析软件 CFD，在 CAE 市场上占据一席之地；为了应对 CAD 与 CAE 的日渐一体化趋势，ANSYS 与 PTC 进行合作，联合开发“仿真驱动设计”的解决方案，为用户提供统一的建模和仿真环境，从而消除设计与仿真之间的界限；达索系统以设计起家，但在最近五年的并购中，有一半是在进行仿真软件的购买，以充实达索系统旗下的仿真品牌，不断深耕仿真领域；波音公司、洛克希德 • 马丁公司通过设计、制造、管理软件的全面集成，在飞机型号研制中应用数字化制造技术进行飞机复合材料零件的设计、制造和管理，实现了数字化设计制造一体化。

② 系统级多学科、多工具融合推动工业软件向平台化发展。

当前越来越多的工业产品是集机械、电子、电气等多学科领域的子系统于一体的复杂系统，其创新开发从单领域到多领域，从单一应用软件工具到多种软件工具的综合应用，所涉及的团队成员、开发知识、数据资源更加广泛，开发过程的综合与协同更加复杂。这就相应地要求将多学科领域的知识、技术和与软件相关的信息整合到一个综合平台中，以便开展包括供货商在内的整个价值链的协同。在这种技术趋势下，国外工业软件巨头引导的工业软件竞争已经不是单个工具的比较，而是数字化研发平台的竞争和未来智能化研发设计工业软件的竞争。法国达索系统在2006年收购系统仿真软件Dymola，推出以系统仿真为枢纽，整合CAD/CAE/PLM的全系统、全领域、全流程数字化研发平台3DExperience，为数字化工业客户提供从产品生命周期管理到资产健康的软件解决方案组合；西门子收购UGS、CD-adapco、Mentor Graphics等工业软件龙头公司，完善其产品链，在Teamcenter平台上集成产品数字孪生、生产数字孪生、性能数字孪生体系，贯穿产品设计、工艺、制造、服务的全数字链条，形成一个完整的解决方案体系。

③ AI、VR等新技术日益成熟推动工业软件向智能化发展。

人工智能技术在计算机辅助设计中发挥重要作用。传统的CAD技术在工程设计中主要用于计算分析和图形处理等方面，用于解决概念设计、评价、决策及参数选择等问题却颇为困难，这些问题的解决需要专家的经验和创造性思维。将人工智能的原理和方法，特别是专家系统、知识图谱等技术，与传统CAD技术结合起来，从而形成智能化CAD系统，是工程CAD发展的必然趋势。近几年，达索系统、西门子、Altair、ESI等公司纷纷收购与大数据人工智能相关的产品技术。计算机辅助技术和虚拟仿真技术的配合越来越紧密，其模拟真实世界的能力越来越强，成为人与机械间管理、设计、评价以及反馈等工作的有效帮手。虚拟仿真实验室利用VR在可视化方面的优势，可交互式实现虚拟物体的功能，减少实际实验中的材料消耗，大大降低了应用和使用过程中的成本。自2013年起，西门子先后收购了LMS、VRcontext和Tesis软件，试图在工业软件中采用VR来实现人机交互。

（2）从开发模式来看，工业软件逐步走向标准化、开放化、生态化、轻量化及低代码开发。

① 多产品互联互通推动工业软件逐步走向标准化。

联合打造工业软件产品研发、集成实施、运维服务等解决方案逐步成为趋势，这对工业软件的标准化提出了更高的要求。在CAD技术不断发展的过程中，工业标准化越来越显示出其重要性。迄今各厂商已制定了许多标准，如计算机图形接口（Computer Graphic Interface, CGI）标准、计算机图形元文件（Computer Graphic Metafile, CGM）标准、计算机图形核心系统（Graphic Kernel System, GKS）标准、程序员层次交互式图形系统（Programmer's Hierarchical Interactive Graphic System, PHIGS）标准、初始图形交换规范标准（Initial Graphic Exchange Specification, IGES）和产品模型数据交换标准（Standard for the Exchange of Product Model Data, STEP）等。随着技术的进步和功能的需要，新标准还会不断地推出。目前三维CAD技术存在的最大问题就是缺乏设计规范，在数据转换格式中存在一些误差，若在设计之初就存在误差，会给后期的修改工作加大任务量。未来三维CAD技术将会持续发展，在设计之初就需要一份精确的规范设计参考图，参考图里设计的数据都需要保证规范和精确。

② 多主体协作趋势推动工业软件走向开放化。

就目前来说，工业软件的开发环境已从封闭、专用的平台走向开放和开源的平台。部分厂商通过开发平台，聚集并对接了大量产业链伙伴，利用行业资源针对特定工业需求进行仿真软件的二次开发，实现了工业仿真功能的扩展。PTC 在 2020 年 4 月发布了开源空间计算平台 Vuforia Spatial Toolbox，其能够快速开发出一套人机交互界面，提供一套虚实融合的人机交互方式，推进 AR 与空间计算、IoT 结合；Intellicad Technology Consotium（ITC）提供了一个类似 AutoCAD 的开源平台，其在全球吸引了很多软件开发商；美国 Autodesk 公司推出了工业制造仿真平台 Fusion360，其集成了来自多个合作伙伴的服务和应用，包括 Brite Hub 的服务、CADENAS 的 parts4cad 应用等，通过不断扩充优化工业模型与行业资源库，其应用范围从单一产品仿真扩展到工艺与生产线装配仿真等领域；广州中望龙腾软件股份有限公司与苏州浩辰软件股份有限公司通过早期阶段加入 ITC，应用 Intellicad 开源平台，实现了与 AutoCAD 的高度兼容。

③ 行业巨头推动云的生态化开发，加快服务化转型。

国外工业软件正在迅速向平台化、可配置、云端化和订阅模式转型，呈现向云端迁移的趋势，其部署模式从企业内部转向私有云、公有云以及混合云。基于云平台，全社会可以进行合作开发，包括开发软件架构以及微服务，并基于微服务开发应用软件。一方面，供应商开发建设基于云方案的工业软件，改变原有的软件配置方式。另一方面，用户通过租用软件弹性访问工业云，可以选择直接在本地浏览器或通过 Web 及移动应用程序运行云化工业软件，从而释放服务器等硬件的资源空间，降低对硬件的维护成本。Autodesk 于 2016 年推出 Fusion360 云平台，将“卖软件”改为“卖服务”。

达索系统于 2017 年推出云化版本的 3DEXPERIENCE 平台；PTC 于 2019 年 10 月宣布，以 4.7 亿美元的价格收购 CAD 软件开发商 SaaS 的 CAD 云平台——Onshape。Onshape 基于云架构开发，用户可以通过个人计算机、手机、平板等终端，在网络环境下打开浏览器并登录到 Onshape 以开展相关设计工作；西门子将 Simcenter Amesim 和 Simcenter3D 纳入到其 SaaS 产品中，以为广大中小型企业提供服务。

④ 中小型企业拉动工业软件走向轻量化及低代码开发。

现在工业软件普遍存在专业性强、开发流程复杂和成本高的特点，导致门槛高，使得中小型企业望而却步。为扩大工业软件产品的应用广度，工业软件企业也在试图调整产品研发策略，拓宽产品系列。而低代码开发平台通过可视化的软件功能组件的装配及模型化驱动自动生成运行代码，无须编码或通过少量代码就可以快速生成应用程序，为工程师快速开发可用、好用的工业软件提供了良好的开发环境。低代码开发平台可以降低企业应用开发人力成本，也可以将原有数月甚至数年的开发时间成倍缩短，大幅提升工业流程业务应用的研发效率，从而帮助企业实现降本增效、灵活迭代。为了更好地适应广大中小型企业数字化转型需要，工业软件会朝着轻量化以及低代码开发方向演进，形成新的产品系列。据国际知名技术和市场研究公司弗雷斯特（Forrester）的报告预测，到 2020 年低代码开发平台市场规模将增长到 155 亿美元，75%的应用程序将在低代码开发平台中开发。低代码开发平台将成为主要的软件交付平台，是打造开发生态的关键支撑。

（3）从市场应用来看，工业软件逐步走向工程化、大型化、复杂化。

① 应用场景行业化要求工业软件更高的工程化能力。

随着产品、工艺以及需求的日益复杂化，向行业系统解决方案提供商转型已成为跨国软件企业的重要战略方向，懂行业和工程成为软件企业的必备要求。达索系统可提供面向制造业、建筑业、医疗业等 12 个行业的系统解决方案，公司编程人员只占 30%，其他人员均是工程背景出身；Autodesk 面向电子、建筑、地理信息、土木、机械等领域推出了 AutoCAD Electrical、AutoCAD Architecture、AutoCAD Map3D、AutoCAD Civil 3D、AutoCAD Mechanical 等不同系列的产品，不断完善工程化场景应用；ANSYS 针对各个行业独特、持续发展变化的挑战，在航空航天与国防、汽车、建筑、生活消费品、能源、医疗、高科技、工业设备与旋转机械、材料与化学加工等领域推出了不同的工程仿真解决方案，以满足各个行业的独特要求。

② 应用场景多样化推动工业软件日渐大型化、复杂化。

CAD、CAE、系统设计仿真等复杂工业软件通常由几百万乃至几千万行代码构成，覆盖各种工业场景以及长时间连续运行的复杂工程系统。在汽车、卫星、飞机、船舶等复杂装备数字化研制中，后期阶段设备逐步集成会导致设计模型、仿真模型规模庞大，以及设计仿真计算量巨大，CAD 模型要支持几十万个零部件装配，有限元网格划分后要进行几千万乃至上亿个离散方程的计算求解，系统仿真要处理几十万至几百万个混合方程系统的分析计算，而且各种工程场景会非常复杂。在这种大规模系统、复杂流程场景下，对大型复杂工程问题的处理能力直接决定了工业软件的可用性，也决定了商品化工业软件的能力与好坏。

（4）从服务方式来看，工业软件逐步走向定制化、柔性化、服务化。

需求多样化促进工业软件企业提升定制化设计、柔性化生产和高效服务的能力。通过软件工程服务来体现专业价值、在特定用户身上产生黏性是工业软件不断挖掘用户潜在价值和扩大利润的主要途径和模式。信息技术服务不再局限于简单的工业软件产品销售，而正在转向提供个性化定制的服务。这种服务不仅涵盖了应用开发工程本身，还包括对工业大数据的分析和对机理模型的抽象等。从国际主流工业软件厂商的发展趋势看，工业互联网推动了纵向产业链整合，激活了面向个体化需求的横向产业链整合，赋能了生产与物理过程的互联互通，构建了数据时代的工业服务新生态。在国内，海尔集团 COSMOPlat 打造具备自主知识产权、支持大规模定制的互联网架构软件平台，解决了用户和工厂资源的交互、参与定制等问题，通过平台提供微服务和工业 App，使模块之间可进行连接，同时满足了工厂高效率、用户个性化定制的刚需。

1.3.2　开发流程与知识封装

工业技术软件化是将工业技术转化形成多种形态的工业软件，要实现工业技术软件化，首先得有工业技术和知识，这是工业技术软件化的基础。工业技术在生命周期内的不同业务环节中表现为需求、方案、设计、仿真、工艺、实验、生产计划、控制、监控、数据采集、资源管理、问题反馈、MRO、回收等相应的工业机理、工业技术和知识、管理技术、工程技术、工程经验与最佳实践，以及各种工业大数据和模型。

工业领域的知识按照其属性可以分为隐性知识、显性知识以及工业大数据三大类，软件的本质就是一种“逻辑”。因此，无法对那些讲不清楚、缺乏逻辑的经验和直观判断等隐性知识进行工业技术软件化。要将工业技术转化为不同形态的工业软件，还必须针对这三种类型的工业知识分别采用显性化、内化与大数据分析等方法，分析、归纳、总结后将其转化为可描述的有逻辑的工业技术（知识）。

用于软件化的工业技术（知识）包括以下几类：

（1）各种基本原理、软件知识、数学表达式、经验公式；

（2）业务逻辑（包括产品设计逻辑、CAD 建模逻辑、CAE 仿真分析逻辑、制造过程逻辑、运行使用逻辑、经营管理逻辑等）；

（3）数据对象模型、数据交换逻辑；

（4）行业/专业知识；

（5）算法模型（经过机器学习和验证的设备健康预测模型、大数据算法模型、人工智能算法模型、优化算法模型等）；

（6）人机交互知识等。

工业软件的本质是对工业知识的封装，这包括长期研发、生产过程中积累下来的技术原理、行业知识、基础工艺、产品模型和研发准则等。知识范围具有跨领域覆盖多学科的特点。工业知识往往沉淀在一线操作人员、工程师、行业专家身上，隐藏在大量的工业大数据背后，而行业的数据源和制式复杂，运行机理各有千秋，使得工业知识沉淀成为一项高复杂、高挑战性的工作。图 1-9 展示了工业软件开发流程。

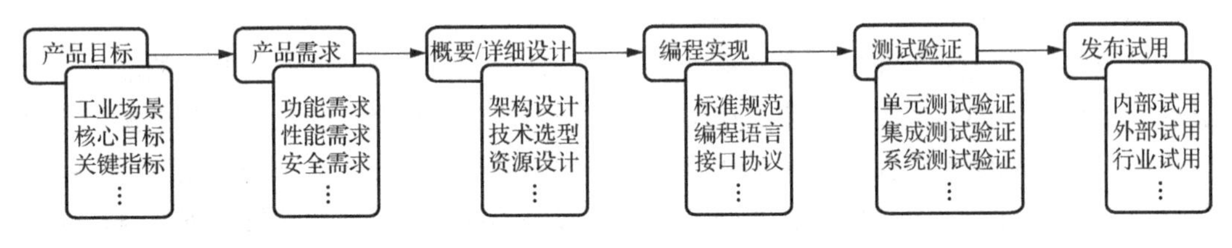

图 1-9　开发流程

1.3.3　工业软件开发技术

工业软件可以分为研发设计类、生产制造类、运维服务类、经营管理类和其他类别，每个类别中常见的软件如表 1-4 所示。

1. 研发设计类软件

研发设计类软件是工业软件的关键核心，对工业制造的影响举足轻重。研发设计类软件是基于物理、数学原理等基础学科，与学科和专业关联性强的基础性工业软件。研发设计类软件环环相扣，以计算机辅助设计、计算机辅助制造、计算机辅助工程、电子设计自动化为代表，贯穿研发设计到产品制造的整个流程。研发设计类软件可以帮助企业在产品设计阶段从源头控制成本，对工业制造的影响举足轻重。

1）CAD 技术

CAD，即计算机辅助设计，是一种可以在工程设计和产品设计中进行计算、信息存储和制图等工作的交互式制图系统，其处于产业链的上游位置，主要应用于建筑业和汽车制造、通用机械等制造业。

2D CAD：提供了一个 2D 设计平台。由于 2D CAD 不允许创建透视图或修改比例，因此其通常用于绘图、草图和草图概念设计，这为用户提供了尺寸和比例的基本概览，然后用户就可以进行 3D 设计。

3D CAD：提供了一个设计 3D 对象的平台。这类 CAD 软件的主要特点是 3D 实体建模。这让设计师可以创建具有长度、宽度和高度的对象，从而实现更准确的缩放和可视化。

（1）人机交互技术：通过计算机输入输出设备，以有效的方式实现人与计算机对话的技术。人机交互技术包括机器通过输出或显示设备给人提供大量有关信息及提示等，以及人通过输入设备给机器输入有关信息、回答问题及提示请示等。

（2）模板匹配技术：一种最简单的识别技术，将传感器输入的原始数据与预先存储的模板进行匹配，通过度量两者之间的相似度完成识别任务。

（3）神经网络技术：一种较新的模式识别技术，具有自组织和自学习能力，且具有分布性特点，抗噪声能力比较强，能处理不完整的模式，并具有模式推广能力。

（4）统计分析技术：通过统计样本特征向量来确定分类器的一种基于概率的分类方法。在模式识别中，一般采用贝叶斯极大似然估计理论确定分类函数。而在计算机辅助设计中，交互技术是必不可少的。

（5）实体造型技术：计算机视觉、计算机动画等领域中建立 3D 实体模型的关键技术。实体造型技术是指描述几何模型的形状和属性并将描述信息存于计算机内，由计算机生成具有真实感的可视的三维图形的技术，主要应用领域是计算机辅助设计、工程分析、计算机图形学、动画、快速原型（Rapid Prototyping）、医疗测试和科学研究的可视化（Visualization）。

设计图纸是设计师表达设计创意的语言工具，一个复杂的零件往往需要许多不同投影方向的图才能表达。而要读懂这些图并准确想象出其空间效果，将花费很多时间和精力。一旦读图有误，将会给生产、制造带来巨大损失。然而，如果采用实体造型的软件进行零件设计，设计师就能在屏幕上见到实时的三维模型，大大减少了失误，而且还能方便地进行后续环节的设计，如模拟装配、总体布局、干涉检查、仿真动画及模拟加工等。实体造型理论为实现从产品设计环节到产品生产环节采用同一数据信息提供了技术上的可行性，大大地促进了 CAD 产业的发展。

2）CAM 技术

CAM（Computer Aided Manufacturing，计算机辅助制造）指的是从产品设计到加工制造之间的一切生产准备活动，它包括 CAPP、NC 编程、工时定额的计算、生产计划与资源需求计划的制订等，它还包括制造活动中与物流有关的所有过程（加工、装配、检验、存储、输送）的监视、控制和管理。随着技术的发展，CAPP 已被作为一个专门的子系统，而工时定额的计算、生产计划与资源需求计划的制订则划分给 MRPⅡ/ERP 系统来完成，CAM 的概念有时可进一步缩小为 NC 编程的同义词。NC 编程（数控编程）是指把被加工零件的全部工艺过程、工艺参数和位移数据以数字信息形式记录在输入介质（如纸带、磁盘等）上，用以控制机床加工。数控编程分手工编程和自动编程两种。

3）CAE 技术

CAE（Computer-Aided Engineering）是一种利用计算机软件和分析工具来支持工程设计和分析的方法，广泛应用于各种工程领域，包括机械设计、汽车工程、船舶工业和航空航天等，涵盖了从概念设计到产品测试的多个过程。该技术是一门涉及多领域的综合技术，具体包括计算机图形技术、三维实体造型、有限元分析、计算流体力学、数据交换和工程数据管理等关键技术。CAE 使工程师能够在计算机上进行复杂的设计和分析工作，提高设计效率和精度，优化产品性能，并帮助预测和解决潜在的设计问题，极大提高了产品开发的质量和效率，减少了成本和时间开销。

4）EDA 技术

EDA（Electronic Design Automation，电子设计自动化）是一个包括软件、硬件和服务在内的领域。所有 EDA 产品与服务都旨在协助半导体器件或芯片的定义、规划、设计、实施、验证和后续制造。就这些器件的制造而言，EDA 产品与服务的主要提供商是半导体晶圆厂。

（1）仿真：对所提出的电路进行描述，并在实现电路之前预测其行为。此描述通常以标准硬件描述语言呈现，如 Verilog 或 VHDL。仿真工具以不同的详细程度对电路元件的行为进行建模，并执行各种操作，以预测电路的最终行为。所需的详细程度取决于所设计电路的类型和其预期用途。如果必须处理非常庞大的输入数据，则使用仿真或快速原型设计等硬件方法。当必须根据现实场景（如视频处理）运行处理器的操作系统时，就会出现以上情况。如果没有硬件方法，以上情况下的运行时间就无法得到满足。

（2）设计：对所提出的电路功能进行描述，并组装一系列用于实现该功能的电路元件。此组装过程可以是逻辑过程，在该过程中选择电路元件并将其正确连接，以实现所需的功能。逻辑综合是此过程的一个示例。该过程还可以是物理过程，将各种用于实现芯片电路的几何形状进行组装、布局和布线，这被广泛地称为布局布线。还可以在设计师的指导下，采用交互方式完成这一过程，这称为自定义布局。

（3）验证：检查芯片的逻辑或物理表示，以确定最终设计是否正确连接并可提供所需的功能。这里可以使用许多方法。例如，通过物理验证检查互连的几何形状，以确保其布局符合晶圆厂的制造要求。这些要求已变得非常复杂，所包含的规则远远超过 10000 条。还可以采取将实现的电路与原始描述进行比较的验证方法，以确保其如实地反映所需的功能。布局和原理图对比（LVS）是此方法的一个示例。芯片的功能验证也可以使用仿真方法，以将实际行为与预期行为进行对比。这些方法受到所提供的输入激励完整性的限制。等价性检查在不需要输入激励的情况下，通过算法来验证电路的行为。这种方法是“形式验证”学科的一部分。

2. 生产制造类软件

生产控制类软件（PLC/DCS/SCADA）和制造执行系统（MES）是生产制造类软件的主体。

1）PLC/DCS/SCADA 技术

PLC 即可编程逻辑控制器，是一种专用于工业控制计算机，使用可编程存储器存储指令，执行如逻辑、顺序、计时、计数与计算等功能，并通过模拟或数字 I/O 组件控制各种机械或生产过程的装置。PLC 的出现代替了之前控制大功率设备的继电器，能够起到节省空间、降低电量消耗、减少设备维护工作量的作用。PLC 的类型繁多，功能和指令系统也不尽相同，但结构与工作原理大同小异，其通常由 CPU、存储器、输入/输出单元、电源模块、外部设备接口等几个主要部分组成。

集散控制系统（DCS）通常也称为分布式控制系统。集散控制系统的控制功能主要由计算机（Computer）技术、控制（Control）技术、显示技术（CRT）和通信（Communicate）技术来完成，一般这 4 种技术也称为 4C 技术，4C 技术是 DCS 的四大支柱。DCS 中通信技术更为重要，操作员的操作、工程师系统的组态以及现场设备信息的交换都依靠通信技术来完成。

SCADA 系统即数据采集与监视控制系统，主要应用于电力、石油、化工、燃气等领域的数据采集与监视控制以及过程控制等领域。

2）MES 技术

MES 即制造业企业生产过程执行管理软件，是一套面向制造业企业车间执行层的生产信息化管理系统。MES 可以为企业提供制造数据管理、计划排程管理、生产调度管理、库存管理、质量管理、人力资源管理、工作中心/设备管理、工具工装管理、采购管理、成本管理、项目看板管理、生产过程控制、底层数据集成分析、上层数据集成分解等管理模块，为企业打造一个扎实、可靠、全面、可行的制造协同管理平台。

MES 的主要功能如下。

MES 是企业 CIMS 信息集成的纽带，是实施企业敏捷制造战略和实现车间生产敏捷化的基本技术手段。纵观我国制造业信息化系统的应用现状，建设的重点普遍放在 ERP 系统和现场自动控制系统（Shop Floor Control System, SFC）两个方面。但是，产品行销自 2005 年至今这十几年间从生产导向快速地演变成市场导向、竞争导向，给制造业企业生产现场的管理和组织带来了挑战，仅仅依靠 ERP 系统和现场自动化系统往往无法应对这个新的挑战。工厂制造执行系统（Manufacturing Execution System, MES）恰好能填补这一空白。

工厂制造执行系统是近 10 年来在国际上迅速发展的、面向车间层的生产管理技术与实时信息系统。MES 可以为用户提供一个快速反应、有弹性、精细化的制造业环境，帮助企业降低成本、按期交货、提高产品和服务质量，适用于不同行业（家电、汽车、半导体、通信、IT、医药、机械、航空、装备、军工、兵器等），能够对单一的大批量生产制造业企业和既有多品种小批量生产又有大批量生产的混合型制造业企业提供良好的企业信息管理服务。

MES 处于计划层和现场自动化系统之间的执行层，主要负责车间生产管理和调度执行。一个设计良好的 MES 可以在统一平台上集成如生产调度、产品跟踪、质量控制、设备故障分析、网络报表等管理功能，使用统一的数据库和通过网络联结可以同时为生产部门、质检部门、工艺部门、物流部门等提供车间信息管理服务。

3. 运维服务类软件

MRO 是一种专门设计用于维护、修理和运营的软件工具，具体是指通过协调管理企业的人员、设备、物料等资源，把原材料或零件转化为产品的活动；同时指工厂或企业对其生产和工作设施、设备进行保养、维修以保证设施、设备可以正常运行所需要的非生产性物料，这些物料可能是用于设备保养、维修的备品备件，也可能是保证企业正常运行的相关设备、耗材等物资。

MRO 模式源自欧美，于 20 世纪 90 年代末传入中国，主要分布在广州、深圳、上海等沿海发达城市。

MRO 主要功能模块包括维修需求管理、维修计划管理、维修监控与确认、维修执行、物料管理、设备基础信息管理，以及运行数据管理和维修资料管理。

（1）维修需求管理：提供给用户设备的基础信息和装配结构以编制其特有的维修需求。具体而言，用户可以为设备的特定类型的维修编制维修需求，并根据设备的生命特征参数指定维修频率，维修需求中可以包含工作卡，其用于描述维修的细节（如材料定额、工时定额、各种提前期等）。维修需求编制完成后，用户可以将维修需求关联到设备的结构上，一旦建立这种关联，系统就会自动根据需求上制定的维修频率，为设备产生维修活动。

（2）维修计划管理：基于设备上关联的维修需求为用户产生针对单台实例设备的维修活动，并将维修需求中的工作卡转变为待执行的作业卡，用户可以基于系统产生的维修活动和作业卡编制实际维修作业的各种时间要求，包括计划开始时间、计划结束时间、执行准备提前期等。

（3）维修监控与确认：接收维修计划产生的工单后，分配维修任务执行人，发起维修任务执行流程，监控维修任务的执行情况，并确认维修任务是否已经完成，最终完成工单的签署。

（4）维修执行：在维修计划的基础上通过对工单、维修活动、作业卡的下达，实现维修过程中的工作分发与报工功能，包括工单创建，以及工单、维修活动和作业卡的下达、打回、执行、取消等。维修执行还包括维修预警子构件，其主要功能是在使用过程中根据其状态变化产生预警并通知各个阶段的相关人员进行必要的操作，预警的内容包括失效的维修需求、维修活动预警、维修计划预警、维修作业预警以及维修物料预警。

（5）物料管理：用于管理维修执行过程中设备物料的分发、入库、采购、报废等业务。其主要功能包括建立库存地点（如仓库、库位、货架）以及库存地点之间的结构关系，控制设备的申领流程，进行设备出库、入库以及库存查询与盘点等。

（6）设备基础信息管理：用于维护设备的基本信息，支持对同种设备的共性特征管理，允许用户对单台设备的个性特征进行管理。当管理共性特征时，用户可以创建中性物料并在中性物料上关联维修资料和生命特征参数；当需要管理单台设备的个性特征时，用户可以在中性物料的基础上为每台设备、每个零件派生实例物料并在实例物料的基础上关联和单台设备有关的维修资料以及生命特征参数。

（7）运行数据管理：在设备维护过程中设备的运行数据需要采集进入系统，这些运行数据包含设备运行过程中的各类监控物理数据，以及操作记录，前者往往已经存在于某些其他的自动控制软件中，因此需要系统进行集成从而提取这些数据，而对于后者，需要在设备运行过程中提供有效的机制让用户进行手工录入，本模块可以提供集成接口表单录入界面以实现对运行数据的有效管理。

（8）维修资料管理：维修人员需要及时地获得有关产品维护和大修的技术文档。设计人员需要及时获得产品实际使用和维修的结果和经验。建立一个沟通设计、制造、使用、维修等不同人员共享的资料和知识共享平台是提高维护服务水平的基础。

4. 经营管理类软件

企业资源计划（Enterprise Resource Planning, ERP）是由美国著名管理咨询公司高德纳（Gartner）于 1990 年提出来的，最初被定义为应用软件，但迅速为全世界商业企业所接受，现已经发展成为现代企业管理理论之一。

企业资源计划系统是指建立在资讯技术的基础上，以系统化的管理思想，为企业决策层及员工提供决策运行手段的管理平台。企业资源计划系统也是实施企业流程再造的重要工具之一，属于大型制造业所使用的公司资源管理系统。世界 500 强企业中有 80% 的企业都将 ERP 系统作为决策工具并将其用于管理日常工作流程，其功效可见一斑。

ERP 系统是集企业管理理念、业务流程、基础数据、人力物力、计算机硬件和软件于一体的企业资源计划系统。ERP 是先进的企业管理模式，是提高企业经济效益的解决方案。其主要宗旨是对企业所拥有的人、财、物、客户、信息、时间和空间等综合资源进行综合平衡和优化管理，协调企业内外各管理部门，围绕市场导向开展业务活动，提高企业的核心竞争力，从而取得最好的经济效益，如图 1-10 所示。因此，ERP 首先是一个软件，同时是一个管理工具。它是 IT 技术与管理思想的融合体，也就是通过借助先进的管理思想来达成企业的管理目标。

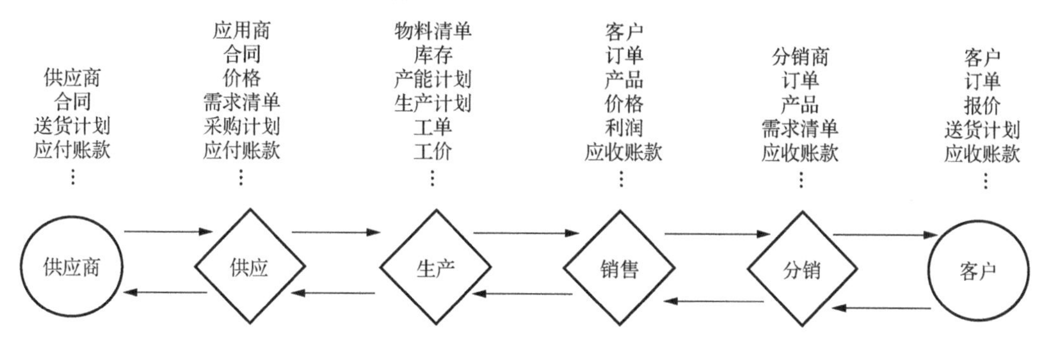

图 1-10　ERP 系统实现企业资源协同管理

1.4　本 章 小 结

软件是新一代信息技术的灵魂，是关系国民经济和社会全面发展的基础性、战略性产业。在云计算、物联网、数字孪生、大数据、人工智能等大融合的科技环境中，软件正在定义可以定义的一切。工业软件本身是工业技术软件化的产物，是工业化的顶级产品。它既是研制复杂产品的关键工具和生产要素，也是工业机械装备（“工业之母”）中的“软零件”“软装备”，还是工业产品的基本构成要素。工业软件已经成为企业的研发利器和机器与产品的大脑，软件能力正在成为企业的核心竞争力之一，是推动智能制造高质量发展的核心要素和重要支撑。发展工业软件是工业智能化的前提，是工业实现从要素驱动向创新驱动转变的动力，是提升企业能力、提高国际竞争力的重要手段，是确保工业生产链安全与韧性的根本所在。

第2章　工业软件理学基础

本章学习目标：

（1）简要了解常用工业软件涉及的技术和数学基础；

（2）熟练掌握微积分、线性代数、离散数学等技术在工业软件中的应用；

（3）了解运动与受力分析、数论等在工业软件中的应用。

工业软件的知识范畴是以复合学科知识为基础，以软件技术和软件工程为载体的工业场景闭环产品。本章主要介绍工业软件发展现状和理学基础，包括常用工业软件及其用到的理论和技术，工业软件的数学基础，微积分、线性代数、离散数学、运动与受力分析及其他技术在工业软件中的应用。

工业软件是工业技术/知识和信息技术的结合体，其中工业技术/知识包含工业领域知识、行业知识、专业知识、工业机理模型、数据分析模型、标准和规范、最佳工艺参数等，是工业软件的基本内涵，对于图形引擎、约束求解器、图形交互技术、工业知识库、算法库、模型库、过程开发语言、编译器、测试环境等，虽然单独评估大多不具有工业属性，但却是构建工业软件必不可少的数字底座和有机组成部分。

工业软件是对模型的高效最优复用。模型是软件的生命力所在，模型来源于工业实践过程和具体的工业场景，是对客观现实事物的某些特征与内在联系所做的一种模拟或抽象。模型由与其所分析的问题有关的因素构成，常用模型为机理模型和数据分析模型。机理模型是根据对象、生产过程等内部机制或物质流的传递机理建立起来的精确数学模型，通常用于表达因果关系；数据分析模型是在工业大数据分析中通过降维、聚类、回归、关联等方式建立起来的逼近拟合模型，通常用于相关关系；此外，也有部分领域的人工智能算法模型应用于新形态工业软件中。

其他不同类别的工业软件之间的底层逻辑差异较大，其中，研发设计类基于数学、物理等基础学科，具有较浓的“理科”属性；生产控制类基于工业生产的流程，是偏向于传统“工科”的工业控制软件；信息管理类基于企业的业务模型，是偏向于“商科”的思维管理类软件。

如图 2-1 所示，四大基石就像护城河一样，形成了深不可测的技术鸿沟。对于一个工业软件企业来说，往往需要十年甚至几十年的发展和沉淀，才能走出属于自己的道路。

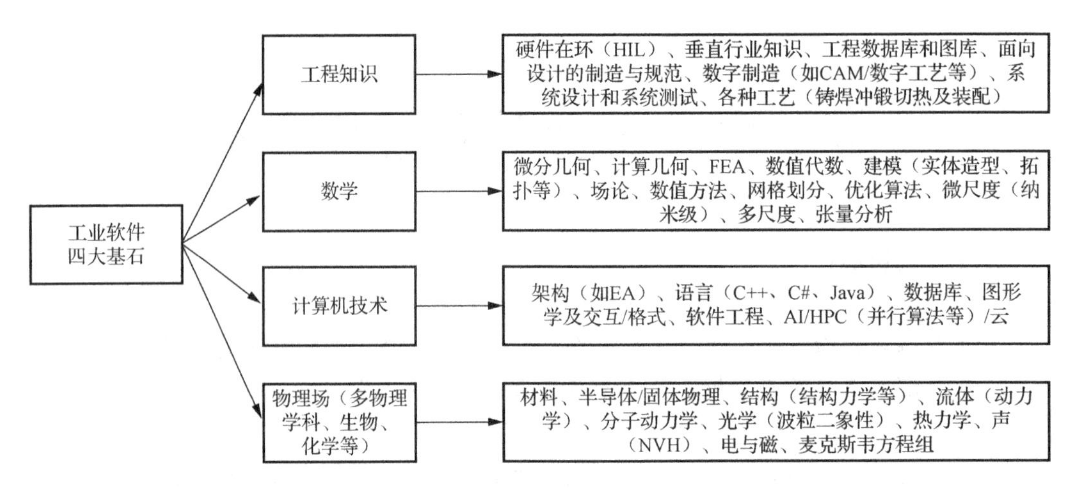

图 2-1　工业软件的技术图谱

2.1　工业软件的数学基础

工业软件首先要有良好的数学基础。数学的一个分支——微分几何突破之后，进化出了一个新学科——计算几何，促进了计算机辅助设计这个学科的出现和发展。而仿真分析软件 CAE 无论对于数据的前处理和后处理，还是对于各种求解器的开发，对数学知识都有很高的要求。

前处理模块主要用于 CAE 几何模型和物理模型建立、网格划分以及物理属性和边界条件添加等；求解器的核心是数值求解，类型包括结构分析、流体动力学分析、电磁场分析、声场分析、压电分析以及多物理场耦合分析等。

前处理技术不仅要实现数据导入、模型修复和显示，还需要具备网格划分的能力，这部分的技术门槛不低。工业强度的网格生成算法不仅理论复杂，而且程序开发工作量巨大。法国 Distene 公司开发的 MeshGems 系列网格划分系统被广泛用于商业 CAE 软件，最早由 INRIA（法国国家信息与自动化研究所）研发，经十几位研发人员专注开发了近 20 年才成功问世。

在美国国家航天局（NASA）公布的 CFD VISION2030 战略咨询报告中，网格生成是单列的五项关键领域之一，并被认为是达成 2030 愿景的主要瓶颈。在这样一个高难度的领域中，国内很多软件都没有加密或者隐私保证，依靠 Gmsh 之类的开源算法无法满足客户定制改进的要求，很难进入工业应用主流中。

CAE 领域中的后起之秀 Altair 是有几十个产品的上市公司，至今前处理软件 HyperMesh 还是其最重要的旗舰产品，给其带来的收益最多，也是 Altair 在 CAE 领域站稳脚的基石。HyperMesh 是一款高性能的有限元前处理软件，它为分析产品设计性能提供了高交互式的可视化环境。HyperMesh 直接与商业 CAD、CAE 系统有通用的接口并且有一套丰富易用的建立和编辑CAE模型的工具，为各个企业提供了统一的分析平台。该产品的亮点如下：

（1）全自动或手动控制的强大面、体网格算法；

（2）优秀的CAD系统交互能力；

（3）广泛的复合材料建模支持；

（4）拥有各工业领域中的丰富的求解器接口；

（5）复杂装配体的管理提升了通用建模的能力。

后处理在大规模的数据处理和直观、动态、炫酷可视化展示方面也有很多需要研发的内容，尤其是在B/S架构下，通过Web页面快速高质量地加载CAE计算结果是一个巨大的挑战。

后处理模块主要用来实现分析结果的判读和评定，例如，将计算结果以彩色云图、矢量图、粒子流迹图、切面等图形方式显示出来，或以文本、图表等形式输出。

优化也是具有普遍性的数值方法，包括优化理论、代理模型等，是求解复杂工程问题的基础，各种路径规划所涉及的矩阵理论、泛函分析、动态规划、图论等，无不是多约束条件下的多目标自动解空间寻优，其背后是由坚实的数学知识构成的基础。

各种CAE、EDA软件中都需要多种计算数学理论和算法，线性方程组求解、非线性方程组求解、偏微分方程求解、特征值特征向量求解、大规模稀疏矩阵求解等都需要非常深厚的数学基础。如果不能熟练运用各种数学工具，对物理场的建模也就无从谈起。

2.2　微积分在工业软件中的应用

随着社会的不断进步，各行各业的发展都有了新的趋势，各种先进的理念在具体的落实中也有了进一步的体现。工业软件是社会发展的重要推动力，在工业不断发展以及各种社会需求都逐渐旺盛的现实背景下，工业软件的发展成为社会关注的重点。微积分是较为有用的理念，也是许多工科人员能够掌握的基础理念，但是在具体应用过程中仍旧有许多的应用方式，面临的问题也有一定的区别，本节就当下微积分在工业软件中的应用进行分析和讨论，得出较为有效的应用方式。

许多人在理解微积分时，都较为简单地将其看作一种数学理念，但是在实际应用过程中，许多先进的操作都是以微积分为理论基础的。为了进一步推动社会的发展，各种推动措施也有了更多的国家政策支持和社会支持，其研究和发展力度也进一步加深。即使学习了微积分等高等数学知识，在实际应用过程中，仍旧存在跨越难度较大的鸿沟。微积分研究和关注的重点便是如何更好地理解和运用相关理论，以及如何更好地促进相关行业的发展。

微积分起源于古代，在较早年代，便由古希腊的阿基米德在研究和解决抛物线弓形的面积等问题时发现并提出。古代的文化典籍中也有相关的记载，虽然是较为朴素、典型的理念，但是也奠定了一定的思想和理论基础。到了17世纪，许多问题都更趋向于用先进的方式解决，许多大自然的现象也更加能够用科学的理论去解密，许多著名的数学家、天文学家和物理学家等为了解决微积分问题做了大量的研究。微积分也是在这种环境中进一步完善和发展的，并做出了积极的贡献。许多关于微积分的理论书籍先后出版，为理论的进一步完善和加强提供了较为积极的方式。

微积分的创立极大地推动了科学技术的进步，对于过去很多初等数学束手无策的问题，运用微积分往往可以迎刃而解，这显示出微积分的非凡威力。同样，随着计算机技术的不断发展，工业软件中也大量使用了数学原理，其中也包括微积分原理。

在工业软件的平面生成技术中常常会利用微积分原理进行计算，下面对几何直线生成原理进行介绍。

直线生成会使用到数值微分分析法，其原理如下。

直线微分方程为

$$\frac{\mathrm{d}y}{\mathrm{d}x}=K$$

假定直线上的两个点分别为$A(x_A,y_A)$、$B(x_B,y_B)$，且x_A、x_B、y_A、y_B都为整数，则

$$K=\frac{y_B-y_A}{x_B-x_A}$$

因此，直线的方程可以描述为$y=Kx+C$（C为常数），具体计算过程如下：

$$x_{i+1}=x_i+\mathrm{Step}_x$$
$$y_{i+1}=y_i+\mathrm{Step}_y$$

式中，Step 为步长。

当$K\leqslant 1$时，x的增量为 1，则

$$x_{i+1}=x_i+1$$
$$y_{i+1}=y_i+K$$

当$K>1$时，y的增量为 1，则

$$x_{i+1}=x_i+K$$
$$y_{i+1}=y_i+1$$

因此，x、y在共同前进时以逐点的方式生成直线上(x_i,y_i)和(x_{i+1},y_{i+1})两点之间的部分。

与整数阶微积分相比，分数阶微积分的微分和积分过程更加灵活和精细。随着计算机技术的发展，分数阶微积分被广泛应用到冶金、化工、机械等工业过程。分数阶微积分就是研究任意微积分阶次的数学理论，其算子可表示为

$${}_aD_t^{\alpha}=\begin{cases}\mathrm{d}^{\alpha}/\mathrm{d}t^{\alpha}, & R(\alpha)>0\\ 1, & R(\alpha)=0\\ \int(\mathrm{d}\tau)^{-\alpha}, & R(\alpha)<0\end{cases}$$

式中，α为微积分阶次；a与t分别为运算的上下限；$R(\alpha)$为α实部。由上式可得，当$R(\alpha)>0$时，表示分数阶的微分运算；当$R(\alpha)=0$时，表示整数阶微积分；当$R(\alpha)<0$时，表示分数阶的积分运算。分数阶微积分具有记忆性和遗传性，分数阶系统可以更精确地

对物理客观对象进行描述。依据如图 2-2 所示的直流电机等效电路，可得出该电机的分数阶电力特性为$U = R_m I_m + L_m D^{\alpha} I_m + K_b D^{\beta} \theta_m$，将其进行拉普拉斯变换后，可得到该电机的分数阶传递函数，可在 Simulink 中搭建如图 2-3 所示的框图，对其进行仿真验证。

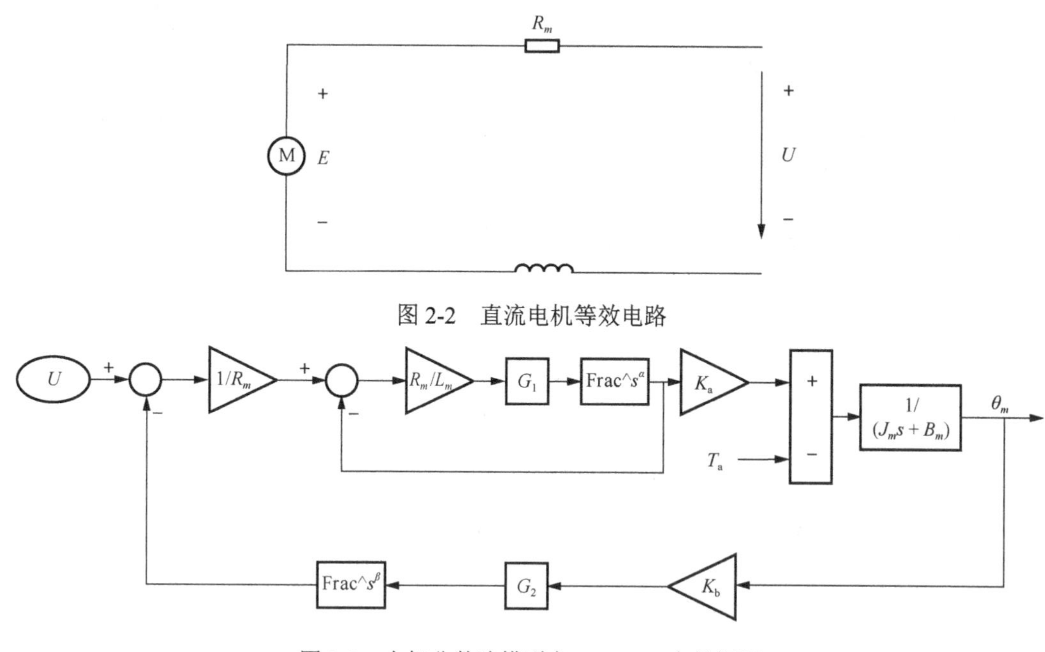

图 2-2　直流电机等效电路

图 2-3　电机分数阶模型在 Simulink 中的框图

2.3　线性代数在工业软件中的应用

“线性代数”是讨论代数学中线性关系的课程，它具有较强的抽象性和逻辑性，是高等学校各专业的一门重要的基础理论课。对线性方程组的讨论在理论上和历史上都是线性代数这门学科的起点。线性代数主要研究行列式、矩阵、线性方程组、向量空间、线性变换和二次型等，矩阵是它的主要工具，形成了线性代数的核心内容。线性代数已是数学、物理、化学、工程、电工技术、天文、运筹等学科必不可少的理论基础与工具。由于线性代数的理论很成熟，一些复杂的非线性问题可转化为线性问题来求解，例如，复杂产品的应力、应变的计算和热传导的计算等都可转化为线性方程组来求解，因此线性代数的相关理论可应用于工业软件的开发使用，如计算机绘图软件、计算机辅助分析软件等。

在计算机绘图软件中常见的线性代数应用便是图形变换。图形变换一般是指对图形的几何信息进行几何变换，从而产生新的图形。图形变换是计算机图形学的基础内容之一。由简单图形生成复杂图形、将空间形体进行平面投影、用二维图形表示三维图形等都可以通过图形变换来实现。

点是构成图形的基本要素。解析几何中，点用向量（又称为矢量）表示，例如，二维空间中的点用(x, y)表示，三维空间中的点则用$[x\ y\ z]$表示。一个二维图形或者三维图形可以用点的集合（简称点集）表示。二维图形的点集表示形式为$\begin{bmatrix} x_1 & y_1 \\ x_2 & y_2 \\ \vdots & \vdots \\ x_n & y_n \end{bmatrix}$，三维图形的点集表示形式为$\begin{bmatrix} x_1 & y_1 & z_1 \\ x_2 & y_2 & z_2 \\ \vdots & \vdots & \vdots \\ x_n & y_n & z_n \end{bmatrix}$。上述两式便建立了二维图形和三维图形的数字模型。二维图形可根据其点集表示形式以及线性代数的相关知识进行几何变换，二维图形几何变换矩阵可用 T 表示为

$$T = \left[\begin{array}{cc:c} a & d & g \\ b & e & h \\ \hdashline c & f & i \end{array}\right]$$

根据变换功能，可以把 T 分为 4 个区，各部分功能分别如下。

$\begin{bmatrix} a & d \\ b & e \end{bmatrix}$：对图形进行缩放、旋转、对称、错切等变换。

$\begin{bmatrix} c & f \end{bmatrix}$：对图形进行平移变换。

$\begin{bmatrix} g \\ h \end{bmatrix}$：对图形进行投影变换。

$[i]$：对图形进行伸缩变换。

若变换前图形中点的坐标为$[x \quad y \quad 1]$，变换后其对应的坐标为$[x_1 \quad y_1 \quad 1]$，则

$$[x \quad y \quad 1]T = [x_1 \quad y_1 \quad 1]$$

各种典型变换及其变换矩阵见表 2-1。

表 2-1　二维图形典型变换及其变换矩阵

图形变换类型	变换矩阵	图例	备注
比例变换	$T = \begin{bmatrix} a & 0 & 0 \\ 0 & e & 0 \\ 0 & 0 & i \end{bmatrix}$	y O x	a：x 方向的比例因子 e：y 方向的比例因子 i：图形比例因子
等比例变换	$T = \begin{bmatrix} 1 & 0 & 0 \\ 0 & 1 & 0 \\ 0 & 0 & i \end{bmatrix}$	y O x	i：图形比例因子

续表

图形变换类型	变换矩阵	图例	备注
平移变换	$T=\begin{bmatrix}1&0&0\\0&1&0\\c&f&1\end{bmatrix}$	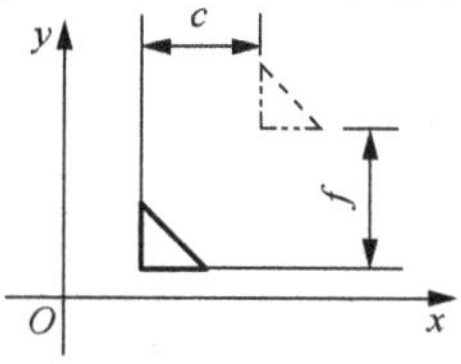	c：x 方向的平移量 f：y 方向的平移量
旋转变换	$T=\begin{bmatrix}\cos\theta&\sin\theta&0\\-\sin\theta&\cos\theta&0\\0&0&1\end{bmatrix}$	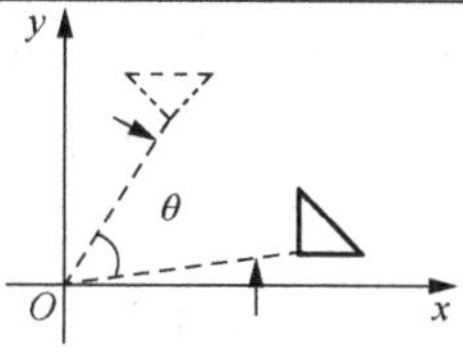	θ：旋转角，逆时针方向为正，顺时针方向为负
错切变换	$T=\begin{bmatrix}1&0&0\\b&1&0\\0&0&1\end{bmatrix}$	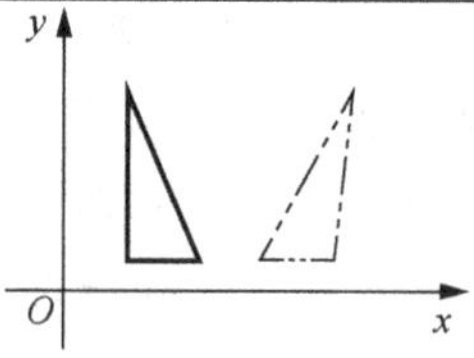	$b\neq0$：x 方向错切因子
	$T=\begin{bmatrix}1&d&0\\0&1&0\\0&0&1\end{bmatrix}$	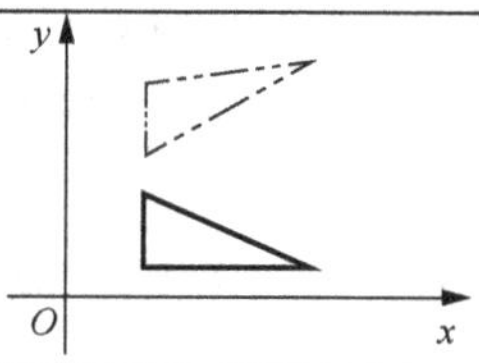	$d\neq0$：y 方向错切因子
对称变换	$T=\begin{bmatrix}1&0&0\\0&-1&0\\0&0&1\end{bmatrix}$	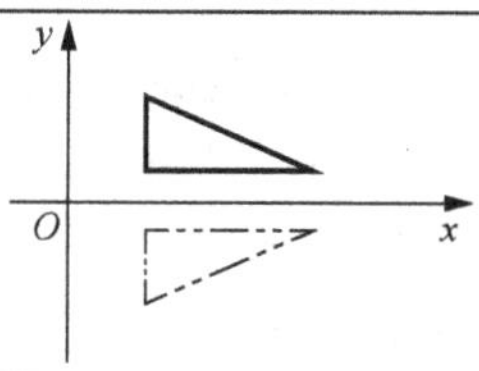	关于 x 轴进行对称变换
	$T=\begin{bmatrix}-1&0&0\\0&1&0\\0&0&1\end{bmatrix}$	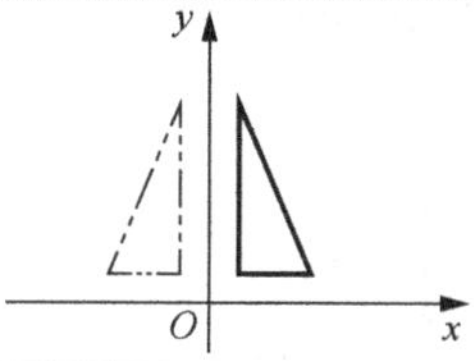	关于 y 轴进行对称变换
	$T=\begin{bmatrix}0&1&0\\1&0&0\\0&0&1\end{bmatrix}$	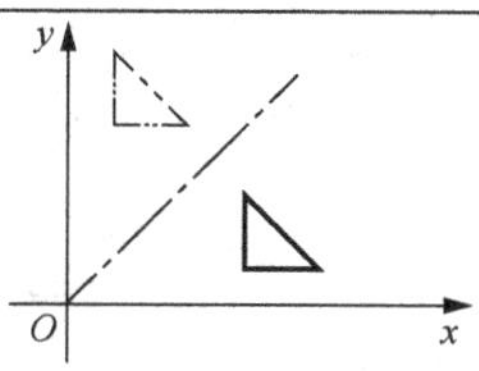	关于 45° 轴进行对称变换
	$T=\begin{bmatrix}0&-1&0\\-1&0&0\\0&0&1\end{bmatrix}$	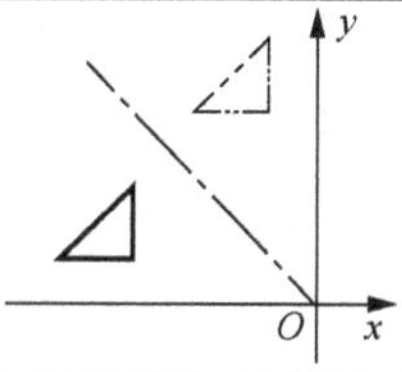	关于−45° 轴进行对称变换

续表

图形变换类型	变换矩阵	图例	备注
对称变换	$T=\begin{bmatrix}-1 & 0 & 0\\ 0 & -1 & 0\\ 0 & 0 & 1\end{bmatrix}$	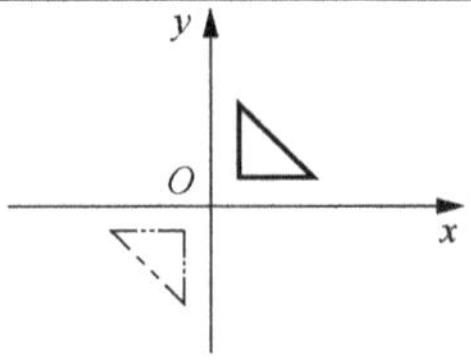 y O x	关于坐标原点进行对称变换

使用计算机绘图软件绘图时，常常对图形进行平移、对称、比例、旋转、投影等各种变换。当二维图形和三维图形采用点集进行表示时，若点集位置发生改变，则图形位置也随之发生改变。因此，对图形进行变换可以通过点集的变换来实现。由于点集采用矩阵形式表达，因此点集的变换可以通过相应的矩阵运算来实现，即

原点集×变换矩阵=新点集

为有效实现用矩阵运算把二维、三维甚至高维空间中的一个点集从一个坐标系变换到另一个坐标系，在进行图形变换时，一般将二维、三维或高维空间中的点表示为齐次坐标形式。齐次坐标表示法就是用$n+1$维向量表示一个n维向量。当n维空间中点的位置用非齐次坐标表示时，其将具有n个坐标分量$(P_1,P_2,\cdots,P_n)$，且其齐次坐标唯一。采用齐次坐标进行表示后，该高维空间点有$n+1$个坐标分量$(h\times P_1,h\times P_2,\cdots,h\times P_n,h)$，其中$h$为不为零的比例因子，因$h$取值的不同，故该高维空间点集的齐次坐标不唯一。当$h=1$时，空间位置矢量$[x_1\quad x_2\quad \cdots\quad x_n\quad 1]$称为齐次坐标的规格化形式。采用齐次坐标进行表示主要基于：

（1）其为几何图形的二维、三维甚至高维空间的坐标变换提供统一的矩阵运算方法，可以方便地将它们组合在一起进行组合变换；

（2）对无穷远点的处理比较方便。

例如，机械手可利用线性代数的相关知识进行表述，如图 2-4 所示，在直角坐标系$\{A\}$中，空间中任一点P的位置可用3×1的列向量（位置矢量）表示：

$$A_P=[P_x\quad P_y\quad P_z]^{\mathrm{T}}$$

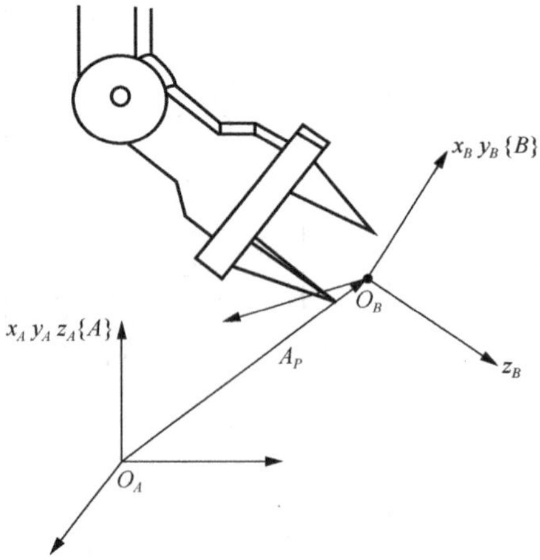

图 2-4　机械手方位表示图

空间物体的方位可由某个固接于此物体的坐标系 $\{B\}$ 的三个单位主矢量 $[X_B \quad Y_B \quad Z_B]$ 相对于参考系 $\{A\}$ 的方向余弦组成的 3×3 的矩阵描述，坐标系 $\{B\}$ 与机械手末端工具固接，则机械手的方位可描述为

$$ {}_B^A R = [{}^A X_B \quad {}^A Y_B \quad {}^A Z_B] = \begin{bmatrix} r_{11} & r_{12} & r_{13} \\ r_{21} & r_{22} & r_{23} \\ r_{31} & r_{32} & r_{33} \end{bmatrix} $$

机械手的位姿可描述为

$$ \{B\} = \{ {}_B^A R \quad {}^A P_{B_0} \} $$

对于得到的机械手位姿描述矩阵，依据上述几何变换方法，可以利用线性代数的相关知识实现机械手坐标的变换，进而改变机械手的位姿。

除此之外，线性代数的相关知识还可应用于有限元分析，有限元分析就是将一个连续的求解域离散化，即将其分割成彼此用节点（离散点）互相联系的有限个单元，在单元内假设近似解的模式，用有限个节点上的未知参数表征单元的特性，然后用适当的方法将各个单元的关系式组合成包含这些未知参数的代数方程，得出各节点的未知参数的值，再利用插值函数求出近似解。简言之，有限元分析就是把变分问题通过离散化方法转化为线性方程组来求解。只要弹性体的物理特征和受力（或边界）情况给定，刚度矩阵和节点力矢量就完全可以通过标准过程计算生成，最后求解线性方程组以获得所要求的数值近似解，在计算机上进行实现时，程序可以规范化。

2.4　离散数学在工业软件中的应用

在离散数学的应用中，离散对象是常见的内容，离散是指不能有效连接的元素，由于计算机学科的发展以及离散数学的独特性，离散学科的可行性是一个重要的研究领域，在离散数学的研究中，需要进一步分析离散变量的存在性，并根据该变量的存在性找出有规则的计算步骤。由于计算机属于一个离散结构，其研究对象均为离散的，因此，需要离散数学知识的支持，以便促进计算机学科及工业软件的发展。

离散数学是涉及集合论、逻辑演算、递归论、抽象代数、组合论、图论、近似计算、离散化方法等多个数学分支内容的一门学科。离散数学是随着计算机的快速发展而逐渐形成的，其所涉及的概念、方法和理论大量地应用在数据结构、数据库系统、编译原理、数学逻辑、人工智能等计算机领域。离散数学中的相关理论知识为数据结构的研究、关系数据库的关系演算，以及关系模型、编译程序中的词法分析和语法分析提供了很好的知识基础。

离散数学中的相关知识可有效应用于工业软件的开发使用。可根据离散数学中的有关元素之间的关系研究建立对应的数据结构对象；根据离散数学中的关系代数、谓词逻辑、数理逻辑以及笛卡儿积知识建立对应的数据库系统，并得到合适的逻辑结构；根据离散数学中的计算模型的语言和文化、有限状态机、数理逻辑、图论、语言的识别和图灵机等知识进行工业软件程序的编译等。计算机只能处理离散的数据，因此要在计算机

上处理、表达连续数据，就必须要把它离散化，把无穷数量的无穷小量变成固定的、可确定的有限数量的数值，例如，计算机上的一条光滑曲线是由一组固定的、确定的、有限数量的点（也称为像素）构成的，在此基础上可得到曲线的点集，进而进行图形变换，能够在工业软件中清楚地表达出曲线特征。同样地，离散数学在工业软件中的应用有利于软件数据库的开发，并且能够清楚表达不同参数之间的关系。另外，通过离散数学的相关理论知识还可以将模型参数化，并且将模型中的元素关联起来，各相关元素的参数用具体的设计变量替代，当设计变量的值在其设计区间内变动时，可改变参数的具体值；当离散数学的相关理论知识应用于计算机辅助分析软件中时，可进行有限元分析计算，对数据模型进行网格划分处理，即将数学模型中的连续区域进行离散化处理，最终归结到线性方程组的求解。

2.5　运动与受力分析在工业软件中的作用

任何机械在运动的同时都会受到力的作用。通过运动与受力分析可以很好地描述分析机械系统的各个组成要素之间的动态关联。运动与受力分析指分析机械的位移、速度、加速度、距离、自由度、约束冗余、运动时间等，可以模拟机械的运动，适用于任何伺服电动机轮廓和任何连接。但同时也要考虑机械的受力情况，添加机械所受到的负载，考虑重力、摩擦、力和转矩等因素，研究机械运动时的受力情况和力和力之间的关系。对机械系统进行运动与受力分析可以检验系统能不能满足承载与运动的要求，能够帮助工程师更好地理解系统的运动、解释子系统或整个系统即产品的设计特性、比较多个设计方案之间的工作性能、预测精确的负载变化过程、计算机械运动路径以及加速度和速度分布图等，对机械系统的设计、改进有一定的指导作用。

运动与受力分析的相关知识在计算机辅助分析软件中经常被应用到，如 ADAMS、ANSYS 等。在工业软件中进行运动与受力分析时，首先要建立对应的机械系统的三维模型，根据实际情况，定义合适的运动副，添加负载，即添加驱动以及机械系统各部件所受到的作用力，之后通过后处理相关模块进行仿真，得到其测量结果，并将测量结果绘制成图形，根据运动与受力分析情况对机械系统进行设计改进。

接下来分别介绍应用运动与受力分析的计算机辅助分析软件 ADAMS 和 ANSYS。

ADAMS 即机械系统动力学自动分析（Automatic Dynamic Analysis of Mechanical Systems），该软件是美国机械动力公司（Mechanical Dynamics Inc.）（现已并入美国 MSC 公司）开发的虚拟样机分析软件。ADAMS 已经被全世界各行各业的数百家主要制造商采用。根据 1999 年机械系统动态仿真分析软件国际市场份额的统计资料，ADAMS 软件销售总额近 8000 万美元，占据了 51%的份额。

ADAMS 软件使用交互式图形环境和零件库、约束库、力库，创建完全参数化的机械系统几何模型，其求解器采用多刚体系统动力学理论中的拉格朗日方程方法建立系统动力学方程，对虚拟机械系统进行静力学、运动学和动力学分析，输出位移、速度、加速度和反作用力曲线。ADAMS 软件的仿真可用于预测机械系统的性能、运动范围、碰撞、峰值负载以及计算有限元的输入负载等。

ADAMS 一方面是虚拟样机分析应用软件，用户可以运用该软件非常方便地对虚拟机械系统进行静力学、运动学和动力学分析；另一方面是虚拟样机分析开发工具，其具有开放性的程序结构和多种接口，可以成为特殊行业用户进行特殊类型虚拟样机分析的二次开发工具平台。ADAMS 软件有两种操作系统的版本：UNIX 版和 Windows NT/2000 版。在这里将以 Windows 2000 版的 ADAMS 12.0 为蓝本进行介绍。

ADAMS 软件由基本模块、扩展模块、接口模块、专业领域模块及工具箱 5 类模块组成。用户不仅可以采用通用模块对一般的机械系统进行仿真，而且可以采用专用模块针对特定工业应用领域的问题进行快速有效的建模与仿真分析。

ANSYS 软件是美国 ANSYS 公司研制的大型通用有限元分析（FEA）软件，是世界范围内用户数量增长最快的计算机辅助工程软件，能与多数计算机辅助设计软件连接，实现数据的共享和交换，如 Creo、NASTRAN、Algor、I-DEAS、AutoCAD 等。ANSYS 集结构、流体、电场、磁场、声场分析于一体，在核工业、铁道、石油化工、航空航天、机械制造、能源、汽车交通、国防军工、电子、土木工程、造船、生物医学、轻工、地矿、水利、日用家电等领域有着广泛的应用。ANSYS 功能强大，操作简单方便，已成为国际上最流行的有限元分析软件，在历年的 FEA 评比中都名列第一。中国 100 多所理工院校采用 ANSYS 软件进行有限元分析或者将其作为标准教学软件。

ANSYS 有限元分析软件包是一个多用途的有限元分析计算机设计程序，可以用来求解结构、流体、电力、电磁场及碰撞等问题。因此它可应用于以下工业领域：航空航天、汽车工业、生物医学、桥梁、建筑、电子产品、重型机械、微机电系统、运动器械等。

ANSYS 公司推出业界领先的工程设计仿真软件最新版 ANSYS 19.0，其独特的新功能为指导和优化产品设计带来了最优的方法，并且提供了更加综合全面的解决方案。工程仿真软件 ANSYS 19.0 在结构、流体、电磁、多物理场的耦合仿真、嵌入式仿真各方面都有重要的进展。

1）实现电子设备的互联

电子设备连接功能的普及化、物联网发展趋势的全面化对硬件和软件的可靠性提出更高的标准。最新发布的 ANSYS 19.0 提供了众多验证电子设备可靠性和性能的功能，贯穿了产品设计的整个流程，并覆盖电子行业的全部供应链。在 ANSYS 19.0 中，全新推出了“ANSYS 电子桌面”（ANSYS Electronics Desktop）。在单个窗口高度集成化的界面中，电磁场、电路和系统分析构成了无缝的工作环境，从而确保在所有应用领域中，实现仿真的最高生产率和最佳实践。ANSYS 19.0 中还有一个重要的新功能，即可以建立三维组件（3D Component）并将它们集成到更大的装配体中。使用该功能可以很容易地构建一个无线通信系统，这对日益复杂的系统设计尤其有效。建立可以直接仿真的三维组件，并将它们存储在库文件中，这样就能够很简便地在更大的系统的设计中添加这些组件，而无须再进行任何激励、边界条件和材料属性的设置，因为所有的内部细节已经包含在三维组件的原始设计之内。

2）仿真各种类型的结构材料

减轻重量并同时提升结构性能和设计美感是每位结构工程师都会面临的挑战。薄型材料和新型材料是结构设计中经常选用的，它们也会为仿真引入一些难题。金属薄板可在提供所需性能的同时最大限度地减轻重量，是几乎每个行业都会采用的“传统”材料，采用 ANSYS 19.0，工程师能够加快薄型材料的建模速度，迅速定义一个完整装配体中各部件的连接方式。ANSYS 19.0 中提供了高效率的复合材料设计功能，以及实用的工具，便于更好地理解仿真结果。

3）简化复杂流体动力学工程问题

产品变得越来越复杂，同时产品性能和可靠性要求也在不断提高，这些都促使工程师研究更为复杂的设计和物理现象。ANSYS 19.0 不仅可简化复杂几何结构的前处理工作流，同时还能提速高达 40%。工程师可通过 ANSYS 19.0 利用伴随优化技术，高效实现多目标设计优化与智能设计优化。ANSYS 19.0 除了能简化复杂的设计和优化工作，还能简化复杂物理现象的仿真。对于船舶与海洋工程应用，工程师利用 ANSYS 19.0 可以仿真复杂的海洋波浪模式。旋转机械设计工程师（压缩机、水力旋转机械、蒸汽轮机、泵等）可使用傅里叶变换方法高效率地获得固定和旋转机械组件之间的相互作用结果。

4）基于模型的系统和嵌入式软件开发

基于模型的系统和嵌入式软件的创新规模在每个工业领域都有非常显著的增长。各大公司在该发展趋势下面临着众多挑战，尤其是如何设计研发复杂的系统及软件。ANSYS 19.0 面向系统工程师及嵌入式软件工程师提供了多项新功能。针对系统工程师，ANSYS 19.0 具备扩展建模功能，可以定义系统与其子系统之间复杂的操作模式。随着系统变得越来越复杂，它们的操作需要更全面的定义。系统和软件工程师可以在他们的合作项目中进行更好的合作，以减少研发时间和工作量。ANSYS 19.0 增加了行为图建模方式以应对此需求。在航空领域，ANSYS 19.0 针对 DO-330 的要求提供了基于模型的仿真方法，这些方法经过 DO-178C 验证，有最高安全要求等级。这是首个面向全新认证要求的工具。

在分析挖掘机的挖掘装置在工作过程中的受力情况时，依据如图 2-5 所示的结构示意图，可知挖掘装置是由扒斗、小臂、大臂、大臂座、龙门架、扒斗油缸、小臂油缸、大臂油缸、回转油缸等部件组成的，分别由 1～9 标注。之后建立对应的三维模型，并将其导入仿真分析软件（ADAMS）中，然后根据如图 2-6 所示的挖掘阻力示意图，在模型上添加合适的作用力，再进行仿真分析，经过后处理得到相应的运动与受力曲线，以分析挖掘装置在工作中的受力情况，进而指导挖掘装置的设计改进。

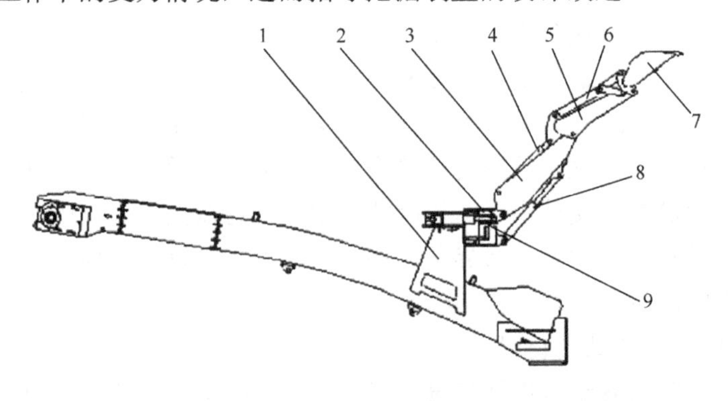

图 2-5 挖掘机的挖掘装置结构示意图

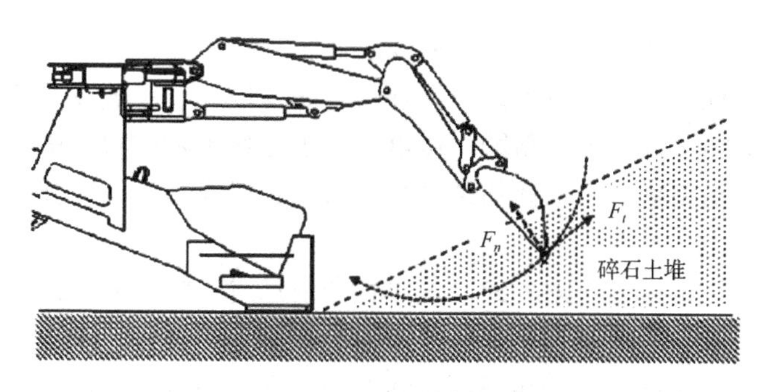

图 2-6　挖掘阻力示意图

2.6　其他技术在工业软件中的应用

在工业软件的开发使用中，除了应用到上述理学技术，还应用了矩阵理论、概率论与数理统计、统计学、信息论、数论及弹性力学等技术。

（1）矩阵理论。其在现代统计学的许多分支中有着广泛的应用，成为统计学中不可缺少的工具，而且，随着研究的深入和应用的发展，矩阵与统计学之间的关系会越来越紧密。一方面，统计学对矩阵研究提出了许多新的研究课题，刺激了有关矩阵理论的研究的发展；另一方面，矩阵理论中的结果被越来越多地应用于统计学的理论研究及应用中。近 30 年，许多统计学家致力于这方面的研究，并撰写了很多这方面的论文和著作，其中很多结论在统计学的理论研究中发挥着很大的作用。矩阵理论在数值计算、线性规划、数据分析、科学实验、信号传输等重大领域也有着极其广泛的应用。当今科技发展日新月异，人类社会开始步入信息化、数字化时代，矩阵在生产实践中的应用越来越广泛，故矩阵理论的研究也越来越重要。

（2）概率论与数理统计。其不仅是一门十分重要的大学数学基础课，还是唯一研究随机现象规律的学科，它指导人们从事物表象看到其本质，在自然科学、日常生活、工程技术、经济、管理、军事和工农业生产等领域都有应用。

概率论起源于赌博问题，在 15 世纪，意大利的数学家塔尔塔利亚和帕乔利等都讨论过两个人之间的赌金分配问题。最早的概率论著作是由荷兰数学家惠更斯撰写的《论赌博中的计算》，而这本著作也是当时概率论方面的最高著作，这也标志着概率论的诞生，而概率论学科中的真正奠基人便是伯努利家族的雅各布·伯努利，他在著作《猜度术》中提出了以“伯努利原理”著称的极限定理，而这个定理在这之后的概率论发展中占据了重要的地位。在伯努利之后，法国的数学家棣莫弗在之前的概率论基础上提出了正态分布，以及概率乘法等规则，之后拉普拉斯、高斯等都对概率论做出了进一步的研究工作，拉普拉斯在他的著作《概率的分析理论》中以很强的分析工具来对概率论问题进行处理。正是这部著作给出了古典概率模型的定义，即事件发生的概率等于该事件可能出现的所有结果数和实验中可能的所有结果数之比。概率论之后又发展到了极限理论。俄国的数学家切比雪夫建立了关于独立随机变量的大数定律，泊松大数定律和伯努利原理是大数定律的特例。

通过概率论可以有效分析算法的行为以及现实问题，概率模型可以应用到优化问题的求解过程以及工程技术中。概率论在工程的可靠度估算、灵敏度设计，以及运动精度和零部件安全度保障上都有很大帮助，可以应用于计算机辅助软件中，对所构建的模型进行分析计算和分析仿真，包括评估强度与寿命、验证模型的可用性和可靠性以及优化设计等。

（3）统计学。其是通过一系列的手段对数据信息进行整理分析，从而推断出调研对象的本质，甚至对未来的类似事情进行预判的一门综合性学科。在进行统计学整体分析的过程中，需要用到大量的数学知识以及其他相关学科的专业知识，统计学由于其自身独特的性质，在当今世界越来越不可或缺。

运用统计学对生活中的数据信息进行整理分析，首先要学习统计学的基础知识以及数据统计分析等知识和方法，这些基础知识和方法都是在开展统计学应用活动之前调研人员所必须掌握的。统计学作为经济学学科当中的重要分支，在经济学课程中经常被应用。例如，经济学的计量统计就需要根据统计学在金融中的重要意义和地位，将金融知识和统计学知识相结合，将金融计量和时间的序列相结合，对收集到的金融数据进行整理分析，最后得出金融计量和时间序列的一定关系。

应用统计学对数据进行管理分析，可以极大地提高生产生活中对研究对象的管理效率，使得研究对象变得明确，以降低管理成本。在实际的生产生活中应用统计学时，调研人员需要通过多次的实验和随机概率对比来确定事件发生的概率，通过定量定性的数理统计分析工作，充分发挥统计学对生产生活的促进作用。

（4）信息论。其是一门应用数理统计方法来研究信息的度量、传递和变换规律的学科。狭义上说，它主要是研究通信和控制系统中普遍存在的信息传递的共同规律，以及最佳解决信息的获取、度量、变换、储存和传递等问题的基础理论。而广义的信息论还包括所有与信息有关的领域，如心理学、语言学、神经心理学、语义学等。随着信息时代的到来，信息论被提到了越来越重要的位置，也为很多领域研究的科学化提供了很大的帮助，其中就包括对人的认识和记忆的研究。

随着信息论研究的不断发展，信息论方法在各领域的应用已获得很大的成功，如与之相关的通信、计算机、信号处理和自动控制等领域，除此之外，其延伸的方法还渗透到生物学、心理学、语言学、社会学和经济学等领域。由此可见，信息论的应用范围十分广泛，涵盖科学领域以及生活的方方面面，能够为解决实际问题提供良好的、有效的方法。

（5）数论。其曾经被认为是数学家的游戏、唯一不会有什么应用价值的分支。著名的哥德巴赫猜想就是数论里的。现在随着网络加密技术的发展，数论也找到了自己的用武之地——密码学。前几年破解 MD5 码的王小云就是数论出身。到目前为止，数论的所有一级分支都已经找到了应用领域，从自然科学、社会科学、工程技术到信息技术，数论的影响无处不在。如果没有数论在 20 世纪的发展，平时所使用的计算机、网络、MP3、手机等都不可能存在。

（6）弹性力学。其也称为弹性理论，主要研究弹性体在外力作用或温度变化等外界因素下所产生的应力、应变和位移，解决结构或设计中所提出的强度和刚度问题。在土木工程方面，建筑物能够通过有效的弹性抵消部分晃动，从而减少在地震中房屋倒塌的现象；对于水坝结构来说，弹性变化同样具有曲线性质，适合用来描述不断变化的水坝内部的压力，还有大型跨顶建筑、斜拉桥等。弹性力学在土木工程中还有一些重要的应用实例，如地基应力与沉降计算原理、混凝土板的计算方法、混凝土材料受拉劈裂实验的力学原理、混凝土结构温度裂缝分析、工程应变分析、结构中的剪力滞后问题等。

这些技术可以应用在工业软件的算法设计、建模过程、求解过程、后处理、参数化设计等各个模块中，工业软件的开发使用离不开这些数学、物理技术的应用，这些技术构成了工业软件的技术体系，了解这些技术可以更好地使用工业软件。

2.7 本章小结

工业软件的核心是算法，有了好的算法，很多原本很难解决的问题就可以更高效地解决，甚至很多原本解决不了的问题都可以迎刃而解。算法的基本原理则需要数学、物理等理学基础，因此，研发工业软件首先需要具有良好的理学基础，包括微积分、线性代数、离散数学、运动与受力分析、概率论和信息论等，并且要掌握其在工业软件中的应用。

第 3 章　工业领域基础知识

本章学习目标：

（1）了解工业工程的基本概念；

（2）了解工业工程的产生过程、发展过程、内容体系与应用领域；

（3）了解工业工程的基本职能；

（4）了解工业工程人员的资格、素质和职责；

（5）了解产品设计工程知识模型构建；

（6）了解工程知识关系获取和推理关键技术。

3.1　工业工程概述

3.1.1　工业工程概念

工业工程（Industrial Engineering, IE）是一门提高生产效率和效益的技术，是在人们致力于提高工作效率、降低成本、保证质量的实践中产生的。它把技术和管理有机结合起来，研究如何使由生产要素组成的生产力更高并且能够更有效地运行，以实现提高生产率的工程科学。随着科学技术的发展和市场需求的变化，其内涵和外延还在不断丰富和发展。

美国工业工程师学会（American Institute of Industrial Engineers, AIIE）在 1955 年提出“工业工程”的定义，其后来修改为：工业工程是对由人员、物料、设备、能源和信息等要素组成的集成系统进行设计、改善和设置的技术，它综合运用数学、物理学和社会科学方面的专门知识和技术，以及工程分析和设计的原理与方法对该系统所获得的成果进行阐述、预测和评价。概括而言，对于所有人类及非人类参与的活动，只要有动作出现，就可应用工业工程的原理原则，以及工业工程的一套系统化的技术，经由最佳途径达到目的。例如，工业工程中的动作连贯性分析（Operation Sequence），由于人类的任何一种动作都有连贯性，因此对各动作进行仔细分析，将其分成一个个微细单元，删掉不必要的动作，合并可连接的动作，可以达到工作简化、动作经济、省时省工之目的。

工业工程的定义表明以下几点。

（1）工业工程是一门技术与管理相结合的边缘学科。其学科体系属于工程学范畴，具有工程技术与管理技术的双重属性。一方面，工业工程从技术的角度研究和解决生产组织、管理中的问题。例如，通过流程优化、工艺分析、作业研究和时间研究等技术手段，达到提高产品质量、提高劳动生产率和经济效益的目的。另一方面，工业工程为管理职能的实施提供技术数据。

（2）工业工程研究的对象是由人员、物料、设备、能源和信息等要素组成的集成系统。

（3）工业工程所采用的研究方法是数学、物理学等自然科学、社会科学中的特定知识和工程技术常用的分析归纳方法。

（4）工业工程的研究内容是如何将人员、物料、设备、能源和信息等要素设计和建立成一个集成系统，并不断改善，从而实现更有效的运行。

（5）工业工程的目标是提高生产率和效益、降低成本、保证质量和安全，以获取多方面的综合效益。

（6）工业工程的功能是对生产系统进行规划、设计、评价和创新。

3.1.2　工业工程的产生过程与发展过程

工业工程起源于 20 世纪初的美国，以现代工业化生产为背景，在发达国家得到了广泛应用。现代工业工程是以大规模工业生产及社会经济系统为研究对象，在制造工程学、管理科学和系统工程学等学科的基础上逐步形成和发展起来的一门交叉的工程学科。它是将人员、设备、物料、信息和环境等生产系统要素进行优化配置，对工业等生产过程进行系统规划与设计、评价与创新，从而提高工业生产率和社会经济效益的综合技术，且其内容日益广泛。

1. 工业工程发展历程

工业工程的概念是在各种技术经过工程实践促进了生产工业化之后才逐渐形成的，其内容随着技术进步和工业化内涵的变迁而演变。工业工程形成和发展的过程是各种用于提高效率、降低成本的知识、原理和方法产生和应用的历史。工业工程的发展历程可分为三个阶段：小农经济年代、科学管理年代、工业工程年代。

1）小农经济年代

在人类从事小农经济和手工生产的漫长时代里，小农庄、小作坊的领工遵照雇主的口头指示，带领劳工艰苦地工作。他们工作方法的改良主要是为了减轻劳动强度、少受皮肉之苦而自己摸索出来的一些小技巧；小作坊的业主为了赚钱也会想出一些有效的管理办法。劳资双方这种改良工作方法的目的虽然与工业工程是一致的，但他们的工作方法谈不上科学性和系统性，因而也谈不上有工业工程的概念。

2）科学管理年代

从 18 世纪初期蒸汽机开始促进机械化生产至 20 世纪 30 年代中期的这段时期称为科学管理年代，是工业工程的前身。在这段时期中发生了两件大事：一是第一次工业革命；二是工业工程之父泰勒（F.W.Taylor）的科学管理运动。第一次工业革命后，生产力有了很大的发展，促进了大批的技术革新项目的产生，制造业企业的规模和复杂性也大幅度增加。这时在英国兴起的零件可互换性和劳动专业化分工被认为是促使大批量生产成为可能的两个重要的工业工程观念。与此同时，在德国兴起的标准化促进了大批量生产和工业化的重要工业工程成就的取得。

美国人把工业工程的开端归功于泰勒。泰勒的功绩不仅在于他系统地总结了前人（包括当时来自英国和欧洲大陆的工人）的经验，为提高工作和生产设施的效率提供了一些科学方法和原理来取代纯经验的做法，还在于他的卓越的活动能力，他把他的这些原理和方法进行广泛的宣传和传授，对当时的工业界产生了重大的影响。他的《科学管理的原理》一书的内容广泛涉及制造工艺过程、劳动组织、专业化分工、标准化、工作方法、作业测量、工资激励制度以及生产规划和控制等问题的解决，其科学性和系统性引起了人们研究更富有系统思想的管理科学的兴趣，为工业工程开创了通向今天的道路。例如，1910 年左右莉莲·吉尔布雷思（Lillian Gilbreth）夫妇从事的动作研究和工业心理学研究；1913 年福特汽车公司发明的移动装配线；1914 年左右甘特（Harry L.Gantt）从事的作业进度规划研究（发明了甘特图）和按技能高低与工时付酬的计件工资制的研究；1917 年哈里斯（F.W.Harris）研究应用经济批量控制库存的理论；1931 年休哈特（Walter A. Shewhart）等研究质量控制的抽样检验法和统计质量管理原理；1927～1933 年哈佛大学的梅奥教授在霍桑实验（Howthorne Studies）中提出发挥工人积极性的新见解和有关劳动组织的研究等，以上都受到了泰勒思想的影响。

科学管理年代的特点如下。

（1）生产的机械化程度还不高，存在着大量的手工劳动，因而提高工人的劳动效率成为当时最重要的研究课题，研究的主题集中在人的问题上，而人的问题被看作管理问题。

（2）当时的科学管理原理主要产生于经验的总结，缺少科学实验和定量分析，各项工作没有形成独立于管理的工程意识和实践。但是这种总结把零散的先进的经验归纳起来，形成了比较系统的学科体系，对当时工业界的管理产生有益的效果，也对后来的工业工程发展产生了深远的影响。

3）工业工程年代

工业工程年代是开始于 20 世纪 20 年代后期且一直延续到现在的年代。这个年代又分为三个阶段：第一阶段是从 20 年代后期～40 年代中期，在这个阶段发展的工业工程内容称为传统的或经典的工业工程（Traditional or Classical IE）；第二阶段是从 40 年代中期～70 年代中期，是工业工程与运筹学（Operation Research, OR）结合的时期；第三阶段是从 70 年代中后期至现在，是工业工程与系统工程（System Engineering, SE）结合并共同发展的年代，也称作工业与系统工程年代。在第二和第三阶段内发展的工业工程内容称为现代工业工程。下面分述这三个阶段的特点。

（1）传统的工业工程。它是泰勒科学管理原理的继承与发展，但有三个重大的变化。

① 正式出现了工业工程的概念、名词、学系、研究机构、专业人员和学会。早在泰勒的同时代，英、美两国就有人提出工业工程的概念和名词，主张当时提高劳动工效的各种研究工作（包括零件标准化、劳动专业分工、时间研究、按劳计酬工资制度等）由懂得工程技术的专业人员去进行，将其从管理职能中分离出来，像其他专业工程那样独立发展，以利于这些工作更切合实际地深入发展。1911 年美国普渡大学机械工程系首先开设了一门工业工程选修课；1918 年美国宾夕法尼亚州立大学建立了一个独立的工业工程系；1920 年美国成立了工业工程师协会。这些都体现了上述的主张。然而随着机械化程度的提高和大批量生产的发展，与工程技术结合得比较密切的工业工程概念被更多的人接受。到了 20 世纪 30 年代，美国有更多的大学机械系开设“工业工程”课程和建立

工业工程专业，成立工业工程研究所，培养工业工程专业人才（称为工业工程师），从事工业工程的研究工作。1948 年美国又成立了美国工业工程师学会，同时在 11 所主要大学设立了工业工程研究分会，并于 1949 年创办了《工业工程》会刊，1969 年出版了《工业工程学会学报》。

② 统计、概率等数理分析方法进入工业工程领域。这不仅改造了从科学管理年代继承下来的各种方法，使之具有定量分析的能力和更高的理论基础，而且还发展了一些新的方法，更能满足机械化、自动化的大批量生产的需要。例如，1931 年休哈特提出了统计质量管理原理，其中利用概率原理的排队论对发展生产计划、日程安排等新方法起到了重大作用。第一批数学模型、存储模型也在这个阶段诞生并应用。这些方法的发展使管理开始真正有了科学依据，而不再只是一种艺术和经验。

③ 重视与工程技术相结合，使工业工程本身具有独立的专业工程性质。一方面要求工业工程师具有相关专业（如机械工程）的基础知识，例如，大学的工业工程专业必须设有相关的专业课程，美国工业工程师学会把专业基础知识作为工业工程学科的核心部分，要求会员具有一定的专业基础知识。另一方面要求工业工程师从技术设施改进和技术发展的方面去研究提高生产效率的途径，而不是单纯地研究提高工人劳动效率的问题。在这个阶段发展了工厂布置、设施设计、工具设计、人机关系、物料搬运等富有工程技术内容的工业工程理论和方法。对于一些老方法，如时间和动作研究，赋予了一些新的技术内容，不再单纯地对工人提出苛刻的要求，而是从技术装备设计和工作环境条件设计方面运用心理学、美学和生理学的原理进行改进，以提高工人的劳动效率。

由于以上三大变化，工业工程不同于管理的概念和职能得到了确立，成为一种在技术与管理之间起着桥梁作用的新型工程技术。

（2）工业工程与运筹学结合。工业工程早期的发展虽然取得了很多的成绩，但在工业工程的统一名称之下其内容却是一个个孤立、分散的理论、方法和技术。与其他工程专业相比，工业工程一直缺少一种统一的科学理论基础。传统工业工程的各种方法只能处理工业企业中的单个工位、单个车间或生产线这样较小的系统的问题，很难在较大的系统中发挥综合作用。采用统计和概率等数理分析方法也只能提高传统工业工程的各种方法的定量分析能力，不能起到综合作用。

20 世纪 40 年代中期，英、美两国发表了在第二次世界大战时期研究出来的运筹学成果的保密资料，引起了许多工业工程工作者的注意，他们试图把它应用到工业工程中。运筹学是包括几种数学规划、优化理论、排队论、存储论、博弈论等理论和方法的总称，有比较系统的学科体系，可以用来描绘、分析和设计多种不同类型的运行系统。运筹学在工业工程中经过一段时期的改进研究和试用后取得了进展。人们普遍认为可以把运筹学作为工业工程的理论基础，不仅因为可以用运筹学的原理来改进工业工程的传统方法，使之提高到一个新的水平，还因为运筹学的系统性可以把工业工程的各种方法综合起来用于解决较大的系统问题。例如，对于设施设计，传统的工业工程中主要凭工业的专门知识和经验设计车间、仓库的最佳布置和最优位置，使用的方法不外乎是流程图、模型板、规范清单等。而现在则可用运筹学的排队论和数学规划，更系统、方便、精确地进行各种设施的设计，还可以把工业工程的设施设计范围扩展到其他更复杂、更庞大的设施系统，如邮电、交通运输、机场的设施系统及其他服务设施系统。当然，运筹学方法也要与相关的专业技术知识和经验相结合。

由于这种新发展，在 1955 年美国工业工程师学会为工业工程制定定义时，有人建议在定义中明确运筹学在工业工程中作为理论基础的地位，但是考虑到运筹学在当时还在不断发展之中，所以该学会没有完全采纳这个建议，而只在定义中使用了“数学……的专门知识和技术”的说法来表达这个发展趋势。

20 世纪 50 年代是工业工程与运筹学结合实验最活跃的年代，美国和其他国家的一些大学的工业工程系把“运筹学”定为必修课程；有些原有的工业工程学系和研究单位改名为工业工程与运筹学系或研究所；美国工业工程师学会成立了美国运筹学学会（ORSA）的分会机构；工业工程的书籍增添了运筹学的篇章。

美国工业工程师学会后来发展成为国际性的学术组织（ITE），在这一时期由这一组织第一次给出了工业工程的正式定义（1955 年），从 20 世纪 50 年代起工业工程建立了较完整的学科体系，到 1975 年美国已经有 150 所大学提供工业工程教育服务。

（3）工业工程与系统工程结合。工业工程与运筹学结合确实是一大进步。虽然运筹学的各种方法具有较强的系统性，但方法与方法之间，以及运筹学方法与传统工业工程方法之间仍然缺少自然的联系，因而运筹学方法常被局部地、孤立地应用，而难以取得综合的效果。此外，虽然运筹学扩大了工业工程的应用范围，但运筹学只分析事理，并且只能使工业工程处理一定范围内的工程问题，即企业内部或工程项目等微观系统问题，而现代的工业企业的事务越来越复杂，微观和宏观问题交织在一起，只探讨微观问题已显不足。因而把传统工业工程方法和运筹学方法统一起来，使之更好地综合运用理论基础，是迫切的需求。

恰在 20 世纪五六十年代，系统科学也有了长足进展。一种承袭了系统科学的思想和包含自然科学、社会科学知识并声称也以运筹学为理论基础但很注重工程应用的系统工程脱颖而出，受到了人们广泛的重视。许多工业工程学者认为，系统工程重视系统哲学思想的培养和系统分析方法的训练，又包含较丰富的自然科学和社会科学的知识，正是工业工程所需要的一种“统帅”学科。可以把系统工程的方法论、运筹学的数理分析、工业工程的传统技术与工业专门知识有机地结合起来，形成一个比较完备的学科体系，使工业工程既可对小至一个劳动岗位进行分析和设计，也可对大至整个生产线、整个企业、整个工业系统进行分析和设计，正像机械工程作为一门完整体系的学科一样，其既可以设计一个小零件，也可以设计一整套机器系统。但这些分析和设计都要在一定的整体系统思想指导下进行。

20 世纪 70 年代以来，工业工程沿着这条思路不断发展着、完善着。现代工业工程的学科体系可以比拟为图 3-1 所示的一条“连续光谱”（Continuum Spectrum）。在这条“光谱”的中央部分排列着工业专业知识（相当于霍尔的系统工程三维结构中的专业知识维），它既代表工业工程解决实际问题所用到的专门知识，也代表工业工程所要研究和处理的一些实际问题，其中既有微观的，也有宏观的。“光谱”的左端排列着系统工程（运筹学）理论与方法，是工业工程的理论基础。“光谱”的右端则排列着传统工业工程方法（经过改进的），是工业工程的工艺学。

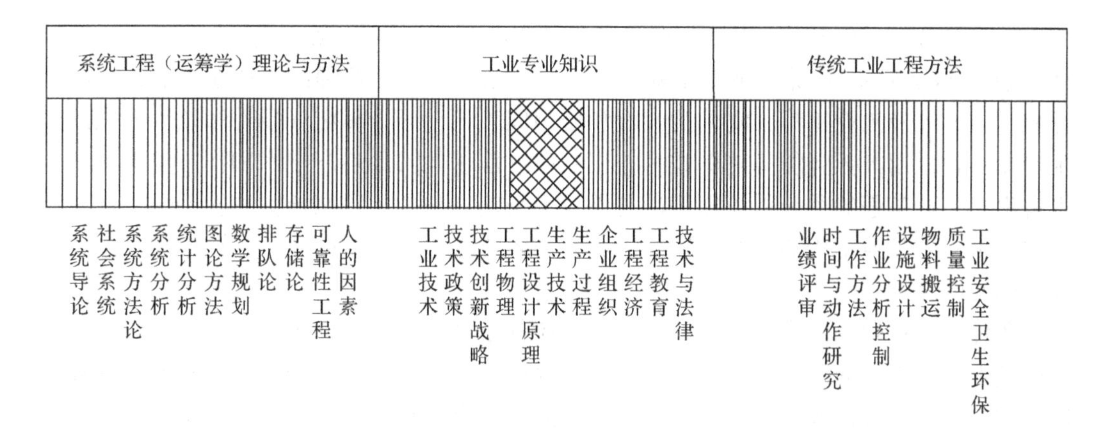

图 3-1　现代工业工程的学科体系

近年来，一些工业工程学者为工业工程制定了一些新的定义，用以反映现代工业工程的内容和职能。其中一种定义为：工业工程是综合运用工业专业知识和系统工程的概念与方法，为把人力、物资、装备、技术和信息组成更加有效和更富有生产力的综合系统而从事规划、设计、评价和创新的活动。它也为管理提供科学依据。

对于现代的工业工程，无论它所处的环境，还是它本身的内容、职能和用途，都已今非昔比，下面分别加以阐述。

① 它所处的环境是一个高度现代化的竞争激烈的信息社会。生产技术系统从 17、18 世纪的简单机械化，经历了 19、20 世纪的自动化大批量生产的概念，演进到多品种小批量柔性化生产和计算机综合制造的生产技术系统。

② 它的内容要适应环境不平衡变化所产生的客观条件的广泛差异，让传统工业工程方法与复杂的数理理论并行不悖。但总的要求是要更加注重科学和技术的成分。例如，一直以来人的因素都是工业工程研究的第一重要课题，过去利用时间和动作研究向工人提出苛刻的要求来达到提高劳动生产率的目的，而现在则更侧重于运用人机工程学的科学原理改进劳动设施来达到这一目的，时间和动作研究却成为在设计全自动生产线时提供合拍参数数据的重要手段。

③ 它的职能和用途已从20世纪50年代以前的分析和设计微观小系统发展到现在的微观和宏观系统双重分析和设计，这是符合客观实际需要的，因为微观和宏观处于一个系统之中，不强调宏观的改善，就不可能获得微观的改善。1950 年以前，工业工程的用途几乎集中在机械制造业企业，以处理一些小的系统问题。而今天，工业工程虽仍以机械工业为主要领域，但已扩展到其他制造业和服务业，为这些行业采用现代化设施系统的规划、设计、改进和实施而服务。工业工程在政府部门中的应用主要是为工业技术发展规划和政策提供科学的决策依据。现代工业工程之所以具有这样广泛的服务能力，与工业工程和系统工程的结合是分不开的。

（4）“计算机辅助工业工程”（CAI）悄然来临。电子计算机的长足发展变革了人类的生活和生产活动的方方面面，对工业工程活动也不例外。

计算机数控（CNC）、计算机辅助设计（CAD）、计算机辅助计划（CAP）、计算机辅助制造（CAM）、计算机辅助工程（CAE）以及其他计算机辅助作业在工业领域的广泛应用无不涉及工业工程。它们的发展和应用固然得助于计算机（硬件和软件）辅助技术的发展和应用，但计算机辅助技术在工业中的应用与其他生产技术和作业的恰当结合没有现代工业工程的系统知识做基础是不可设想的。另外，这些计算机辅助技术在工业中的应用要求工业工程的一些原理、原则和技术方法进行相应的变革，这推动了工业工程新的发展。

各种计算机辅助技术在工业中的应用开始都是个别地、孤立地进行的。随着计算机辅助技术综合能力的进步和工业工程工作研究的深化，人们已能把某些孤岛似的计算机辅助技术综合成可共同运作的系统，赋予其更高级的功能，如 DNC、CAD/CAM、FMS、FTS 等。1973 年美国工业工程学者 J. 哈灵顿（J. Harrington）提出了计算机综合或计算机集成制造（CIM）的战略思想，设想把生产企业的全部生产作业（包括计划、控制、产品设计开发和生产技术装备）实现计算机辅助化，并进行某种合理的综合集成，借助于中央数据库和网络控制，构成一个高度自动化和柔性（机动灵活性）化的生产系统，以使企业适应多变的市场竞争的需求。这一思想受到世界工业界的普遍重视，引发了广泛的、积极的研究，人们提出了许多设计方案和模型，并建造了若干个实体的计算机集成制造系统（CIMS）。

经过三十几年的发展，人们对 CIM 的研究热情方兴未艾，但实体的 CIMS 的实际应用进展却相当缓慢，世界各国现有的 CIMS 还很少，其产生的总体效益也还不大，主要原因有下列几点。

① 建造一个 CIMS 的成本太大，一般企业难以承受。

② 当前外部的原材料和产品供销市场不够完善，原材料和产品的供销不能满足 CIMS 对“及时”（Just-in-Time）的要求，因而也难以充分发挥 CIMS 的高效效益和整体功能。

③ 大多数企业还缺乏合格的工业工程人员，难以建立适用的 CIMS，也难以维护 CIMS 的合理运作。

然而，人们并没有因此对 CIM 战略思想丧失信心，反而坚定地认为未来市场将越来越国际化，技术创新将加速推进，竞争将更加激烈，CIMS 将是企业未来求生存和发展的最有力的竞争武器。在现阶段虽不宜建立实体的 CIMS，但应强调 CIM 战略的重要意义，并开展 CIM 战略的普及教育，加强以 CIM 取向的工业工程研究工作和计算机辅助技术研究工作，以期普遍提高企业的工业工程技术水平，降低 CIMS 的造价和运行成本。

在当前实体 CIMS 还难以普遍应用和发挥效益的情况下，CIM 的积极研究促进了概念和内容更广泛的“计算机辅助工业工程”（Computer-Aided Industrial-Engineering, CAI）的研究和发展，它涉及包括制造业在内的整个工业的计算机辅助和集成问题，已取得许多很好的成果。CIM 可以说是制造业的计算机辅助工业工程，是 CAI 的一部分。CAI 正在兴起和发展之中，还没有一个定型的定义，其技术内容的发展无可限量，当前的趋势特别强调利用和发挥计算机的快速信息传输、储存、处理和设计的能力，辅助工业工程开发“信息资源”。信息应理解为一切知识的基础，包括将科技新知识转化为生产力和适用的新产品；将市场消息转化为企业政策和策略、生产计划与控制；将企业内部的各种技术工艺流程、产品质量、库存销售、财务会计、人事教育的日常记录数据转换为管理和创新的依据等。资金、材料、劳动力是有限的资源，它们所产生的效益也是有限的，而且遵从着“效益增长递减的法则”；唯有信息是无限的资源，它的合理、充分开发利用可以使企业获得无穷尽的创造力和巨大的效益。CAI 的战略目的就是借助于计算机的综合功能，建立系统的、高效的工业工程工作方式，使企业得以协调资金、材料、劳动力和信息等资源及各种生产活动。

2. 工业工程事件

工业工程是工业化生产的产物，在工业工程界已取得这样的共识。工业工程发端于 20 世纪初的美国，泰勒开创了科学管理新世纪，又由于他精湛的技术理论，作为一代技术巨匠，为工业工程的产生奠定了基础、开辟了道路，被誉为“工业工程之父”。下述事件能够明晰工业工程的发展脉络。

1908 年，宾夕法尼亚州立大学首次开设“工业工程”课程。

1920 年，美国工业工程师协会（Society of Industrial Engineers）成立。随后，美国某些大学建立工业工程专业。

1946 年，澳大利亚研究会建立。

1948 年，美国工业工程师学会成立。

1955 年，AIIE 提出了工业工程的权威概念。

1966 年，澳大利亚海蒂教授首创了 MODAPTS 法。

1975 年，印度建立了工业工程教育与应用体制。

1982 年，美国和世界上其他一些国家共 133 位专家编写了《工业工程手册》，这是一部反映了现代工业工程原理与方法的实用性很强的巨著。

3.1.3　工业工程的内容体系与应用领域

1. 内容体系

目前工业工程在美国的称谓不同，在工业领域称为工业工程，而在非工业领域则喜欢用管理工程（Management Engineering, ME）代替工业工程的称谓。

工业工程是所有工程学科中发展最快的一个领域，伴随着科学技术的飞速发展，工业工程吸收了越来越多的新学科和新技术，尤其是系统科学、信息技术、计算机科学及人类工程学构成了一个边缘学科林立的庞大领域，如图 3-2 所示。若借用一个数学表达式，图 3-2 可写为 IE（工业工程）=SS（系统科学）+IT（信息技术）+CS（计算机科学）+Ergonomics（人类工程学）+N.W（网络计划技术）+W.S（工作研究）+POM（生产经营管理）。

作为共同的亲本学科，工业工程与人类工程学两者合二为一，对于人机问题的探讨可谓互合为一。工作研究（Work Study）是工业工程的主干部分，构成了最基本的组成内涵。从工业工程的发展史可以看出工作研究一直贯穿始终。随着自然科学及社会科学的发展和技术进步，工业工程技术逐步高级化、专业化，其应用范围早已不只是工业领域，已经渗透到非工业领域，甚至可以说工业工程的哲学思想无时不在，无处不有，遍布于社会、生活、工作的方方面面。

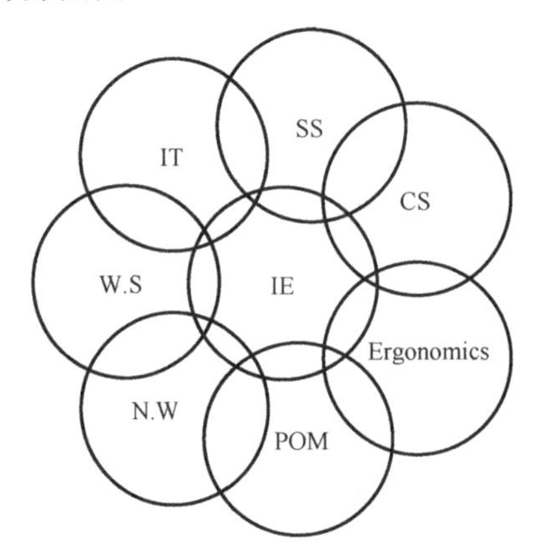

图 3-2　工业工程与边缘学科

2. 应用领域

工业工程在应用的过程中体现出诸多的优势，能够对设计过程进行有效的控制，同时能够对控制的方式进行有效的发展和创新，也使得投入生产的各个要素都能得到十分有效的应用，这样一来也就使得成本得到了十分有效的控制，工业工程的理论在设备维修当中也得到了十分广泛的应用，这项理论的应用使得生产目标的实现得到了有效的保证。工业工程应用领域的分布情况为航空航天、计算机与信息系统、电子工业、能源工业、工程经济、人因工程、设施规划与设计、金融业务、政府、工业与劳动关系、管理、运筹学、加工工业、生产和库存管理、质量管理与可靠性工程、零售商业、卫生系统、运输与销售、公共事业、作业测定和方法工程、制造系统。

工业工程应用到机械工程领域对机械工程领域的发展速度提高和发展规模扩大都是极为有益的，例如，通信识别技术中的射频识别技术的准确性与快速性都非常高，将其应用于机械工程领域，能够很大程度上提高这一领域的发展速度和扩大其发展规模；在工程造价管理方面，工业工程的应用可以有效缩减预算时间以及提高预算精准度，工程管理人员运用工业工程软件遇到指标收集和构建方面的问题时，可以使用相关信息技术快速解决。工业工程在机械工程领域的广泛应用不仅体现了工业工程自动化、智能化的特点，同时也提高了机械自身的使用性能，从而大大提高了生产效率。另外，在交通道路施工方面，通常需要处理很多的数据，并且需要描述施工中可能出现的问题，以及对工程进度进行调整等，工业工程应用到交通设施建设中后，这些问题就可以得到科学、合理的解决。除此之外，在建设施工的管理方面也加强了对工业工程的应用，工业工程已逐步应用在建筑施工质量管理和监督等方面。

将工业工程应用到航天领域，按照全面质量管理的工作程序“PDCA”循环，采用工业工程中工作研究的有关理论和技术方法，解决工作中现存的一些实际问题，取得了提高产品质量和工作质量、效率的良好效果，使工作标准化，并使生产变得有计划、有目的，保证了实际生产的畅通。

3.2　工业工程知识

3.2.1　工业工程的基本职能

工业工程为管理提供科学依据，现按此分述如下。

（1）规划：确定一个组织在未来一定时期内从事生产或服务所应采取的特定行动的预备活动，包括总体目标、政策、战略和战术的制定，也包括分期（长期、中期、短期）实施计划的制定。规划是协调营利与资源利用的一种重要工具，但规划包含十分丰富的技术内容，规划的制定是一种工程。工业工程从事的规划侧重于技术发展规划。规划和计划都应确定未来一定时期内的奋斗目标、实施步骤、主要措施和应用前景。

（2）设计：一种为实现某一既定目标而创建具体实施系统的前期工作。其包括技术准则、规范、标准的拟订，最优选择和蓝图绘制。工业工程的设计有别于一般机器设备的设计，其侧重于工程系统的总体设计，包括系统的概念设计和具体工程项目设计。工业工程的设计含有丰富的工程技术内容，且显示工程的本色，有别于管理的职能，但工业工程的设计也常常是管理中资源分配和日常作业的依据。设计时应特别注意建立系统的总体设计方案，以把各种资源组成一个综合有效的运行系统。

（3）评价：对现存的各种系统、各种规划和实施方案以及个人和组织的业绩做出是否满足既定目标或准则的评审与评定的活动。其包括各种评价指标和规程的制定和评价工作的实施。工业工程的评价是高层管理者的重要决策依据，是避免决策失误的重要手段。

（4）创新：对现存的各种系统的改进以及崭新的、富有创造性和建设性见解的活动，是系统的一个重要属性。如果没有创新，一个系统不论是一种产品，还是一台机器，或是一条生产线，都将随着时间而耗损、老化、无序、僵化乃至失效衰亡。创新应当是管理者的意志，但它的实施则是一种特殊的工程。工业工程的创新要从系统的整体目标和效益出发，把各种相关的广泛条件加以考虑，进行综合权衡后，求得最优选择，来确定创新的目的和策略，选出创新的项目和内容。

图 3-3 列出工业工程通常履行的规划、设计、评价和创新职能的一些典型内容。

关于工业工程的基本职能，人们还从其他一些观点和角度予以组合分类，其形式甚多。其中一种能较好反映现代工业工程职能内容的分类法是把工业工程的职能分为下列三项。

（1）管理运筹学（Operations Research for Management）。其是直接为管理部门提供决策依据的工业工程工作和方法，包括各种规划、经济分析、作业测定、工作方法、绩效评价、工资激励等。

（2）生产工程（Production Engineering）。其是直接与生产相关的工业工程工作和方法，包括制造工艺过程、物料搬运、质量控制、库存控制等。

（3）设施设计（Facility Design）。其是直接与工程项目总体设计相关的工业工程工作和方法，包括工厂选址、工厂布置。然而设施一词有着广泛的含义，不限于机器设备和工厂车间，可以包含计算机系统、信息系统、运输系统以及各种大型工程系统。

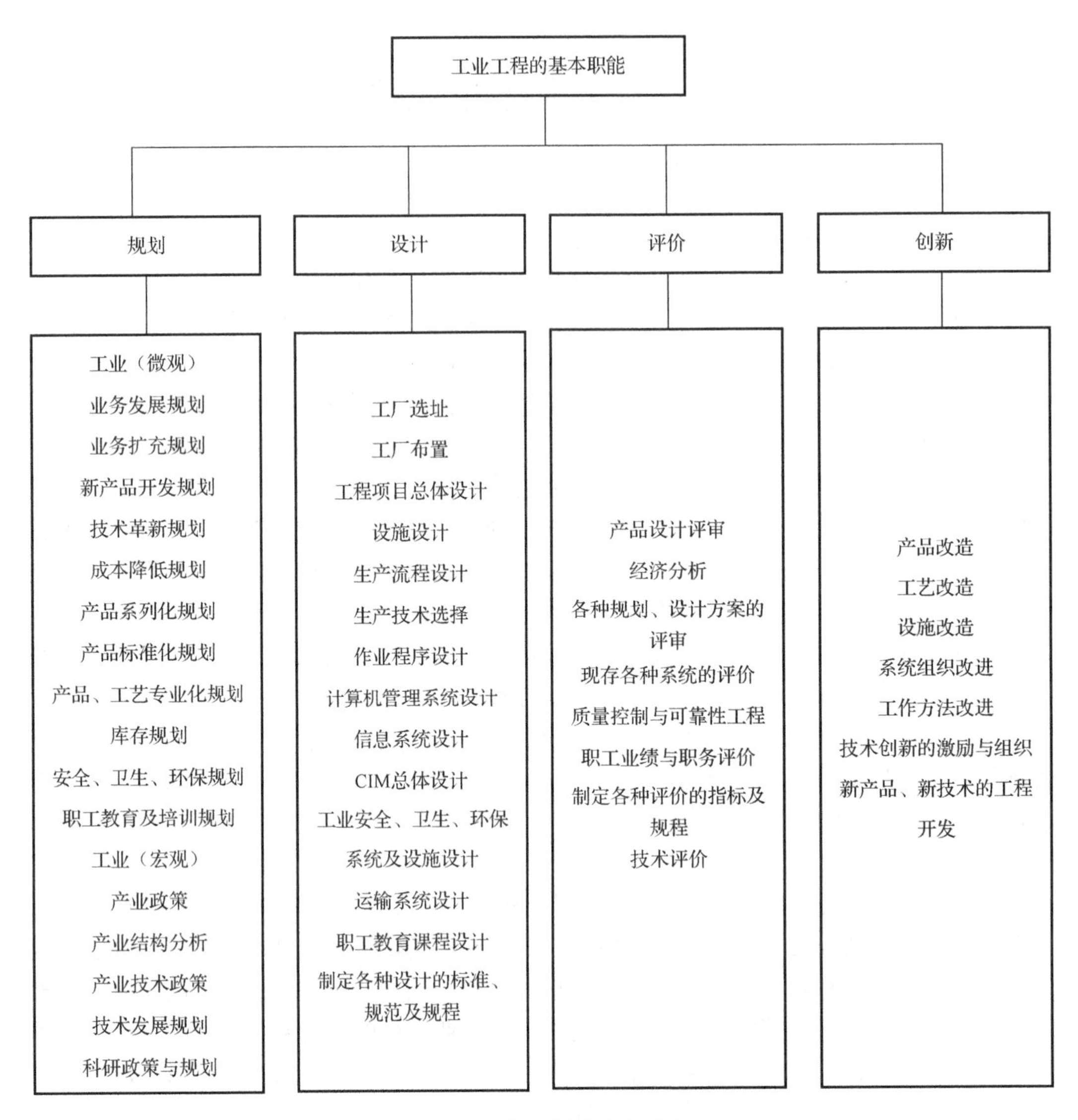

图 3-3　工业工程的基本职能

不难看出，由于工业工程学科体系的完整性，任何一种有关工业工程职能的分类法都难以把工业工程的全部职能截然划分为若干完全独立的部分。不论从何种观点、角度来划分，所划分的各个部分都有互相关联或重叠的成分。特别是工业工程的各种方法大多数可通用于各个部分的工作，无法划归到任何特定的部分中。此外，上述分类法的管理运筹学、生产工程、设施设计三项职能中的每一项也都包含规划、设计、评价和创新的职能内容，形成了矩阵式的职能结构。总之，人们要用系统的观念来看待工业工程的各项职能，并从整体性出发去运用它们。

3.2.2　工业工程人员的资格、素质和职责

从应用角度来看，工业工程是一种技术职业，从事这种专门职业的人员自然也相应地称为工业工程人员（如工业工程师）。广义地说，工业工程人员的作用就是把人员、机

器、资源和信息等联系在一起，以求得有效运行。他们主要从事生产系统的集成设计和改善（即再设计），处理人与物、技术与管理、局部与整体的关系。因此，工业工程人员不仅要有广博的知识，而且要注意应用这些知识的综合性和整体性，以完成工业工程的目标。

美国工业工程师学会（AIIE）对工业工程人员所做的定义如下：工业工程人员是为完成管理者的目标（目标的根本含义是要使企业取得最大利润，且冒最小风险）而贡献出技术的人，协助上下各级管理者，在业务经营的设想、规划、实施、控制方法等方面从事研究和发明，以更有效地利用人力与各种经济资源。

从上述定义可以看出，工业工程人员涉及的业务面很宽，从基本的动作与时间研究到系统的规划、设计和实施控制等方面为各级经营管理提供方法，充当参谋。可以说一个企业的各方面、各层次的业务都需要工业工程人员发挥作用。因此，工业工程人员必须具备广博的知识和技能；有很强的综合应用各种知识和技术的能力；有革新精神，不断探索和创造新的方法以进一步改进工作方式、改善生产系统的结构和运行机制，以求得更佳的整体总效益。为此，一个称职的工业工程人员应有良好的技术素质和科学品德，进取和创新精神、善于团结协作，以及敏锐的观察、分析能力等。

早在 20 世纪初期，美国和其他一些国家的大学就开始培育专业的工业工程人员，在其毕业后授予其工业工程师的称号。第二次世界大战后不久，美国等国家又大批培养硕士和博士学位的工业工程研究生。鉴于工业工程在工业中的重要性，欧美各国的政府和工业界的某些学会、协会组织要求对各大学的工业工程专业的课程和教学质量进行特别的鉴定，对毕业的工业工程师要求就业前的考核登记注册，并领取职业执照。这些要求的目的是向公众和雇主保证这些工业工程师已达到了最低标准。由此可见社会对工业工程人员的期望之高和要求之严。

如果从工业工程人员的知识结构中抽掉了工业专业知识这个核心部分，则工业工程人员将发挥不了实际作用。因此工业工程人员应当在掌握系统工程和工业工程的基本方法和技术的条件下多多充实工业专业知识，时刻注视这方面的新发展以吸收新知识。在学习系统工程的理论和方法时，要特别领悟系统科学的哲理思想，而不仅仅在于精通一些分析方法与技术，这样才能增强系统观念，养成从系统整体性出发来综合分析问题的工作习惯。工业工程人员要善于根据所负责的业务的需要和科技发展的新趋势平衡和调整自己的知识结构的广度、深度和新度，避免变成“万金油和半瓶醋”。作为一个优秀的工业工程人员，除了要有宽广扎实的科技知识外，还要具备下列品质：

（1）细致的思维和敏锐的观察能力；

（2）实事求是的科学态度；

（3）诚实、公正、严谨的职业道德；

（4）热情、谦虚、真诚的协作意愿；

（5）一丝不苟的责任心和荣誉感；

（6）“理想主义”的献身精神。

工业工程人员的工作虽然处于参谋地位，但大多数关系着一个企业、一个行业，甚至一个国家的利益。一项工业工程工作的失误所造成的损失将远远超过专业工程人员设计一台机器的失误和管理人员算错一笔账所造成的损失，有时甚至达到无法估计、无法弥补的程度。工业工程人员的职责既是艰巨的，也是光荣的，但是若不具备上述的知识和品质，则难以担当也不配担当这份职责。

3.2.3 产品设计工程知识模型构建

阿西莫夫（I. M. Asimow）是最先对完整的设计过程给出详细描述的人之一，他将其称为设计形态学。下面将会介绍他的设计七段论，设计活动的八个内容代表了基本的设计过程。图 3-4 的目的是提醒读者注意在问题定义和详细设计之间设计活动的逻辑次序。

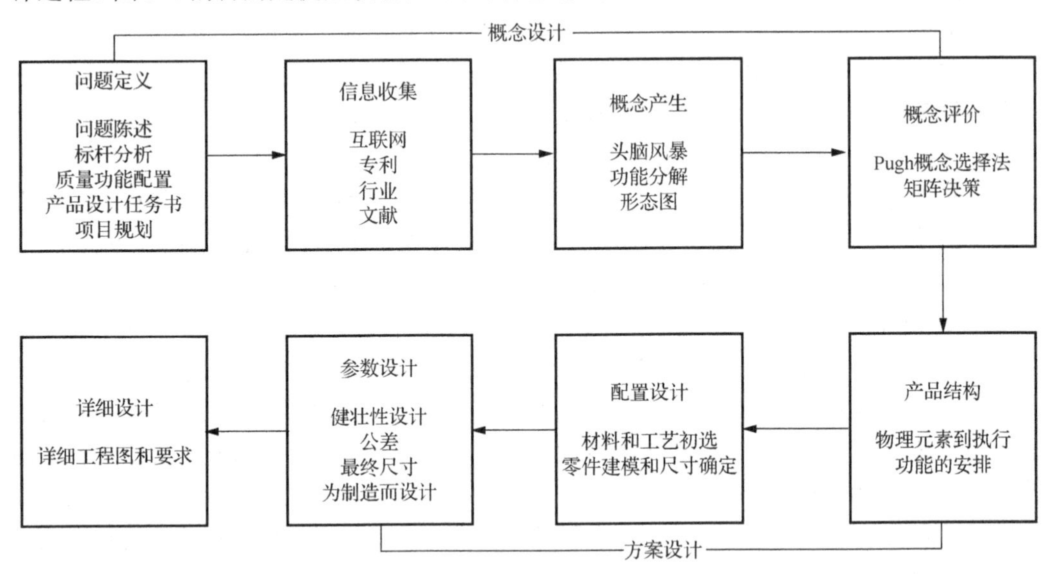

图 3-4 基本设计过程

1. 第一阶段——概念设计

概念设计是设计的开始阶段，有时也称为可行性研究，主要是提出一系列可能的备选方案，然后将其缩小到一个最优概念。概念设计需要极高的创造力，它涉及最大的不确定性，并需要商业组织间协调多种功能。概念设计阶段下的分散性活动主要包括用户需求确定、问题定义、信息收集、概念化、概念选择、产品设计任务书的凝练、设计评审。

（1）用户需求确定：目标是完全了解用户的需求，并将其传达给设计团队。

（2）问题定义：目标是给出一个陈述，它描述需要用什么来满足用户需求，具体包括竞争产品的分析、目标规格的确定以及约束列表和需求权衡因素。质量功能配置（QFD）是一个将用户需求与设计要求联系起来的有效工具。产品要求的详细清单称为产品设计任务书（PDS）。

（3）信息收集：获得一系列的需求信息，工程设计在这方面有特殊的需求。

（4）概念化：包括开拓一系列潜在的能满足问题陈述的概念，基于团队的创造方法与高效信息收集结合在一起，是关键的设计活动。

（5）概念选择：对设计概念进行评价、完善，其最终演化成一个优选概念。这个过程通常也需要多次反复。

（6）产品设计任务书的凝练：在概念被选定后，产品设计任务书还需要凝练。设计团队必须负责获得某些设计参数的关键值，通常将这些参数称为质量关键点（CTQ）参数，并且设计团队要进行成本和性能之间的权衡。

（7）设计评审：在拨付资金进入下个设计阶段前，必须要进行设计评审。设计评审要保证设计在物理上能够实现，并在经济上值得投入。设计评审也会审查详细的产品研发进度。这就需要提出一个策略，来最小化产品生命周期，并确定完成项目所需的人员、设备和费用。

2. 第二阶段——方案设计

产品概念的结构研发出现在工程设计的方案设计（又称为初步设计）阶段。在这个阶段，设计概念骨架将被添加血肉，必须着手解决产品所必须完成的全部主要功能的具体细节问题，需要对强度、材料选择、尺寸、外形和空间相容性进行决策。过了这个阶段，较大的设计变更将产生很多的费用。方案设计有三个主要任务，即产品结构、配置设计和参数设计。

（1）产品结构：将整个设计系统划分为子系统或模块。在这个阶段需要决定所设计的实际零件如何布置和组合，以实现设计的产品功能。

（2）配置设计：零件由如孔、加强筋、曲线和曲面等特征组成。零件配置设计指的是确定需要有什么样的特征，并对其空间的相互关系进行安排。虽然在此阶段可以进行建模和仿真，以检查功能和空间约束，但是，在此阶段也仅能确定近似的尺寸来保证零件满足产品设计任务书（PDS）的要求。同样，在这个阶段也要给出有关材料和加工的更多特性。用快速成型工艺来得到零件的物理模型是一个合适的方法。

（3）参数设计：从零件配置的信息开始，旨在确定零件准确的尺寸和公差。如果以前没有完成材料和加工工艺设计，则它们也要在此阶段完成。参数设计的重要面是检查零件、装配件和系统的设计健壮性。健壮性涉及零件在不同的工作环境条件下如何保证其性能的稳定性。

3. 第三阶段——详细设计

在详细设计阶段，要完成可测试和可制造产品的全部描述，每个零件的布置、外形、尺寸、公差、表面性能、材料和加工工艺所缺失的信息都将补充完整。这个阶段也给出了专用件的规格以及从供应商那里购买的标准件的规格。在详细设计阶段，需要完成如下活动并准备相关文档。

（1）满足制造要求的详细工程图。通常这些图纸都是由计算机输出的，而且还常常包括三维CAD模型。

（2）原型的验证要成功完成，并提交验证数据。所有的质量关键点参数可以掌控。通常，对准备生产的几台备选样机要进行建造和测试。

（3）完成装配图和装配说明，给出用于装配的物料清单。准备好详细的产品规格，它包括从概念设计阶段开始所做出的设计变更。

（4）决定每个零件是在内部加工还是从外部供应商处购买。

（5）根据所有前面的信息，给出详细产品成本预算，以设计评审作为结束。

（6）在决定将产品信息交付加工前，将设计过程空间带到可实现的现实世界。

设计的第一～三阶段将设计从概要设计完善至详细设计，对于很多其他的技术和商业决策，仍需将一系列详细工程图和任务书交付给制造业企业进行探究。一般来说，这些设计内容在组织的其他部门完成，而不是在工程部或产品研发部完成。一旦设计项目进入这些阶段，费用和人员时间的支出就会大幅增加。

在这时，必须做出的基本决策之一是：哪个零件将由该产品研发公司制造，或由外部设备商或供应商提供。这通常称为“制造或购买”决策。目前，还需要考虑一个额外的问题：零件是在国内还是其他劳动力成本低的国家进行加工或装配。

4．第四阶段——制造规划

在制造规划阶段，为进行产品的生产，必须完成大量的详细规划，并且必须为系统中的每个零件制定加工方法。常用的第一步是编写工艺卡，包括对零件进行加工的所有工序的顺序清单，还包括所使用的材料（形态和条件），以及刀具和加工机床。工艺卡的信息使得评估零件的制造成本成为可能。如果成本很高，就需要更换材料或对设计进行基本修改。在这个阶段，与工艺师、工业工程师、材料工程师以及机械工程师的互动是很重要的。

其他在第四阶段完成的重要任务如下：

（1）设计专用刀具和夹具；

（2）确定选中的工厂机器（或设计一台新工厂机器），并布置生产线；

（3）规划工作进度以及库存控制（生产控制）；

（4）规划质量保障体系；

（5）计算标准时间以及每个作业的劳动力成本；

（6）建立控制加工操作所必需的信息流系统。

这些任务通常在工业或制造工程考虑的范围内完成。

5．第五阶段——配送规划

为有效地将已制造的产品分销给用户，在配送规划阶段必须做出重要的技术和商业决策。在严格的设计领域中，运输包装是非常重要的。产品货架期的概念也是非常重要的，并且需要在设计过程的初期阶段就加以考虑。如果没有仓储，则必须要设计一个配送产品的仓储系统。产品的商业成功通常取决于熟练的市场营销经验。如果是消费品，那么营销应集中在印刷媒体和视频媒体上；但是，对于高科技产品，所需要的市场营销是技术活动，即通过专用的销售手册、性能测试数据以及受过专业培训的销售工程师来实现。

6．第六阶段——使用规划

用户对产品的使用是十分重要的，用户对产品的反应将遍历设计过程的所有阶段。下面的特定事宜可以被认为是设计过程中面向用户进行的最重要的考虑：易于维修、耐用性、可靠性、产品安全、使用的方便性（人因工程）、美观性和使用的经济性。

显然，这些面向用户的事宜必须在设计过程的最开始时加以考虑，不能在事后再进行处理。设计的第六阶段与其他阶段相比，其内容并不好明确，但是随着越来越多的对用户保护和产品安全性的关注，它变得越来越重要了。产品可靠性法案更严格的解释对设计产生了重要的影响。第六阶段的一个重要活动是获得产品失效的可靠数据、服务期限以及用户的抱怨和态度，在产品的下一个设计循环中，这些资料是产品改进的基础。

7. 第七阶段——产品退役规划设计

产品退役规划设计是当产品到达使用寿命终点时对其进行后期处理。使用寿命由设计功能不再可用的实际退化和磨损时间点决定，或者由技术过时的时间点决定，这时市场上可能已经有了其他竞争产品，它们可以更好或更经济地实现原有功能。对于消费品，可能是样式或品位发生了变化。在过去，人们很少注意产品退役规划设计阶段。这个状况变化很快，因为全球的人类越来越重视与环境相关的问题。人们担心制造业和技术更新会造成矿产和能源等资源的损耗，以及空气、土壤和水的污染，这就引导人们去研究称为工业生态学的学科。为环境进行的设计也称为绿色设计，已成为设计中的关键要素。结果是绿色设计应规划出对环境安全的产品销毁方式，更好的是采用材料回收、零件的再制造或再利用方式处理报废产品。

3.2.4　工程知识关系获取和推理关键技术

在复杂产品的研制过程中，需要大量的工程知识来进行支撑，并且需要一套知识服务手段来保障研制活动顺利、有序地开展。在产品的全生命周期中，工程知识的有效性是不断变化的，在不同的产品研制阶段，参与产品研制的设计师队伍、专业部门和专业术语不同，工程知识表现出了明显的不确定性、相对有效性以及累加式流动性。在产品的全生命周期中，工程知识具有不同的载体。在产品的全生命周期工程实践中，企业在产品研制方面积累了大量的概念术语和概念之间的关系，工程知识的载体大部分是结构化数据和非结构化数据，知识散落在这些异构的载体中，由于主体、上下文、载体和客体不同，知识的有效性存在很大差异。工程知识的获取可以采用工程概念——贝叶斯网络进行，步骤为：

（1）归一化处理研制过程中产生的结构化和非结构化的异构数据资源，为工程知识获取准备数据；

（2）利用工程概念构建工程概念空间，为获取工程知识建立语义环境；

（3）旋转归一化数据资源，统计出现频率较低的语义链，这些低频语义链的集合代表了当前归一载体的信息量；

（4）自动摘录并形成用语义链标记的知识片段，利用交互的方式将知识片段加工成知识项。

在产品全生命周期中，工程知识处于相互关联之中，完全独立的工程知识具有较低的有效性，工程知识通过相互关联形成工程知识网络，知识的有效性可以在知识网络中得到充分体现，连接密度高的工程知识具有很高的有效性。工程知识关联关系获取步骤为：

（1）建立工程概念空间，在工程概念空间中被命名的高频语义链代表知识片段的分类，高频语义链之间的关系代表知识片段之间的关系；

（2）统计知识片段组中出现的高频语义链；

（3）建立工程知识片段之间的关联关系；

（4）修正知识片段之间的关联关系。

3.3　工业领域其他知识

工业工程（IE）在国外已经有了百年的发展历史，这门交叉学科引入我国后也得到了长足发展。随着信息技术的迅猛发展以及管理类学科日益相互渗透，工业工程的应用越来越广泛。工业工程的相关知识除前面所述之外，还包括工业工程技术在企业中的发展策略、工业工程管理模式、工业工程技术的影响、工业工程项目中人的影响、工业工程组织结构等。

3.4　本 章 小 结

工业工程融工程和管理于一体，对国家的经济与社会发展起了巨大的推动作用，也是工业软件开发的重要基础知识之一。工业工程是关于复杂系统有效运作的科学，将工程技术与管理科学相结合，从系统的角度对制造业、服务业等企业或组织中的实际工程与管理问题进行定量的分析、优化与设计，是一门以系统效率和效益为目标的独立的工程学科。从大规模生产系统、物流交通系统到医疗服务系统，效率、质量、成本和安全等都是工业工程专业的核心内容。

第 4 章　计算机基础

本章学习目标：

（1）了解工业软件研发涉及的基本理论学科;

（2）了解软件工程、计算机图形学、有限元分析理论知识;

（3）了解工业软件云化概念和相关技术。

工业软件的开发是以数学为基础，贯穿物理、化学、力学、材料科学等诸多领域的交叉学科。首先，以流行的计算机辅助设计（详见第 5 章）这类软件为例，因为这类软件是给专业画工程图的工程师使用的，所以要求工程师必须懂得工程图学的知识，如基本的投影知识，把这些知识融合到代码里面，通过计算机显示在屏幕上，需要计算机图形学方面的知识；其次，以计算机辅助工程（详见第 5 章）这类软件为例，如果期待软件能够计算出设计零件的疲劳极限与寿命，就需要用到材料力学方面的知识，如果工业设计人员要对设计的飞机进行气流分析（飞机设计时必不可少的环节），就涉及流体力学方面的知识，软件当然也要计算出流体力学的各种参数，这就需要求解大量的偏微分方程，又涉及数学方面的知识（详见第 3 章）。工业软件的开发过程还需要遵循软件工程开发原则。因此，本章介绍在工业软件开发中所使用到的软件工程、计算机图形学、有限元分析等理论知识，如图 4-1 所示，对于其他相关联的关键学科知识，读者可自行学习。

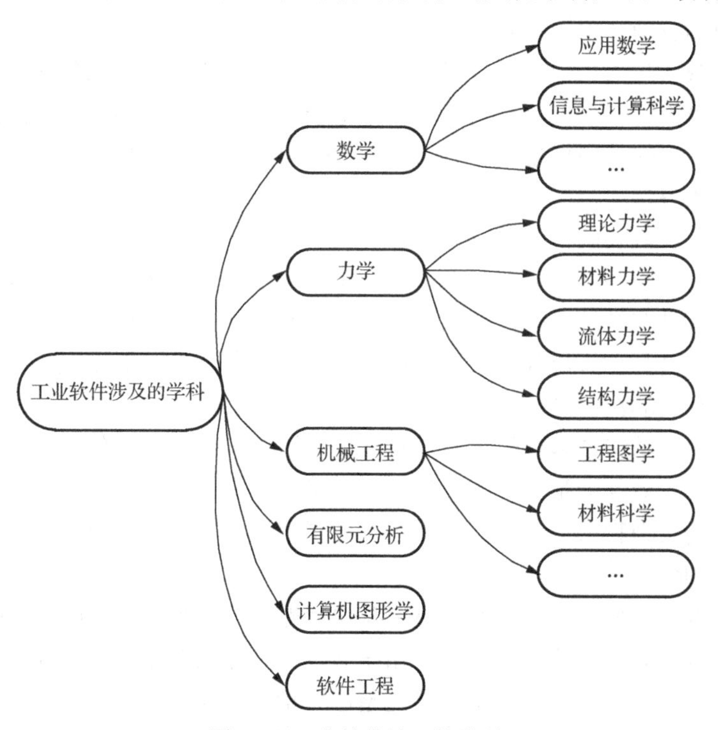

图 4-1　工业软件涉及的学科

4.1 软 件 工 程

概括地说，软件工程是指导计算机软件开发和维护的一门工程学科。工业软件的设计与开发离不开软件工程的理论指导。采用工程的概念、原理、技术和方法来开发与维护软件，把经过时间考验而证明正确的管理技术和当前能够得到的最好的技术结合起来，以经济地开发出高质量的软件并有效地维护它，这就是软件工程（张海藩等，2013）。

概括地说，软件生命周期由软件定义、软件开发和运行维护（也称为软件维护）三个时期组成，前两个时期又进一步划分成若干个阶段。

4.1.1 软件定义

软件定义时期的任务是：确定软件开发工程必须完成的总目标；确定工程的可行性；导出实现工程目标应该采用的策略及系统必须完成的功能；估计完成该项工程需要的资源和成本，并且制定工程进度表。这个时期的工作通常又称为系统分析，由系统分析员负责完成。软件定义时期通常进一步划分成 3 个阶段，即问题定义、可行性研究和需求分析。

1. 问题定义

问题定义阶段必须回答的关键问题是：要解决的问题是什么。如果不知道问题是什么就试图解决这个问题，显然是盲目的，只会白白浪费时间和金钱，最终得出的结果很可能是毫无意义的。尽管确切地定义问题的必要性是十分明显的，但是在实践中它却可能是最容易被忽视的一个步骤。

通过对最终用户的访问调查，系统分析员扼要地写出关于问题性质、工程目标和工程规模的书面报告，经过讨论和必要的修改之后这份报告应该得到最终用户的确认。如果最终用户是工业软件的使用者，那么需要和多家工业企业确认软件所完成的工程目标。

2. 可行性研究

可行性研究阶段要回答的关键问题是：对于上一个阶段所确定的问题是否有行得通的解决办法。为了回答这个问题，系统分析员需要进行一次大大压缩和简化了的系统分析和设计，也就是在较抽象的高层次上进行分析和设计。可行性研究应该比较简短，这个阶段的任务不是具体解决问题，而是研究问题的范围，探索这个问题是否值得去解，以及是否有可行的解决办法。

可行性研究的结果是客户做出是否继续进行这项工程的决定的重要依据，一般来说，只有可能取得较大效益的那些工程才值得继续进行。因为可行性研究以后的那些阶段将需要投入更多的人力物力，所以及时终止不值得继续进行的工程可以避免更多的浪费。

3. 需求分析

需求分析阶段的任务仍然不是具体地解决问题，而是准确地确定为了解决这个问题，目标系统必须做什么，主要是确定目标系统必须具备哪些功能。用户了解他们所面对的问题，知道必须做什么，但是通常不能完整准确地表达出他们的要求，更不知道怎样利用计算机解决他们的问题；系统分析员知道怎样用软件满足用户的要求，但是对特定用户的具体要求并不完全清楚。因此，系统分析员在需求分析阶段必须和用户密切配合，充分交流信息，以得出经过最终用户确认的系统逻辑模型。通常用数据流图、数据字典和简要的算法表示系统逻辑模型。

在需求分析阶段确定的系统逻辑模型是以后设计和实现目标系统的基础，因此必须准确完整地体现用户的要求。这个阶段的一项重要任务是用正式文档准确地记录对目标系统的需求，这份文档通常称为规格说明书。

4.1.2　软件开发

软件开发时期具体设计和实现在前一个时期定义的软件，它通常由 4 个阶段组成：总体设计、详细设计、编码和单元测试、综合测试。其中前两个阶段又称为系统设计，后两个阶段又称为系统实现。

1. 总体设计

总体设计阶段必须回答的关键问题是：概括地说，应该怎样实现目标系统。总体设计又称为概要设计。首先，应该设计出实现目标系统的几种可能的方案。通常至少应该设计出低成本、中等成本和高成本 3 种方案。软件工程师应该使用适当的表达工具描述每种方案，分析每种方案的优缺点，并在充分权衡各种方案的利弊的基础上，推荐一个最佳方案。此外，还应该制定出实现最佳方案的详细计划。如果最终用户接受所推荐的方案，则应该进一步完成下述的另一项主要任务。

本阶段的设计工作确定了解决问题的策略及目标系统中应包含的程序。如何设计这些程序呢？软件设计的一条基本原理就是程序应该模块化。也就是说，一个程序应该由若干个规模适中的模块按合理的层次结构组织而成。因此，总体设计的另一项主要任务就是设计程序的体系结构，也就是确定程序由哪些模块组成以及模块间的关系。

模块是采用总体标识符来代表，由边界元素限定的相邻程序元素的序列。相邻程序元素可包括数据声明或可执行的语句等。C、C++和 Java 语言中的（…）就是边界元素的例子。按照模块的定义，过程函数、子程序和宏等都可作为模块。面向对象方法学中的对象是模块，对象内的方法（或称为函数）也是模块。

模块是构成程序的基本构件。模块化就是把程序划分成独立命名且可独立访问的模块，每个模块完成一个子功能，把这些模块集成起来构成一个整体，可以完成指定的功能，以满足最终用户的需求。

采用模块化原理可以使软件结构清晰，不仅容易设计，也容易阅读和理解。因为程序错误通常局限在有关的模块及它们之间的接口中，所以模块化使软件容易测试和调试，有助于提高软件的可靠性。因为变动往往只涉及少数几个模块，所以模块化能够提高软件的可修改性。模块化也有助于软件开发工程的组织管理，对于一个复杂的大型程序，可以由许多程序员分工编写不同的模块，并且可以进一步分配技术熟练的程序员来编写困难的模块。

2. 详细设计

总体设计阶段以比较抽象概括的方式提出了解决问题的办法。详细设计阶段的任务就是把解法具体化，也就是回答下面这个关键问题：应该怎样具体地实现这个系统。这个阶段的任务还不是编写程序，而是设计出程序的详细规格说明。这种规格说明的作用类似于其他工程领域中工程师经常使用的工程图，它应该包含必要的细节，程序员可以根据它写出实际的程序代码。

详细设计也称为模块设计，在这个阶段将详细地设计每个模块，确定实现模块功能所需要的算法和数据结构。

本阶段应用到抽象基本原则。抽象是一种思维工具，人类在认识复杂现象的过程中发现现实世界的一定事物、状态或过程之间总存在着某些相似的方面（共性），把这些相似的方面集中和概括起来，暂时忽略它们之间的差异，这就是抽象，或者说抽象就是抽出事物的本质特性而暂时不考虑它们的细节。

当设计者考虑对软件的模块化解法时，可以提出许多抽象的层次。在抽象的最高层次使用问题环境的语言，以概括的方式叙述问题的解法；在较低层次采用更过程化的方法，把面向问题的术语和面向实现的术语结合起来叙述问题的解法；在最低层次用可以直接实现的方式叙述问题的解法。

3. 编码和单元测试

编码就是把软件设计结果翻译成用某种程序设计语言书写的程序。作为软件工程过程的一个阶段，编码是对设计的进一步具体化，因此程序的质量主要取决于软件设计的质量。但是，所选用的程序设计语言的特点及编码风格也将对程序的可靠性、可读性、可测试性和可维护性产生深远的影响。

这个阶段的关键任务是写出正确的容易理解、容易维护的程序模块，程序员应该根据目标系统的性质和实际环境，选取一种适当的高级语言（必要时用汇编语言），把详细设计的结果翻译成用选定的语言书写的程序，并且仔细测试编写出的每一个模块。

在编码的实现过程中要注意信息隐藏和局部化基本原则。局部化的概念和信息隐藏的概念是密切相关的。局部化是指把一些关系密切的软件元素物理地放得彼此靠近。在模块中使用局部数据元素是局部化的一个例子，显然局部化有助于实现信息隐藏。“隐藏”意味着有效的模块化可以通过定义一组独立的模块实现，这些独立的模块彼此间仅仅交换那些为了完成系统功能而必须交换的信息。

源程序代码在编写过程中要简明清晰、易读易懂，这在编写工业软件系统中尤为重要。因此需要遵循以下几点以使代码更符合规范：①程序内部的命名要规范且有意义，注释信息尽可能清晰完整；②设计人员定义的数据结构要易于理解和维护，注意全局变量的使用规范；③软件设计的逻辑结构简单明了，尽量避免复杂的条件测试，以及大量使用循环嵌套和条件嵌套；④输入/输出信息完整且符合规范，给所有输出信息加标识，设计良好的输出报表；⑤尽可能保持软件系统的执行效率，在满足程序清晰性和可读性的前提下，提高运行效率。

如果在测试期间和以后的软件维护期间需要修改软件，那么使用信息隐藏原理作为模块化系统设计的标准会带来极大的好处。因为绝大多数数据和过程对于软件的其他部分而言是隐藏的（也就是“看”不见的），在修改软件时，这种采用信息隐藏的实现细节会大大减少对软件的其他部分的影响。

软件测试在软件生命周期中横跨两个阶段。通常在编写出每个模块之后就对它做必要的测试（称为单元测试），模块的编写者和测试者是同一个人，编码和单元测试属于软件生命周期的同一个阶段。在这个阶段结束之后，还应该对软件系统进行各种综合测试，这是软件生命周期中的另一个独立的阶段，通常由专门的测试人员负责。

为了使程序容易测试和维护以减少软件的总成本，所选用的高级语言应该有理想的模块化机制，以及可读性好的控制结构和数据结构；为了便于调试和提高软件可靠性，语言特点应该使编译程序能够尽可能多地发现程序中的错误；为了降低软件开发和维护的成本，所选用的高级语言应该有良好的独立编译机制。

测试任何产品都有两种方法：如果已经知道了产品应该具有的功能，可以通过测试来检验每个功能是否都能正常使用；如果知道产品的内部工作过程，可以通过测试来检验产品内部动作是否按照规格说明书的规定正常进行。前一种方法称为黑盒测试法，后一种方法称为白盒测试法。

对于软件测试而言，黑盒测试法把程序看作一个黑盒子，完全不考虑程序的内部结构和处理过程。也就是说，黑盒测试是在程序接口进行的测试，它只检验程序功能是否能按照规格说明书的规定正常使用、程序是否能适当地接收输入信息并产生正确的输出信息，以及程序运行过程中能否保持外部信息（如数据库或文件）的完整性。黑盒测试又称为功能测试。

白盒测试法与黑盒测试法相反，它的前提是可以把程序看成装在一个透明的盒子里，测试者完全知道程序的结构和处理算法。这种方法按照程序内部的逻辑测试程序，检验程序中的主要执行通路是否都能按预定要求正确工作。白盒测试又称为结构测试。

单元测试检验软件设计的最小单元模块。在编写出源程序代码并通过了编译程序的语法检查之后，就可以用详细设计描述作为指南，对重要的执行通路进行测试，以便发现模块内部的错误。可以应用人工测试和计算机测试这样两种不同类型的测试方法来完成单元测试工作。这两种测试方法各有所长，互相补充。通常，单元测试主要使用白盒测试法，而且对多个模块的测试可以并行地进行。

4. 综合测试

综合测试阶段的关键任务是通过各种类型的测试（及相应的调试）使软件达到预定的要求。最基本的测试是集成测试和验收测试。集成测试是根据设计的软件结构，把经过单元测试的模块按某种选定的策略装配起来，在装配过程中对程序进行必要的测试。验收测试则是按照规格说明书的规定（通常在需求分析阶段确定），由最终用户（或在用户积极参加下）对目标系统进行验收。

必要时还可以通过现场测试或平行运行等方法对目标系统进行进一步测试检验。为了使用户能够积极参加验收测试，并且在系统投入生产性运行以后能够正确有效地使用这个系统，通常需要以正式的或非正式的方式对用户进行培训。通过对软件测试结果的分析，可以预测软件的可靠性；根据对软件可靠性的要求，也可以决定测试和调试过程什么时候可以结束。应该用正式的文档资料把测试计划、详细测试方案以及实际测试结果保存下来，作为软件配置的一个组成部分。

4.1.3 软件维护

软件维护时期的主要任务是通过各种必要的维护活动使系统持久地满足用户的需要。维护是软件生命周期的最后一个时期，也是持续时间最长、代价最大的一个时期。软件工程的主要目的就是提高软件的可维护性，降低维护的代价。

通常有四类维护活动：①改正性维护，即诊断和改正在使用过程中发现的软件错误；②适应性维护，即修改软件以适应环境的变化；③完善性维护，即根据用户的要求改进或扩充软件以使它更完善；④预防性维护，即修改软件，为将来的维护活动预先做准备。通常不再对软件维护时期进一步划分阶段，但是每一次维护活动在本质上都是一次压缩和简化了的定义和开发过程。

虽然没有把软件维护时期进一步划分成更小的阶段，但是实际上每一项维护活动都应该经过提出维护要求（或报告问题）、分析维护要求、提出维护方案、审批维护方案、确定维护计划、修改软件设计、修改程序、测试程序、复查验收等一系列步骤，每一项维护活动都应该准确地记录下来，作为正式的文档资料加以保存。

在实际从事软件开发工作时，软件规模、种类、开发环境及开发时使用的技术方法等因素都影响阶段的划分。事实上，承担的软件项目不同，应该完成的任务也有差异，没有一个适用于所有软件项目的任务集合。适用于大型复杂项目的任务集合对于小型简单项目而言往往就过于复杂了。

4.2 计算机图形学

百度百科对“计算机图形学”的解释：计算机图形学是一种使用数学算法将二维或三维图形转化为计算机显示器的栅格形式的科学。简单地说，计算机图形学的主要研究内容就是如何在计算机中表示图形，以及利用计算机进行图形的计算、处理和显示的相关原理与算法。通常认为计算机图形学是指三维图形的处理，事实上也包括了二维图形及图像的处理。该学科综合了应用数学、计算机科学等多方面的知识。

狭义的计算机图形学认为，产生令人赏心悦目的真实感图像是计算机图形学首要解决的问题，这里体现了利用计算机进行图形的生成、处理和显示的相关原理与算法。然而，计算机图形学的内容已经远远不止这些了。广义的计算机图形学的研究内容非常广泛，如图形硬件、图形标准、图形交互技术、光栅图形生成算法、曲线曲面造型、实体造型、真实感图形计算与显示算法，以及科学计算可视化、计算机动画、自然景物仿真、虚拟现实等（孔令德，2020）。

计算机图形学主要包含四大部分的内容：建模（Modeling）、渲染（Rendering）、计算机动画（Animation）和虚拟现实技术（Virtual Reality Technology）。本节先介绍基本图形生成算法，然后主要从这四方面展开描述。

4.2.1 基本图形生成算法

图形由基本图形元素组成，图形生成依赖基本图形生成算法实现。基本图形元素是指可以用一定的几何参数和属性参数描述的最基本的图形。通常，在二维图形系统中将基本图形元素称为图素或图元，在三维图形系统中称为体素或图元。常见的基本图形元素包括点、直线、圆和区域填充等。

1. 点的生成

点是图形中最基本的图元。直线、多边形、圆、圆弧、圆锥曲线、样条曲线等都是由点构成的。在几何学上，点没有大小，也没有维数，点只表示坐标系中的一个位置。在计算机图形学中，点是用数值坐标来进行表示的。点在数学上也可以用数值坐标表示，例如，二维点表示为（x, y），三维点表示为$[x \quad y \quad z]$。

点在计算机显示器上的显示根据显示器硬件不同有所区别。对于 CRT 显示器，显示一个点是在指定的屏幕位置上打开电子束，点亮该位置上的荧光；对于黑白光栅显示器，是将帧缓冲器中指定坐标位置处的值设置为“1”，每当电子束通过每条水平扫描线进行扫描时，只要遇到帧缓冲器中为“1”的位，就发射电子脉冲画出一点，即输出一个点；对于彩色光栅显示器，是在帧缓冲器中存储 RGB 颜色码，以表示屏幕像素位置上将要显示的颜色。

2. 直线的生成

在几何学中，直线段被定义为两个点之间的最短距离，也就是说，一条直线段是指所有在它上面的点的集合。直线段是一维的，即它具有长度，但没有面积。直线可以向一个方向或其相反的方向无限伸长。在计算机图形学中，研究的对象绝大情况下是直线段，而不是直线。如果已知坐标（x_1, y_1）和坐标（x_2, y_2），则这两点就确定了一条直线段。

DDA（Digital Differential Analyzer）即数值微分分析法，是经典的直线生成算法。DDA 算法是根据直线的微分方程来计算 Δx 或者 Δy 以生成直线的扫描转换算法。在一个坐标轴上以单位间隔对线段取样，以决定另一个坐标轴上最靠近理想线段的整数值。

Bresenham 直线生成算法是由 Bresenham 提出的一种精确而有效的光栅线段生成算法，算法的目标是选择表示直线的最佳光栅位置。为此算法首先选择变量在 x 方向或在 y 方向每次递增一个单位 1，根据直线的斜率确定另一变量的增量值，该值表示实际直线与最近网格点位置的距离，这一距离称为误差。该算法每次只需要检查误差值即可确定所选像素。

3. 圆的生成

圆也是重要的基本图元，所有图形软件中都包含生成圆的功能。圆被定义为与给定中心位置（x_c, y_c）的距离为 R 的所有点的集合。计算机生成圆的常用算法有坐标法、折线逼近法、Bresenham 算法等。

1）坐标法

坐标法具体分为直角坐标法和极坐标法。直角坐标法是规定圆心为（x_c, y_c）时，圆的方程为$(x-x_c)^2+(y-y_c)^2=R^2$。可以根据沿着 x 轴从$-R$ 到 R 以单位步长计算对应的 y 值来得到圆周上每点的位置。这种算法最容易理解和使用，但并非生成圆的最好算法，其缺点表现在两个方面：一是在计算过程中有平方和开平方运算，导致计算效率低；二是当 x 趋近于 R 时，圆的斜率逐渐变大，圆周上将出现很大间隙。当然对于第二个缺点，可以充分利用圆的对称性来实现完整的光栅化。

极坐标法所使用的方程为 $x=R\cos\theta$，$y=R\sin\theta$。极坐标法可以根据求解公式计算得到整个圆的所有点的位置，实现完整圆的光栅化。这种生成算法具有计算量大、算法效率低的特点。

2）折线逼近法

折线逼近法是使用内接正多边形逼近圆或圆弧，也可以光栅化圆或圆弧，这种算法在计算机辅助设计和数控加工中广泛应用。采用多边形逼近圆弧时，多边形的边数必须要满足一定的要求。多边形的边数越多，多边形逼近的圆看起来越光滑。经典算法描述如下：

```
begin
    t= ts
        n=（int）0.5*π*sqrt（0.5*R/ε）      //截尾取整
        x[0]=R*cos（ts）                    //圆弧起始点 x 坐标
        y[0]=R*sin（ts）                    //圆弧起始点 y 坐标
    Delt=（ te-ts）/n
    CosDelt =cos（Delt）                    //计算 cosδ
    SinDelt =sin（Delt）                    //计算 sinδ
        Moveto（x[0]，y[0]）
    for i=1 to n
        x[i]=x[i-1]*CosDelt-y[i-1]*SinDelt
        y[i]=y[i-1]*CosDelt-x[i-1]*SinDelt
        lineto（x[i]，y[i]）
        next i
    Endfor
    xe=R*cos（te）                          //圆弧终止点 x 坐标
    ye=R*sin（te）                          //圆弧终止点 y 坐标
    lineto（xe，ye）                        //画线
end
```

3）Bresenham 算法

更有效的圆的生成算法是 Bresenham 算法。圆心位于原点的圆有四条对称轴：x=0、y=0、x=y 和 x=−y。若已知圆周上的一点（x, y），可以得到其关于四条对称轴的其他 7 个点，这种性质称为八分对称性。因此，只要扫描转换 1/8 圆周，就可以求出整个圆周的点集。

该算法只涉及整数的加减运算，所以其运算速度快，效率高。算法描述如下：

```
begin
    x=0;    y=R;   Delt=3-2*R;
    while（x<=y）do               //从（0,R）开始顺时针绘制 1/8 圆周的结束条件
        putpixel（x，y）           //显示当前点
    ......                        //利用对称性显示圆周上对称的其他 7 个点
    if（Delt<0）then
        Delt =Delt+4*x+6          //选择点 H，隐含 y 坐标保持不变
    else
        Delt=Delt+4（x-y）+10     //选择点 D
```

```
        y=y-1    //更新y坐标
    endif
    x=x+1                          //无论选择H或者D,x坐标都+1
    endwhile
end
```

4. 区域填充

一个区域是指一组相邻而又相连的像素，且其中所有像素具有同样的属性。根据边或轮廓线的描述，生成实心区域的过程称为区域填充。区域填充指的是在输出平面的闭合区域内完整地填充某种颜色（或图案）。

区域填充可以分为两步进行：第一步确定先要填充哪些像素；第二步确定用什么颜色来进行填充。区域填充算法经典类型可分为种子填充算法、扫描转换算法。

（1）种子填充算法是首先假定封闭轮廓线内的某点是已知的，然后开始搜索与该点相邻且位于轮廓线内的点。种子填充算法的基本思想是：从多边形中心区域的一个任意点开始，由内向外用给定的颜色画点直到边界为止。如果边界是以一种颜色指定的，则种子填充算法可逐个像素地进行处理直到遇到边界颜色为止。在种子填充算法中，常用四连通算法和八连通算法进行填充操作。

从区域内任意一点出发，通过上、下、左、右四个方向到达区域内的任意像素。用这种方法填充的区域就称为四连通域；这种填充方法称为四连通算法。

从区域内任意一点出发，通过上、下、左、右、左上、左下、右上和右下八个方向到达区域内的任意像素。用这种方法填充的区域就称为八连通域；这种填充方法称为八连通算法。

（2）扫描转换算法是按扫描线的顺序确定某一点是否位于多边形或轮廓线范围之内。多边形可分为简单多边形和非简单多边形。扫描转换算法的基本思想是：用水平扫描线从上到下（或从下到上）扫描由多条线段首尾相连构成的多边形，每条扫描线与多边形的某些边产生一系列交点。将这些交点按照 x 坐标排序，将排序后的点两两成对，作为线段的两个端点，其间所有像素填充为指定颜色，多边形被扫描完毕后，颜色填充也就完成了。

4.2.2 图形变换与裁剪

1. 自由曲线曲面设计

曲线曲面造型是计算机图形学的一项重要内容，主要研究在计算机图形系统的环境下对曲线曲面的表示、设计、显示和分析。它起源于工业制造类产品外形放样工艺，通常采用插值、逼近两种拟合技术设计和分析外形骨架中的曲线曲面。

工业产品的形状大致上可以分为两类：一类仅由初等解析曲面（如平面、圆柱面、圆锥面、球面、椭圆面、抛物面、双曲面、圆环面等）组成，大多数机械零件属于这一类，这类曲线曲面也可以称为规则曲线曲面；另一类由自由变化的曲线曲面组成，如飞机、汽车、船舶的外形部件。

从工业软件设计人员角度来看，曲线曲面分为两大类：设计型和拟合型。设计型偏重于几何构造，而拟合型是根据已存在的离散点列构造出的尽可能光滑的曲线曲面，偏重于对已有几何的表现。

2. 图形变换

在计算机绘图应用中经常要进行从一个几何图形到另一个几何图形的变化。例如，将图形向某一方向平移一段距离，或将图形旋转一定的角度，或将图形放大或缩小等。这种变化过程称为几何变换。图形的几何变换是计算机绘图中极为重要的内容，利用图形几何变换还可以实现二维图形和三维图形之间转换，甚至可以把静态图形变为动态图形，从而实现景物画面的动画显示。

二维图形几何变换的基本原理是在不改变二维图形连续次序的情况下，对一个平面点集进行线性变换。实际上，二维图形不论是由直线段组成，还是由曲线段组成，都可以用它轮廓线上顺序排列的平面点集来描述。因此可以说，对图形做几何变换，其本质是对点的几何变换，通过讨论点的几何变换，就可以理解图形几何变换的基本原理。

对二维图形进行几何变换有五种基本变换形式，即平移、旋转、比例、对称和错切，这些图形变换形式可以用函数或齐次变换矩阵来表示。三维几何变换也主要有平移、旋转、比例、对称和错切这五种变换形式。与二维图形变换不同的是三维图形变换增加了 z 坐标。无论是二维变换，还是三维变换，都有两种不同的变换模式：一种是图形不动，而坐标系变动，即变换前与变换后的图形是针对不同坐标而言的，称为坐标模式；另一种是坐标系不动，而图形变动，即变换前与变换后的坐标值是针对同一坐标系而言的，称为图形模式。

3. 图形裁剪

为了在计算机屏幕或绘图仪上输出图形，通常必须在一个图形中指定要显示的部分内容或全部内容，以及显示设备的输出位置。可以在计算机屏幕上仅显示一个区域，也可以显示几个区域，此时它们分别放在不同的位置。在显示或输出图形的过程中，可以对图形进行平移、旋转和缩放等几何操作。如果图形超出了显示区域所指定的范围，还必须对图形进行裁剪。

使用计算机处理图形信息时，计算机内部存储的图形往往比较大，而屏幕显示的只是图形的一部分。为了能看到复杂图形的局部细节，在放大显示图形的部分区域时，必须确定图形中哪些部分落在显示区域之内，哪些部分落在显示区域之外，这个选择过程就是裁剪过程。裁剪可以相对于窗口进行，也可以相对于视区进行，但一般都相对于窗口进行。窗口可以是多边形或者包含曲线边界，一般情况下把窗口定义为矩形，由左下角和右上角坐标确定。裁剪的实质是决定图形中哪些点、线段、文字以及多边形等落在窗口之内。

裁剪可用于世界坐标系或观察坐标系中，只有窗口内的图形映射到设备坐标系中，不必将窗口外的图形映射到设备坐标系中。也可以先将世界坐标系的图形映射到设备坐标系或规范化设备坐标系中，然后用视区进行边界裁剪。

裁剪分为点裁剪、直线段裁剪、多边形裁剪、三维裁剪等内容。每一部分内容都有相应算法，例如，直线段裁剪可使用编码裁剪、中点分割裁剪和参数化线段裁剪等算法；多边形裁剪可使用逐边裁剪算法和双边裁剪算法。

计算机图形学中产生图形的方法是建立景物的模型，即对该景物做出正确的信息描述，然后利用计算机对该模型进行各种必要的处理，从无到有地产生能正确反映对象的某种性质的图形输出。可以说计算机产生图形的过程就是将数据（景物的模型表达）转化为图形的过程。计算机图形学是人们和计算机通信最通用和最有力的手段。至此，本节已经介绍了计算机图形学中基本图元的生成算法、图形变换和裁剪的基本理论知识和经典算法思想，这些内容对于工业软件研发人员来说是必备的理论知识，但本书篇幅有限，对于细节理论算法可以查阅相关文献。下面将从建模、渲染、计算机动画、虚拟现实技术等方面展开介绍。

4.2.3 建模

要在计算机中表示一个三维景物，首先要有它的几何模型表达。因此，三维模型的建模是计算机图形学的基础，也是其他内容的前提。表达一个几何物体可以利用数学上的样条函数或隐式函数；也可以使用光滑曲面上的采样点及其连接关系所表示的三角网格（即连续曲面的分片线性逼近）。

计算机图形学基本理论知识是用于描述复杂物体图形的方法与数学算法，二维或三维景物的表示方法是计算机图形显示的前提和基础，包括曲线、曲面的造型技术，实体造型技术，以及纹理、云彩、波浪等自然景物的造型和模拟技术；三维场景的显示包括光栅图形生成算法、线框图形以及真实感图形的理论和算法。

在工业软件中三维景物的建模更为应用广泛，本节以三维建模常见的几种方法为例，阐述建模阶段的工作内容及技术方法。

（1）在工业软件的计算机辅助设计软件中，三维建模的主流方法是 NURBS（非均匀有理 B 样条、Bézier 曲线曲面）方法，该方法目前已成为 CAD 工业领域的标准。这也是计算机辅助几何设计（CAGD）所研究的主要内容。NURBS 方法能够比传统的网格建模方法更好地控制物体表面的曲线度，从而创建出更逼真、生动的造型。

NURBS 是 Non-Uniform Rational B-Splines 的缩写，具体解释是：Non-Uniform（非均匀）是指一个控制顶点的影响力范围能够改变。当创建一个不规则曲面的时候，这一点非常有用。由于统一的曲线和曲面在透视投影下也不是无变化的，因此对于交互的 3D 建模来说，这点也很重要。Rational（有理）是指每个 NURBS 物体都可以用有理多项式来定义。B-Spline（B 样条）则是采用分段连续多项式定义的一条完整的曲线。图 4-2 描述几种经典建模方法的直接关系。

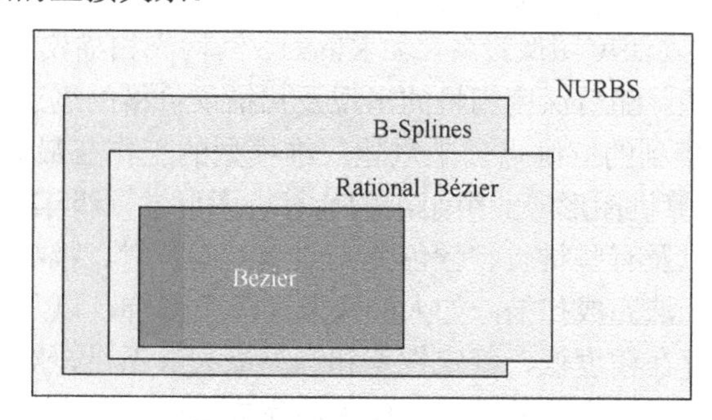

图 4-2 几种经典建模方法的直接关系

简单地说，NURBS 就是专门用于曲面物体建模的一种造型方法。NURBS 造型总是由曲线和曲面来定义，所以要在 NURBS 表面里生成一条有棱角的边是很困难的。就是因为这一特点，设计人员可以用它做出各种复杂的曲面造型和表现特殊的效果，如航空发动机、流线型的跑车或者精密零件设计等。

此方法有一些难点问题仍未解决，如非正规情况下的曲面光滑拼合、复杂曲面表达等。这部分涉及的数学公式较多，国内有较多的相关领域学者对其展开研究。

（2）细分曲面（Subdivision Surface，又译为子分曲面）造型方法作为一种离散迭代的曲面造型方法，在计算机图形学中用于从任意网格创建光滑曲面。细分曲面造型方法一般用于动画角色的原型设计，在工业设计领域也开始使用该方法来进行原型设计。其由于构造过程朴素简单并且容易实现，是一个方兴未艾的研究热点。经过十多年的研究发展，细分曲面造型方法取得了较大的进展，包括奇异点处的连续性造型方法以及与 GPU 硬件相结合的曲面构型方法。

细分曲面定义为一个无穷细化过程的极限。其中最基本的概念是细化，通过反复细化初始的多边形网格，可以产生一系列网格趋向于最终的细分曲面。每个新的细分步骤都产生一个新的有更多多边形元素并且更光滑的网格。

通过细分曲面设计三维模型通常需要两个步骤，即先创建出模型的大致轮廓，然后设置需要切割的点线面。细分曲面的核心就是细分规则。通过不同的细分规则产生的细分曲面外形是有区别的。常见的细分规则有 Catmull-Clark 细分、Doo-Sabin 细分、Loop 细分等。具体的细分规则可以参考相关文献。

（3）人工利用专业软件的手工建模方法。现在主流的商业化的三维建模软件有 Autodesk 3D Max 和 Maya，还有其他面向特定领域的商业化软件，如面向建筑模型造型的 Google Sketchup、面向 CAD/CAM/CAE 的 CATIA 和 AutoCAD、面向机械设计的 SolidWorks、面向造船行业的 Rhino 等。它们的共同特点是利用一些基本的几何元素（如立方体、球体等），通过一系列几何操作（如平移、旋转、拉伸以及布尔运算等）来构建复杂的几何场景。

这些软件需要建模人员有较强的专业知识，但建模人员需要经过一定时间的培训才能掌握这些知识。这种方法要求操作人员具有丰富的专业知识，熟练使用建模软件，而且操作复杂，周期较长，不易于非专业用户使用。一般这种方法应用于游戏、动漫设计，以及楼宇等建筑设计，属于设计类范畴。

（4）基于仪器设备（深度图像设备，如 Kinect、结构光扫描仪、激光扫描仪、LiDAR 扫描仪等）的建模方法。随着深度相机的出现及扫描仪价格的迅速下降，人们采集三维数据变得容易，从采集到的三维点云来重建三维模型的工作在最近几年的 SIGGRAPH（由美国计算机协会计算机图形专业组组织的计算机图形学顶级年度会议）上常见到。但是技术本身的限制，以及有些材质、颜色受光的反射或折射、吸收等影响，导致获取的三维模型漏洞较多，无法完成扫描，如人的头发、深色服饰，以及透明物体等。

单纯的重建方法存在精度低、稳定性差和运算量大等不足，对于物体表面的纹理特征，多数模型仍然需要辅助大量的手工工作才能完成重建，整个过程成本高、周期长，所以该方法远未能满足实际的需求。其由于模型网格精度较高，一般用于工业生产、文物修复等领域，该方法属于三维重建范畴。

（5）基于图像的建模方法。其是指通过相机等设备对物体采集照片，经计算机进行图形图像处理以及三维计算，从而全自动生成被拍摄物体的三维模型的方法。

基于图像的建模和绘制（Image-Based Modeling and Rendering, IBMR）是当前计算机图形学界一个极其活跃的研究领域。有一些商业化软件或云服务（如 Autodesk 的 123D）已经能从若干张照片重建出所拍摄物体的三维模型。该技术可以提供获得照片真实感的一种最自然的方式，采用 IBMR 技术，让建模变得更快、更方便，可以获得很高的绘制速度和高度的真实感。

与传统的利用建模软件或者三维扫描仪得到立体模型的方法相比，基于图像的建模方法成本低廉、真实感强、自动化程度高，因而具有广泛的应用前景。该方法具有操作简单、不受时空限制等特点，例如，国内 3DCloud 以云端形式运行，只要将照片上传至云端，即可全自动生成三维模型。但是该方法存在的问题是需要物体本身已经存在，而且重建的三维模型的精度有限。三种经典建模方法对比如表 4-1 所示。

表 4-1　三种经典建模方法对比

建模方法	人工利用专业软件的手工建模方法	基于仪器设备的建模方法	基于图像的建模方法
成本	成本较高	成本高	成本低
时间周期	时间长，不可批量制作	时间较长，不可批量制作	时间短，可批量自动化制作
模型质量	因人而异，模型精准度不够，真实感差，适合制作虚拟物体或大型建筑	模型精准，数据量大，纹理色彩较差，适合数控机床等工业生产	模型较精准，结合纹理后，真实度高，适合视觉展示

除了上述建模方法，还有其他的一些建模方法，在此不再一一列举。

在三维模型的构建过程中，还会涉及很多需要处理的几何问题，如降噪平滑（Denoising or Smoothing）、修补（Repairing）、简化（Simplification）、层次细节（Level of Detail）、参数化（Parameterization）、变形编辑（Deformation or Editing）、分割（Segmentation）、形状分析及检索（Shape Analysis and Retrieval）等。这些问题构成“数字几何处理”的主要研究内容。

4.2.4　渲染

渲染是针对已存在的三维模型或场景，通过计算机将其画出来，产生令人赏心悦目的真实感图像。渲染是计算机图形学的最后一道工序，也是处理图像使其更加符合 3D 视觉效果的操作阶段。这就是传统的计算机图形学的核心任务，在工业软件中的计算机辅助设计、影视动漫，以及各类可视化应用中，都对图形渲染结果的真实感提出了很高的要求。

渲染技术包括很多种，从最初的渲染模型，包括局部光照模型（Local Illumination Model）、光线跟踪模型（Ray Tracing Model）、辐射度模型（Radiosity Model）等，到更为复杂、真实、快速的渲染技术，如全局光照模型（Global Illumination Model）、光子映射（Photon Mapping）、BTF、BRDF，以及基于 GPU 的渲染技术。现在的渲染技术已经能够将各种物体（包括皮肤、树木、花草、水、烟雾、毛发等）渲染得非常逼真。一些商业化软件（如 Maya、Blender、Pov Ray 等）也提供了强大的真实感渲染功能，在计算机图形学研究论文的作图工作中，经常用到这些软件以渲染漂亮的展示图或结果图。

渲染工作中，必须首先定位三维场景中的摄像机，这和真实的摄影是一样的。一般来说，三维软件提供了四个默认的摄像机，它们就是软件中四个主要的窗口，分别显示顶视图、正视图、侧视图和透视图。大多数情况下，用户渲染的是透视图而不是其他视图，透视图的摄像机基本遵循真实摄像机的原理，因此其经过计算机渲染后的结果和真实的三维世界一样，具备立体感。接下来，为了体现空间感，渲染程序要做一些“特殊”的工作，就是决定哪些物体在前面、哪些物体在后面和哪些物体被遮挡等。空间感仅通过物体的遮挡关系是不能完美再现的，很多初学三维的人只注意立体感的塑造而忽略了空间感。空间感和光源的衰减、环境雾、景深效果都是有着密切联系的。

渲染程序通过摄像机获取了需要渲染的范围之后，就要计算光源对物体的影响，这和真实世界的情况又是一样的。许多三维软件都有默认的光源，否则，透视图中的着色效果是看不到的，更不要说渲染了。因此，渲染程序就需要计算在场景中添加的每一个光源对物体的影响。和真实世界中的光源不同的是，渲染程序往往要计算大量的辅助光源对物体的影响。在场景中，有的光源会照射所有的物体，而有的光源只照射某个物体，这样使得原本简单的事情又变得复杂起来。可以采用深度贴图阴影或者光线追踪阴影体现物体的阴影部分，二者的具体区别为是否使用了透明材质的物体计算光源投射出来的阴影。另外，使用了面积光源之后，渲染程序还要计算一种特殊的阴影——软阴影（只能使用光线追踪），如果场景中的光源使用了光源特效，渲染程序还将消耗更多的系统资源来计算特效的结果，特别是体积光，也称为灯光雾，它会占用大量的系统资源，使用的时候一定要注意。

已知的渲染方法有时候仍无法实现复杂的视觉特效，距离实时的高真实感渲染效果还有很大差距，如适用于完整地实现电影渲染（高真实感、高分辨率）制作的 RenderMan 标准，以及其他各类基于物理真实感的实时渲染算法等。因此，充分利用 GPU 的计算特性并结合分布式的集群技术来构造低功耗的渲染服务是未来发展的一个趋势。图 4-3 展现的是渲染后的效果。

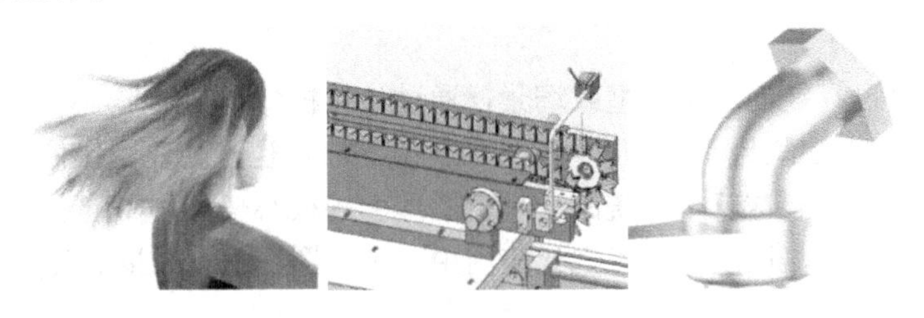

图 4-3　渲染后效果

4.2.5　计算机动画

动画是采用连续播放静止图像的方法来产生物体运动的效果。计算机动画是通过使用计算机制作动画的技术（即编程或使用动画制作软件）生成一系列的景物画面，是用于数字生成动画图像的过程，是计算机图形学的研究热点之一。

计算机动画研究方向包括人体动画、关节动画、运动动画、脚本动画等内容，以及具有人的意识的虚拟角色的动画系统等。另外，高度物理真实感的动态模拟，包括对各种形变、水、气、云、烟雾、燃烧、爆炸、撕裂、老化等物理现象的真实模拟，也是动画领域的主要问题。

工业设计类软件可以借助于三维计算机图形学技术和二维计算机图形学技术展现生产制造业中设计及维护的产品形态。这些技术是各类动态仿真应用的核心技术，可以极大地提高虚拟现实系统的沉浸感。计算机动画的应用领域广泛，如动画片制作，广告、电影特技，训练模拟，物理仿真，游戏等。

4.2.6　虚拟现实技术

虚拟现实（Virtual Reality）是计算机与用户之间的一种更为理想化的人机界面形式，是人机交互技术的一个重要应用领域。与传统计算机接口相比，虚拟现实系统具有三个重要特征：沉浸感（Immersion）、交互性（Interaction）、想象力（Imagination），任何虚拟现实系统都可以用三个 I 来描述其特征。其中，沉浸感与交互性是决定一个系统是否属于虚拟现实系统的关键特征。图 4-4 所示为虚拟现实系统特征。

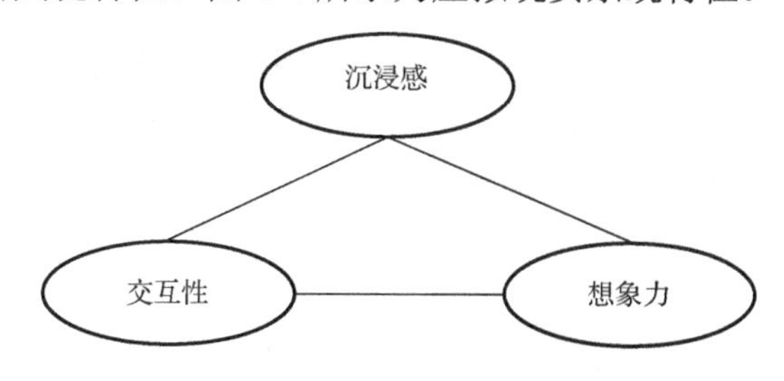

图 4-4　虚拟现实系统特征

虚拟现实是一种由计算机和电子技术创造的新世界，是一个看似真实的虚拟环境，通过多种传感设备使用户可以根据自身的感觉，使用人的自然技能对虚拟世界中的物体进行考察和操作并参与其中的事件，同时提供视、听、触等直观而又自然的实时感知，使参与者“沉浸”于虚拟环境中。尽管该环境并不真实存在，但它作为一个逼真的三维环境，仿佛就在人们周围。从 Virtual Reality 这个名字可以看出它的英文本意是“真实世界的一个映像”，即虚拟环境。

虚拟现实世界一词当前也频频出现。虚拟现实世界是由计算机及相关设备构造出来的，主要硬件有：计算机，可以是超级计算机，也可以是微型计算机网络系统，还可以是工作站；显示设备，有头盔显示器、双筒全方位监视器、风镜型显示器和全景大屏幕显示屏等；位置跟踪设备及其他交互设备，交互设备有数据手套和数据衣等，由它们产生信号，与计算机实现交互作用。计算机有数据库，数据库存有很多图像和声音等。

虚拟现实技术已经发展了很多年，其应用领域也越来越广泛，虚拟现实技术最初用于军事仿真，近年来在城市规划、室内设计、文物保护、交通模拟、虚拟现实游戏、工业设计和远程教育等方面都得到了巨大的发展。因为虚拟现实技术的特点，它可以渗透到人们工作和生活的每个角落，所以虚拟现实技术对人类社会的意义是非常大的。正因为如此，它已经渗透到科学、技术、工程、医学、文化和娱乐的各个领域中，并受到了人们的极大关注。

计算机图形学是三维虚拟现实系统的基础，三维图形学在虚拟现实中的重要性不言而喻。引擎设计中的许多方法都是从三维图形学而来的，三维图形学主要包括空间几何和计算几何的一些数学变换和算法，以及一些实现三维场景渲染的步骤和算法。由此可见，计算机图形学在辅助设计、计算机艺术、娱乐、教学与培训、计算可视化、图形化用户接口等方面都得到了广泛的应用。本节将介绍在虚拟现实中涉及的基本理论和相关知识点。

（1）基本光照模型。

环境光这种类型的灯光将被其他物体表面反射且被用来照亮整个场景。即使一个物体的表面不直接暴露光源之下，但只要其周围的物体被照明，那么它也能被看见。在基本光照模型中，只要改变一个场景的基准光亮度，就可以简单地模拟一种从不同物体表面所产生的反射光的统一照明，称为环境光或背景光。

漫反射是投射在物体粗糙表面上的光向各个方向反射的现象，是物体表面的反光能力的一种表示。漫反射光是指从光源发出的光进入物体内部，经过多次反射、折射、散射及吸收后返回物体表面的光。

（2）多边形绘制算法。

物体并不是着色的基本单位，最基本的单位为图元。图元是调用一次着色函数时传送的顶点、面片组。它可以与物体等同（一个物体是一个图元），也可以不同。在每个图元着色时，一切效果都取决于当前的环境设置，包括材质、光照、纹理以及其他着色状态。

（3）纹理映射。

纹理映射是常用的添加表面细节的方法，并得到广泛使用。纹理模式可以由一个矩形数组定义，也可作为一个过程来修改物体表面的光强度值。场景中的物体表面是在纹理坐标系中定义的。顶点信息中包含了贴图坐标，由此可以正确地给物体覆盖贴图。

虚拟现实在工业设计上的应用非常广泛。例如，其在工业园区展示、化工系统模拟、汽车制造系统模拟、机械系统模拟等工业领域都有应用。其在工业上的应用也被细化为产品功能演示、产品互动演示、工业仿真演示、产品装配演示、数字样板间演示、化工系统仿真、航天系统仿真、汽车制造系统仿真、机械系统仿真等。下面通过案例说明虚拟现实技术在工业设计领域的一些应用。

（1）维护流程仿真系统。

汽车的使用年限动辄一二十年，维护是确保车辆行进时的可靠性、安全性、稳定性的关键，维护流程仿真系统是由云服务器整合三维模型、动画和动态批注等全新方式来阐述维护流程，如此一来，一线维护人员可对维护情况进行准确判断和反馈，机组人员更能弹性调度，人员训练时间可明显缩短，维护经验也可有效传承。

（2）车辆体验系统。

汽车可供选择的配件、颜色与种类越来越多，同款车型的组合可能多达数十种，但展销中心针对同款车型通常不可能提供太多组合以供消费者了解，车辆体验系统则可以通过不同的虚拟现实实现方式，提供给消费者不同的驾驶体验、外观体验和多种环境模拟服务等，消费者可自行选择车辆的颜色等款式，以及内装、轮圈等多种配件，该系统可加强消费者对产品的信心，增强其消费意愿。

（3）军事与航天工业。

模拟训练一直是军事与航天工业中的一个重要课题，这为虚拟现实技术提供了广阔的应用前景。美国国防部高级研究计划局（DARPA）自 20 世纪 80 年代起一直致力于研究称为 SIMNET 的虚拟战场系统，该虚拟战场系统可以提供坦克协同训练，并且可以连接 200 多台模拟器。另外，利用虚拟现实技术，可模拟零重力环境，以代替现在非标准的水下训练宇航员的方法。

工业领域的全球竞争越来越激烈，企业面临着产品更新换代加快、价格竞争加剧，以及降低成本、优化资源和提升能源效率等一系列压力，随着客户的个性化需求越来越多，产品生产也逐渐呈现出种类多、变化快等新特征，这迫使传统的企业要提升生产线的速度与灵活性，以针对市场前端变化快速地调整生产计划。传统工业设计流程为客户要求—方案生成—客户意见—方案修订—定案。而虚拟工业设计会大大缩短这一设计流程的周期，虚拟工业设计流程为客户要求—网络虚拟调研方案制作—虚拟产品发布—客户即时意见修改—定案。两者相比，可以看到虚拟工业设计流程更加合理与人性化，能够很好地确保工业产品的质量。

工业 4.0 描绘了工业制造的新蓝图，构建虚拟工厂则是实现这个蓝图的基础。虚拟工厂是把“现实制造”和“虚拟呈现”融合在一起，通过部署在全厂的海量传感器，采集现实生产过程中的所有实时数据；这些数据的数量巨大，可实时快速地反映生产过程中的任何细节。在计算机虚拟环境中，基于这些生产数据应用数字化模型、大数据分析、3D 虚拟仿真等方法，可对整个生产过程进行仿真、评估和优化，使虚拟世界中的生产仿真与现实世界中的生产无缝融合，利用虚拟工厂的灵活可变优势促进现实生产。

虚拟现实的关键技术主要包括以下几方面内容：①动态环境建模技术。虚拟环境的建立是 VR 系统的核心内容，目的就是获取实际环境的三维数据，并根据应用的需要建立相应的虚拟环境模型。②实时三维图形生成技术。三维图形的生成技术已经较为成熟，关键就是“实时”生成。为保证实时，至少保证图形的刷新频率不低于 15 帧/秒，最好高于 30 帧/秒。③立体显示和传感器技术。虚拟现实的交互能力依赖于立体显示和传感器技术的发展，现有的设备不能满足需要，力学和触觉传感装置的研究也有待进一步深入，虚拟现实设备的跟踪精度和跟踪范围也有待提高。④应用系统开发工具。虚拟现实应用的关键是寻找合适的场合和对象，选择适当的应用对象可以大幅度提高生产效率，减轻劳动强度，提高产品质量。要想达到这一目的，需要研究虚拟现实的开发工具。⑤系统集成技术。由于 VR 系统中包括大量的感知信息和模型，因此系统集成技术起着至关重要的作用，集成技术包括信息的同步技术、模型的标定技术、数据转换技术、数据管理模型、识别与合成技术等。这些关键技术不在本书赘述。

计算机图形学是研究利用计算机来显示、生成和处理图形的相关原理、方法和技术的一门学科，是工业软件设计人员必须掌握的理论知识。计算机图形学在工业软件中的常见应用是设计机械结构和产品，包括设计飞机、汽车、船舶的外形和发电厂、化工厂布局，以及电子线路、电子器件等。工业软件设计人员需要着眼于绘制工程和产品相应结构的精确图形，同时需要注重所设计的系统要具有支持人机交互设计和修改的功能。

4.3 有限元分析

有限元分析（Finite Element Analysis, FEA）是指利用数学近似的方法对真实物理系统（几何和负载工况）进行模拟，通过利用简单而又相互作用的元素，即单元，就可以用有限未知量的系统去逼近无限未知量的真实物理系统。

随着计算机图形软硬件技术的进一步发展，有限元分析成为 CAD 软件不可缺少的一部分，有限元软件也逐渐发展为有限元分析、设计与 CAD 软件，其软件结构如图 4-5 所示。

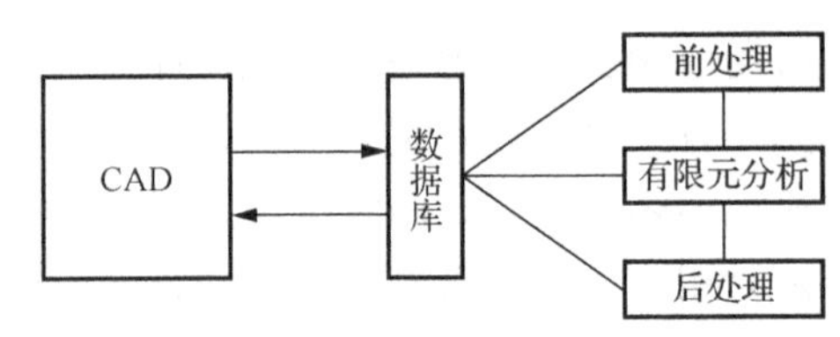

图 4-5 有限元分析、设计与 CAD 软件

4.3.1 有限元分析的概念

有限元分析是进行科学计算的极为重要的方法之一，利用有限元分析可以获取几乎任意复杂工程结构的各种机械性能信息，还可以直接依据工程设计进行各种评判，也可以依据各种工程事故进行技术分析（傅永华，2003）。有限元分析在工业制造结构设计和评判中起到关键作用，因此有限元分析对于工业软件的设计与实现也是至关重要的基础理论知识（韩昌瑞等，2022）。

有限元分析是求解各种复杂数学物理问题的重要方法，是处理各种复杂工程问题的重要分析手段，也是进行科学研究的重要工具。该方法的应用和实施包括三个方面：计算原理、计算机软件、计算机硬件。这三个方面是相互关联的，缺一不可。正是由于计算机技术的飞速发展，有限元分析才在工业软件中普及使用，目前国际上 90%的机械产品和装备都采用有限元分析进行分析，进而进行设计修改和优化。有限元分析在一定程度上可以替代实物实验的数值化“虚拟实验”，做到高效率和低成本。

有限元分析是用较简单的问题代替复杂的实际问题后再求解。它将求解域看成由许多称为有限元的小的互连子域组成，先对每一子域假定一个合适的（较简单的）近似解，然后推导求解这个域总的满足条件（如结构的平衡条件），从而得到问题的解。这个解不是准确解，而是近似解，因为实际问题被较简单的问题所代替。由于大多数实际问题难以得到准确解，而有限元分析不仅计算精度高，而且能适应各种复杂形状，因而成为行之有效的工程分析手段。

有限元是那些集合在一起能够表示实际连续域的离散单元。有限元的概念早在几个世纪前就已产生并得到了应用，例如，用多边形（有限个直线单元）逼近圆来求得圆的周长，但其作为一种方法而被提出则是 20 世纪 60 年代的事情。有限元分析最初称为矩阵近似方法，应用于航空器的结构强度计算，并由于其方便性、实用性和有效性而引起从事力学研究的科学家的浓厚兴趣。经过短短数十年的努力，随着计算机技术的快速发展和普及，有限元分析迅速从结构工程强度分析计算扩展到几乎所有的科学技术领域，成为一种丰富多彩、应用广泛并且实用高效的数值分析方法。

在解偏微分方程的过程中，主要的难点是构造一个方程来逼近原本研究的方程，并且该过程还需要保持数值稳定性。针对该难点现在有许多的处理方法，它们各有利弊。有限元分析能够在多种情况下求解偏微分方程，如边界可变固体的区域变化情况、区域精度变化情况，以及区域缺少光滑属性的情况，甚至复杂区域（如汽车和输油管道）情况。例如，在正面碰撞仿真时，有可能在“重要”区域（如汽车的前部）增加预先设定的精度并在车辆的末尾减少精度（如此可以减少仿真消耗）；又如，模拟地球的气候模式时，预先设定陆地部分的精度高于广阔海洋部分的精度是非常重要的。

固体结构有限元分析的力学基础是弹性力学，而方程求解采用的是加权残值法或泛函极值原理，实现方法是数值离散技术，技术载体是有限元分析软件。在处理实际问题时，需要基于计算机硬件平台。因此，有限元分析的主要内容包括基本变量和力学方程、数学求解原理、离散结构和连续体的有限元分析实现，以及各种应用领域、分析中的建模技巧和实现分析的软件平台等。

有限元分析最初是为了解决固体力学问题而出现的，主要用于航空航天领域的强度、刚度计算。随着有限元分析理论的日趋成熟和计算机应用技术的发展，有限元分析的应用已由固体力学领域推广到温度场、流体场、电磁场和声学等其他连续介质领域。有限元分析在工业软件中有着广泛的应用。

4.3.2　弹性力学理论基础

弹性力学是研究弹性体在外部因素（外力、温度等）的作用下所产生的应力、应变和位移的一门学科，是固体力学的一个分支。弹性力学在工业软件开发中的作用是分析各种结构物或其构件在弹性阶段的应力和位移，校核它们是否具有所需的强度、刚度和稳定性，并寻求或改进它们的计算方法。

在研究弹性体在外部因素的作用下所产生的应力、应变和位移时，由于它们都是点的坐标位置的函数，也就是说各个点的应力、应变和位移一般是不相同的，因此，在弹性力学里假想把物体分成无限多个微元体（微小六面体，在物体边界处可能是微小四面体），根据任意微元体的平衡（或运动）可写出一组平衡（或运动）方程及边界条件。但未知应力的个数总是超出微分方程的个数，所以，弹性力学问题都是超静定的，必须同时考虑微元体的变形条件及应力和应变的关系，它们在弹性力学中相应地称为几何方程和物理方程。平衡（或运动）方程、几何方程和物理方程及边界条件称为弹性力学的基本方程。

综合考虑平衡（或运动）、几何、物理三个方程，得出其基本微分方程，再进行求解，最后利用边界（表面）条件确定解中的常数，这就是求解弹性力学问题的基本方法。

在求解弹性力学问题的过程中，以上三个方程还可加以综合简化。因为在所得的基本微分方程中，并非每个方程都包括所有的未知函数。因此，可以将其中的一部分未知函数选为“基本未知函数”，先将它们求出，然后由此求出其他的未知函数，从而得到问题的全部解答，于是就形成以应力为“基本未知函数”的应力法和以位移为“基本未知函数”的位移法。根据这两种常用的解法，弹性力学中导出了相应的微分方程组和边界条件。在一定边界条件下，按选取的解题方法（应力法或位移法），求出相应微分方程组的解，也就等于求解了弹性力学全部的基本方程。

值得提出的是，在弹性力学中，无论按应力法还是位移法，所得到的相应微分方程组一般都是高阶偏微分方程组，要在边界条件下精确地求出它们的解在数学上是相当困难的，因此并非所有问题都已有了解答，只是对于某些简单问题有了较大进展。而对于大量的工程实际问题，特别是结构的几何形状、载荷情况及材料性质比较复杂的问题，要严格按照弹性力学的基本方程精确地求出它们的解传统解题方法有时是办不到的，有时甚至不可能求解成功。因此，在工程实际中往往不得不采用弹性力学的近似解法和数值解法（如有限元分析）以求出问题的近似解。

有限元分析是一种离散化的数值解法，对于结构力学特性的分析而言，其理论基础是能量原理。通过有限元分析得到的方程组中所含未知数的性质有三种情况：第一种是以位移作为未知量的分析法，称为位移法，位移法采用最小位能原理或虚位移原理进行分析；第二种是以应力作为未知量的分析法，称为应力法，应力法常采用最小余能原理进行分析；第三种是以一部分位移和一部分应力作为未知量的分析法，称为混合法，混合法采用修正的能量原理进行分析。这里所涉及的一系列原理是有限元分析的又一重要基础理论，不在本书进行阐述。

4.3.3　有限元分析的基本步骤

对于具有不同物理性质和数学模型的问题，有限元分析的基本步骤是相同的，只是具体公式推导和运算求解不同。通过有限元分析求解问题的基本步骤通常如下。

第一步：问题及求解域定义，根据实际问题近似确定求解域的物理性质和几何区域。

第二步：求解域离散化，将求解域近似为有限个大小和形状不同且彼此相连的单元组成的离散域，习惯上称为有限元网格划分。显然，单元越小（网格越细），离散域的近似程度越好，计算结果也就越精确，但计算量及误差会越大，因此求解域的离散化是有限元分析的核心技术之一。

第三步：确定状态变量及控制方法，一个具体的物理问题通常可以用一组包含问题状态变量边界条件的微分方程表示，为适用于有限元求解，通常将微分方程转化为等价的泛函形式。

第四步：单元推导，对单元构造一个合适的近似解，即推导有限单元的列式，其中包括选择合理的单元坐标系、建立单元试函数、以某种方法给出单元各状态变量的离散关系，从而形成单元矩阵（结构力学中称刚度阵或柔度阵）。

为保证问题求解的收敛性，单元推导有许多原则要遵循。对工程应用而言，重要的是应注意每一个单元的解题性能与约束。例如，单元形状应以规则为好，其畸形时不仅精度低，而且有缺失的危险，导致无法求解。

第五步：总装求解，将单元总装形成离散域的总矩阵方程（联合方程组），反映对近似求解域的离散域的要求，即单元函数的连续性要满足一定的连续条件。总装在相邻单元节点进行，状态变量及其导数（若可能）连续性建立在节点处。

第六步：联立方程组求解和结果解释，有限元分析最终导出联立方程组。联立方程组的求解可用直接法、迭代法和随机法。计算结果是单元节点处状态变量的近似值。对于计算结果的质量，将通过与设计准则提供的允许值进行比较来评价并确定是否需要重复计算。

简言之，有限元分析可分为三个阶段，前处理、计算求解和后处理。前处理时建立有限元模型，完成单元网格划分；计算求解是针对网络对应的联立方程组进行求解；后处理则是采集计算求解结果，使用户能简便提取信息，了解计算求解结果。

4.3.4 有限元分析实现的软件基础

从软件实现层面上分析，一个完整高效和使用便捷的有限元分析软件至少应该具有以下软件技术特性。

（1）数据管理技术。从有限元分析软件的应用角度看，数据管理不仅应作为一种数据传递或交换的工具，还应作为一种辅助分析和设计的手段，如有关数据的显示操作和管理，其在本书后续所描述的CAD/CAM中尤为重要。

（2）用户界面与系统集成技术。用户界面是专门处理人机交互活动的软件成分，有限元软件的前处理系统就是一个用户界面系统。一方面，以“事件”驱动为基础的交互式动态集成软件技术已成为用户界面与系统集成技术的基础；另一方面，由于有限元软件主要用于大型的科学与工程问题的计算工作，具有数据类型复杂与输入量大的特点，其用户界面应能提供高效的数据压缩技术，即用户只需要输入少量信息就能清楚描述有限元分析所需的全部数据。

（3）软件自动化技术。

（4）智能化技术。围绕设计过程，综合考虑有限元模型化过程、模型求解过程以及求解结果的解释评价过程，研制智能化有限元软件。

（5）科学计算可视化技术。科学计算的可视化技术是凭借计算机自身及其配套设备的图形能力，把计算中产生的数字信息转变为直观的、易于研究人员理解的图形或图像形式。它们可以是静态或动态的画面，并可以交互式呈现于研究人员面前。

（6）面向对象的有限元分析软件开发技术。

结构力学分析迅速发展，带动连续介质力学领域的有效数值分析方法——有限元分析迅速发展起来。基于有限元分析算法编制的软件即有限元分析软件。目前存在的有限元分析软件有很多种，例如，国外商业软件 ANSYS 可以解决机械、电磁、热力学等学科问题；ABAQUS 可以解决结构力学分析、热传导分析、热电耦合分析、声学分析等方面的问题；国内有限元分析软件 pFEPG 可以解决固体力学、结构力学、流体力学等方面的有限元分析计算问题；SciFEA 可以解决壳结构计算、非线性弹性计算，以及流体分析、热流固耦合计算等问题。有限元分析软件的应用领域非常广泛，如机械制造、材料加工、航空航天、汽车、土木建筑、电子电器、国防军工、船舶、铁道、石化、能源和科学研究等。因此，工业软件设计人员应了解和掌握有限元分析理论，这对于设计和实现解决固体力学、结构力学、流体力学、热传导、电磁场以及数学方面的有限元计算问题的通用软件有很大作用。

有限元分析是提升产品质量、缩短设计周期、提高产品竞争力的一种有效手段，所以，随着计算机技术和计算方法的发展，有限元分析在工程设计和科研领域得到越来越广泛的重视和应用，已经成为解决复杂工程分析计算问题的有效途径，从汽车到航天飞机几乎所有的设计制造都离不开有限元分析计算，其在机械制造、材料加工、航空航天、汽车、土木建筑、电子电器、国防军工、船舶、铁道、石化、能源和科学研究等各个领域的广泛使用已使设计水平发生了质的飞跃。

4.4　软件云化及云计算

软件云化是近年来行业的大趋势，而工业软件的云化也在快速推进，尤其是近年来工业互联网的大发展，未来的工业软件或将会进一步云化成为工业互联网平台之上的工业 App。

4.4.1　软件云化概念

云化是整个软件行业的趋势。软件上云带来的是软件部署、应用及开发方式的变革，也为企业用户带来更灵活、更开放、更具协同性的软件应用方式；同时往往与之相伴随着的订阅制转型也能够帮助软件厂商实现商业模式的升级。软件厂商将设计软件和信息资源部署在云端，使用者根据需要自主选择软件服务。由于大量的信息都储存在云端，使用者可以通过云端分享“他人”的案例、库、标准、手册以及经验等，同时，也可将“自己”的成果提供到云端，实现信息共享和知识复用。

各类工业软件与云化的契合度各异。信息管理类软件的功能更多的是实现业务流程，且更具有对外进行数据交互的强烈需求，因而更适合也更易于采用云端部署。而对于研发设计类软件，由于其内部需要调用更复杂的数据分析算法以及物理模型，目前尚无完全成熟的云化产品，全球范围内具备战略前瞻眼光的厂商正积极布局，部分创业企业也在积极把握相关机遇。云化的研发设计类软件更多的还是以展示和轻度编辑、协作为主要功能点的轻量级 SaaS 应用。而生产控制类软件的云化则与工业互联网密切相关，目前行业中的主流工业互联网平台上都搭载了丰富的生产控制类工业 App（以云 MES 为主）。

当前各类工业软件云化的情况分别是：信息管理类软件已经全面云化，尤其是在中小型企业市场，以及 CRM/HCM 等应用领域；研发设计类软件使用轻量级应用软件运营服务（Software as a Service, SaaS）（如看图类软件），云端在线协同 CAD 也在进行初步探索（海外 Onshape 云原生 CAD、国内山东山大华天软件有限公司的 CrownCAD）；生产控制类软件围绕工业互联网，以工业 App 的形式实现云化。

4.4.2　软件云化技术

工业软件云化所需技术与传统的软件开发有所不同，具体体现在以下几个方面。

（1）云计算平台管理技术：云计算系统的平台管理技术能够使大量的服务器协同工作，以方便地进行业务部署和开通，快速发现和恢复系统故障。

（2）分布式计算的编程模式：云计算采用了一种思想简洁的分布式并行编程模型，主要用于数据集的并行运算和并行任务的调度处理。

（3）分布式海量数据存储：云计算系统采用分布式存储的方式存储数据，用冗余存储的方式保证数据的可靠性。冗余存储的方式是通过任务分解和集群，用低配机器替代超级计算机来保证低成本，即为同一份数据存储多个副本。分布式存储要求存储资源能够被抽象表示和统一管理，并且能够满足数据读/写操作的安全性、可靠性、性能等各方面要求。分布式文件系统允许用户像访问本地文件系统一样访问远程服务器的文件系统，用户可以将自己的数据存储在多个远程服务器上，分布式文件系统基本上都有冗余备份机制和容错机制，以保证数据读/写的正确性。云计算环境的存储服务基于分布式文件系统和云存储的特征做了相应的配置和改进。典型的分布式文件系统有 Google 公司设计的可伸缩的 Google File System（GFS）。在云计算环境下的大规模分布式存储方面，目前已经有了一些研究成果和应用。Google 公司设计的用来存储大规模结构化数据的分布式存储系统 BigTable 将网页存储成分布式的、多维的、有序的图。分布式数据存储技术通过将数据存储在不同的物理设备中，可以实现动态负载均衡、故障节点自动接管、高可靠性、高可用性和高扩展性。因为在多节点并发执行环境中，每个节点的状态都需要同步，当单个节点发生故障时，系统需要一个有效的机制来保证其他节点不受影响。这种模式不仅摆脱了硬件设备的限制，而且具有较好的可扩展性，能够快速响应用户需求的变化。利用多台存储服务器分担存储负载并利用多台定位服务器定位存储信息，不仅提高了系统的可靠性、可用性和访问效率，而且易于扩展。

（4）海量数据管理技术：云计算系统中的数据管理技术主要是 Google 的 BT（Big Table）数据管理技术和 Hadoop 团队开发的开源数据管理模块 HBase。

（5）虚拟化技术：计算元件在虚拟的基础上而不是真实的基础上运行，它可以扩大硬件的容量、简化软件的重新配置过程、减少软件虚拟机相关开销和支持更广泛的操作系统。虚拟化的核心理念是以透明的方式提供抽象的底层资源，这种抽象方法并不受地理位置或底层资源的物理配置所限。就技术本身而言，它并不是全新的事物，早在 20 世纪 70 年代就已经在 IBM 的虚拟计算系统中得以应用。随着云计算的兴起，虚拟化技术再次成为研究热点，究其原因主要在于：首先，计算机系统在功能变得日益强大的同时，本身也越来越难以管理；其次，当计算系统发展到以用户为中心的阶段时，人们更关心的是如何通过接口和服务来满足复杂多变的用户需求。由于虚拟化技术能够灵活组织多种计算资源、解除上下层资源的绑定和约束关系、提升资源使用效率、发挥资源聚合效能、为用户提供个性化和普适化的资源使用环境，因而得到高度重视。

4.4.3　云计算的概念

云计算（Cloud Computing）是分布式计算的一种，指的是先通过网络“云”将巨大的数据计算处理程序分解成无数个小程序，然后通过由多台服务器组成的系统处理和分析这些小程序并将得到的结果返回给用户。早期的云计算简单地说就是简单的分布式计算，解决任务分发问题，并进行计算结果的合并。因而，云计算又称为网格计算。通过这种技术，可以在很短的时间内（几秒）完成对数以万计的数据的处理，从而实现强大的网络服务。现阶段所说的云计算已经不单单是一种分布式计算，而是分布式计算、效用计算、负载均衡、并行计算、网络存储、热备份冗杂和虚拟化等计算机技术混合演进并跃升的结果。

云计算是与信息技术、软件、互联网相关的一种服务，其中的计算资源共享池称为“云”，云计算把许多计算资源集合起来，通过软件实现自动化管理，只需要很少的人参与，就能让资源被快速提供。云计算与传统的高性能计算有着紧密联系。高性能计算也就是许多人都听说过的 HPC（High Performance Computing）。传统的高性能计算的范畴是十分宽泛的，包括并行计算、分布式计算、计算机集群以及网格计算。

并行计算是指一种能够让多条指令同时执行的计算模式，可分为时间上的并行和空间上的并行。时间上的并行就是指流水线技术，而空间上的并行则是指用多个处理器并发地执行计算。并行计算的目的就是提供单个处理器无法提供的性能（处理器能力或存储器），使用多个处理器求解单个问题。可以说，并行计算是云计算的初始阶段或者萌芽期，它为云计算的发展提供了理论支持。

分布式计算指先把一个需要非常强大的计算能力才能解决的问题分成许多小的部分，然后把这些部分分配给许多计算机进行处理，并把这些计算机的处理结果综合起来得到最后结果。在分布式计算的算法中，关注的是计算机间的通信而不是算法的步骤，因为分布式计算的通信代价比起单个节点对整体性能的影响权重要大得多。因此，分布式计算是网络发展的产物，是由并行计算演化出的新模式：网络并行计算。如果说并行计算为云计算奠定了理论基础，那么分布式计算则为云计算的实现提供了网络技术支持。

计算机集群是指将一组松散集成的计算机软件和硬件连接起来，以高度紧密地协作完成计算工作。简单来说，可以把这一组松散的集成的计算机看作一台计算机。集群系统中的单台计算机称为节点，通常是通过局域网连接的，但也有其他可能的连接方式。集群计算机通常用来提高单台计算机的计算速度和可靠性。

正常情况下，集群计算机比单台计算机（如工作站或超级计算机）的性价比要高得多。根据组成集群系统的计算机的体系结构是否相同，集群可分为同构与异构两种。集群计算机按功能和结构可以分为高可用性集群［High Availability（HA）Clusters］、负载均衡集群（Loadbalancing Clusters）、高性能计算集群［High Performance Computing（HPC）Clusters］、网格计算（Grid Computing）。

网格计算是指通过利用多个独立实体或机构中大量异构的计算机资源（处理器周期和磁盘存储），采用统一开放的标准化访问协议及接口，来实现非集中控制式的资源访问与协同式的问题求解，以使系统服务质量高于其每个网格系统成员的服务质量累加的总和。

网格计算其实是分布式计算与计算机集群发展到一定阶段后的产物，其目的在于利用分散的网络资源解决密集型计算问题。网格计算与虚拟组织的概念由此产生，它通过定义一系列的标准协议、中间件以及工具包，实现对虚拟组织中资源的分配和调度。它的焦点在于支持跨域计算与异构资源整合，这使它与传统计算机集群或简单分布式计算相区别。

并行计算为云计算奠定了理论基础，分布式计算则为云计算的实现提供了网络技术支持。而网格计算是对计算集群的虚拟组织，同时也为云计算提供了基本的网络框架支持。

综上，大家对云计算的基本定义是一致的，即云计算是并行计算、分布式计算和网格计算的发展，或者这些概念的商业实现。云计算不但包括分布式计算，还包括分布式存储和分布式缓存。分布式存储又包括分布式文件存储和分布式数据存储。

4.4.4　云计算特点及应用

云计算具备五个关键特点：①基于分布式并行计算技术；②能够实现规模化、弹性化的计算存储；③用户服务的虚拟化与多级化；④受高性能计算与大数据存储驱动；⑤服务资源的动态化、弹性化。

云计算作为一个颇有前景的行业，不仅可以为用户提供一种全新的体验，而且可以将很多的异构的计算机资源协调在一起，使用户通过网络就可以获取到无限的不受时间和空间限制的资源，更重要的是云计算能够有效节约成本，这也是很多组织采用云产品的原因之一。例如，相比从前高昂的网站服务器托管价格，作为云计算的基础设施，云服务器价格相对低廉且具有弹性合理的计费模式。

云计算是继互联网、计算机后在信息时代中的又一种新的革新，云计算是信息时代的一个大飞跃，未来的时代可能是云计算的时代。虽然目前有关云计算的定义有很多，但总体上来说，云计算的核心理念就是以互联网为中心，在网站上提供快速且安全的云计算与数据存储服务，让每一个使用互联网的人都可以使用网络上的庞大计算资源与数据中心，因此云计算具有按需自助服务特性和可扩展特性。

4.5　本章小结

本章主要介绍设计开发工业软件所涉及的一些相关基础理论，包括软件工程、计算机图形学、有限元分析、软件云化及云计算等内容，为工业软件研发设计人员提供理论支持，由于篇幅有限，更多的理论请读者自行查阅相关资料。

专 业 篇

第 5 章 研发设计类软件

本章学习目标：

（1）了解四类研发设计类软件；

（2）了解四类研发设计类软件的运作以及关键技术；

（3）简要了解研发设计类软件的代表产品。

工业软件是服务企业“规划、设计、生产、销售、服务”全流程的产品。工业软件的本质是将工业知识软件化，并将企业在产品的规划、设计、生产、销售、服务等核心流程中的经验积淀融合在软件系统中，用以提升企业全流程的工作效率。工业软件（CAD、CAE、CAM、EDA）是实施制造业信息化工程的基础和关键，能使产品设计、制造模式发生深刻变化。

本章全面系统论述了 CAD、CAE、CAM、EDA 技术的基本概念、发展历程以及产品数字化关键技术等内容。

5.1 计算机辅助设计

计算机辅助设计（Computer Aided Design, CAD）技术起步于 20 世纪 50 年代后期，最初是二维计算机绘图技术，现在二维绘图在部分 CAD 中仍占相当大的比重。20 世纪 70 年代，为适应飞机、汽车工业的飞速发展，出现了以表面模型为特点、以自由曲面建模方法为基础的三维曲面造型系统，这称为第一次 CAD 技术革命。20 世纪 80 年代前后，实体造型技术得到普及，这标志着 CAD 发展史上的第二次技术革命。20 世纪 80 年代中期，一种更好的算法参数化实体造型技术的提出开启了第三次 CAD 技术革命，其主要特点是基于特征、全尺寸约束、全数据相关、尺寸驱动设计进行修改。CAD 技术基础理论的每一次重大进展都带动了 CAD/CAM/CAE 整体技术的不断提升，并且 CAD 技术将一直处于不断发展和探索之中。

5.1.1 计算机辅助设计概念

计算机辅助设计是计算机科学技术发展和应用中的一门重要技术。CAD 技术就是利用计算机快速的数值计算和强大的图文处理功能来辅助工程师、设计师、建筑师等工程技术人员进行产品设计、工程绘图和数据管理的一种计算机应用技术（殷国富等，2008）。计算机辅助设计技术是集计算、设计绘图、工程信息管理、网络通信等多领域知识于一体的高新技术，是先进制造技术的重要组成部分。其显著特点是提高了设计的自动化程度和质量，缩短了产品开发周期，降低了生产成本，促进了科技成果转化，提高了劳动生产效率和技术创新能力。可见，计算机辅助设计对工业生产、工程设计、机器制造、科学研究等诸多领域的技术进步和快速发展产生了巨大影响。现在，它已成为工厂、企业和科研部门提高技术创新能力、加快产品开发速度、促进自身快速发展的一种必不可少的关键技术。

与计算机辅助设计相关的概念有计算机辅助工程（Computer Aided Engineering, CAE）、计算机辅助制造（Computer Aided Manufacture, CAM）、计算机辅助工艺规划（Computer Aided Process Planning, CAPP）。

计算机辅助工程就是用计算机辅助工程软件对 CAD 或组织好的模型进行仿真设计成品分析，通过反馈的数据对原 CAD 或模型进行反复修正，以达到最佳效果。

计算机辅助制造是把计算机应用到生产制造过程中，使其代替人进行生产设备与操作的控制，计算机数控机床、加工中心等都是计算机辅助制造的例子。CAM 不仅能提高产品加工精度、产品质量，还能逐步实现生产自动化，进而降低人力成本，缩短生产周期。

计算机辅助工艺规划是通过向计算机中输入被加工零件的几何信息（图形）和加工工艺信息（材料、热处理、批量等），由计算机自动生成并输出零件的工艺路线和工序内容等工艺文件的过程。简言之，CAPP 就是利用计算机来制定零件的加工工艺的过程。

把 CAD、CAE、CAM、CAPP 结合起来，可以实现整个产品从概念到成品的全流程一体化设计，有效地降低了时间、成本和质量风险。CAD、CAE、CAM、CAPP 的职能与分工如图 5-1 所示。

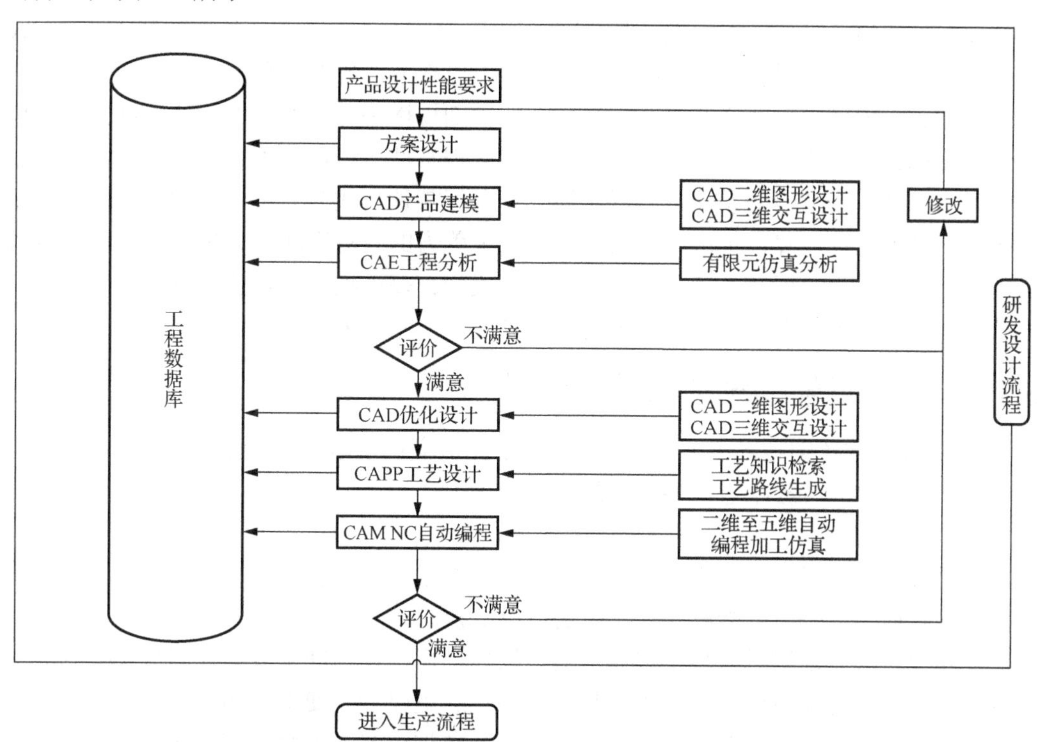

图 5-1　CAx 系列（CAD、CAE、CAM、CAPP）的职能与分工

5.1.2 计算机辅助设计流程

计算机辅助设计流程是一个循序渐进、不断完善和优化的过程。一般而言，设计流程可以分成五个步骤或阶段：①识别设计；②确定问题；③综合解析优化；④评价；⑤图形显示，如图 5-2 所示。

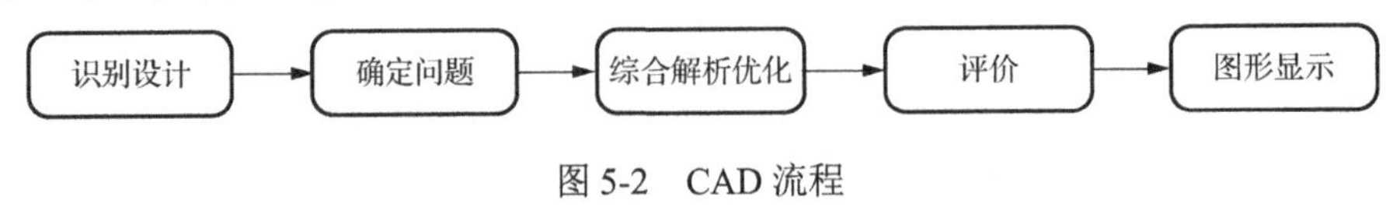

图 5-2 CAD 流程

识别设计阶段的主要任务是发现存在的问题，并提出正确的解决方案。这些问题可能是工程师对设计的通用机械中的某些缺点的鉴别，也可能是产品销售对新产品市场信息的预测。

确定问题阶段需要对设计项目制定严格的技术要求。这些要求包括物理特性和功能特性、价格、质量和操作特性等方面。

综合和解析两者密切相关又相互反复迭代。在系统中，某一组成部分或子系统一经分析，就会由设计者归纳形成概念，并在后续的解析过程中进行优化并重新设计。以上过程重复进行，直到实现限定条件下的最优设计为止。这些组成部分或子系统以同样的反复迭代方式被综合归纳到最终的总系统中。

评价阶段涉及如何按照确定问题阶段所规定的技术要求对设计进行测定。在该阶段往往需要对样机进行试制和测试，以评定其操作性能、质量、可靠性和其他指标。

图形显示指的是传统工程设计都是在绘图板上完成的，而且以详细的工程图的形式提供设计文件。机械设计包括产品图及它的各组成部分、子系统和生产产品所需要的工具和夹具。电气设计涉及线路图及电气元件的详细规格等。其他工作设计领域（如结构设计、飞机设计、化工设计等）同样要求手工编制文件。在每一项工程中，传统的方法是用手工综合一个初步的设计，然后对该设计进行某种形式的分析，这种分析可以包括复杂而精细的工程计算，也可以包括对设计的审美力的主观判断，分析识别设计阶段可做的某些改进。如上所述，这种处理是反复迭代的。每一次迭代都会使设计得到改进。迭代过程的最大困难在于耗费大量时间，完成设计方案就需要许多工时。

5.1.3 计算机辅助设计软件关键技术

CAD 软件的关键技术主要包括交互技术、图形变换技术、曲面造型技术和实体造型技术，下面对这四种技术进行展开介绍。

1. 交互技术

交互技术在计算机辅助设计中是必不可少的要素。交互技术指用户在使用计算机系统进行设计时，人和机器能够实现及时的信息交换。

使用交互技术能够进一步实现对机器的操作，而且在辅助工业中使用交互技术展开设计，能够使得计算机辅助产品更加趋近人性化、更能迎合使用者的需求。这也凸显了工业设计的特殊性，与美工设计不同，工业设计更加讲究实用性，需要充分考虑到人的行为特征、使用习惯等，以及操作便利性和使用舒适度。计算机辅助设计中的人机交互在虚拟装配、人机界面、产品设计、产品虚拟仿真技术等领域都有广泛的应用（王薇，2017）。

2. 图形变换技术

图形变换技术的主要功能是把用户坐标系和图形输出设备的坐标系联系起来。它可以通过矩阵运算来实现对图形的平移、旋转、缩放、透视变换。

3. 曲面造型技术

CAD 的几何模型从最早的线框模型发展到曲面模型，再到现在的实体模型。线框模型是进一步构造曲面模型和实体模型的基础，其结构简单，易于理解，数据存储量少，操作灵活，响应速度快，但由于建立起来的不是实体，不能对图形进行剖切、消隐、明暗处理、上色、物性分析、干涉检测等操作。曲面模型的产生应归功于航空和汽车制造业的需求，通过曲面模型可以较方便地构造形状比较复杂的几何模型。构建曲面模型的常用算法有基于物理模型的曲面造型方法、基于偏微分方程的曲面造型方法、流曲线曲面造型等（邵健萍等，2003）。

4. 实体造型技术

实体造型（Solid Modeling）是用于数学和电脑建模的三维实体上的一组连贯原则，它和几何模型以及计算机图形的差别主要在于它对物理尺度保真度的强调。几何模型和实体模型一同构成电脑辅助设计的根基，一般可以协助物理实体的创造、交换、可视化、制作动画、检查和注解。

实体造型技术是计算机视觉、计算机动画、计算机虚拟现实等领域中建立 3D 实体模型的关键技术，所以实体造型技术也称为 3D 几何造型技术。早期的实体造型系统一般是用多面体结构,实体的表面用小平面近似地表示。随着实体造型理论和研究的发展，先后提出了实体造型正则集理论和非正则集理论，用以描述非流形实体，一些流形、复形等拓扑学概念被引入几何造型。

5.1.4　计算机辅助设计软件研发现状

从全球工业软件市场格局来看，欧美企业处于主导地位，把握着技术及产业发展方向，以达索系统、西门子、参数技术公司（PTC）（美国）为代表的国际厂商技术成熟、优势明显。与国外工业软件行业相比，我国工业软件行业的发展还存在一定的差距。但近些年来我国工业软件行业取得了显著的进步，并涌现了一批优秀的企业，其中有些企业在核心软件技术上取得了突破性进展，并成功研发出自主可控的产品。

1. 国外代表软件

CAD 软件中最著名的是美国 Autodesk 公司于 1982 年生产的自动计算机辅助设计软件 AutoCAD，其主要用于二维绘图、详细绘制、设计文档和基本三维设计，现已经成为国际上广为流行的 CAD 工具。

作为一款成功的 CAD 软件，AutoCAD 具有完善的图形绘制功能和强大的图形编辑功能，并可以采用多种方式进行二次开发或用户定制。AutoCAD 支持进行多种图形格式的转换，具有较强的数据交换能力，还具有通用性和易用性，能够满足各类用户的需求。此外，从 AutoCAD2000 开始，该软件又增添了许多强大的功能，如 AutoCAD 中心（ADC）、多文档设计环境（MDE）、Internet 驱动、新的对象捕捉功能、增强的标注功能以及局部打开和局部加载的功能。因此，AutoCAD 广泛应用于土木建筑、装饰装潢、城市规划、园林设计、电子电路、机械设计、服装鞋帽、航空航天、轻工化工等诸多领域。

2. 国内代表软件

浩辰 CAD 是著名的国产 CAD 软件，由苏州浩辰软件股份有限公司开发，主要用于工程建设、制造业等领域，浩辰 CAD 完美兼容 AutoCAD，在界面、功能、操作习惯、命令方式、文件格式、二次开发接口等方面与其基本一致，并根据国内用户需求开发了大量的使用工具，具有更高的性价比。2010 年，该公司获得工业和信息化部的资金支持，开发三维建筑协同设计软件，2012 年推出集建筑、结构、水暖电、日照、节能等专业软件及协同设计和管理系统于一体的全套解决方案。

中望 CAD 是另一种国产 CAD 软件，由广州中望龙腾软件股份有限公司开发，其在 2001 年推出了该软件的第一个版本。中望 CAD 兼容普遍使用的 AutoCAD，在界面、功能、操作习惯、命令方式、文件格式上与之基本一致，但具有更高的性价比和更贴心的本土化服务，深受用户欢迎。中望 CAD 广泛应用于通信、建筑、煤炭、水利水电、电子、机械、模具等勘察设计和制造业领域。中望龙腾在 2010 年斥资千万美元与美国知名的三维 CAD/CAM 设计软件公司——VX 公司签订协议，收购该公司的 VX CAD/CAM 软件知识产权以及研发团队。此后，中望龙腾成功进入全球三维 CAD 软件市场，致力为用户提供更综合的 CAD 方案。

5.2 计算机辅助工程

计算机辅助工程（CAE）的理论基础起源于 20 世纪 40 年代，数学家 Courant 于 1943 年第一次尝试用定义在三角形区域上的分片连续函数的最小位能原理来求解 St.Venant 扭转问题，后来由于种种原因，一些应用数学家、物理学家和工程师开始接触有限元的概念，直到 1960 年后，随着电子计算机的广泛应用和发展，有限元分析依靠数值计算方法才迅速发展起来。1963～1964 年，Besseling、Melosh 和 Jones 等证明了有限元分析是基于变分原理的里茨（Ritz）法的另一种形式，这使得里茨法的所有理论基础都适用于有限元分析，并确认了有限元分析是处理连续介质问题的一种普遍方法。以此为理论指导，有限元分析的应用已由弹性力学的平面问题扩展到空间问题、板壳问题，由静力平衡问题扩展到稳定性问题、动力学问题和波动问题，其分析对象从弹性材料扩展到塑性、黏塑性和复合材料，从固体力学扩展到流体力学、传热学等连续介质力学领域。有限元分析逐渐由传统的分析和校核扩展到优化设计，并与计算机辅助设计和辅助制造密切结合，形成了现在 CAE 技术的框架。

CAE 的发展可以追溯到 20 世纪 50 年代后期。美国麻省理工学院首先制定了 CAD/CAM 计划，并于 1963 年取得了一系列的成果。当时只有美国通用汽车公司（GM）、洛克希德 • 马丁公司和国际商业机器公司（IBM）等大公司和极少数大学从事计算机辅助工程系统的开发工作。这些 CAE 系统被称为第一代 CAE。70 年代，随着微型计算机和图形终端的发展，计算机图形学对 CAE 的开发起到了重要推动作用，但当时计算机制图还局限于布线设计。这些 CAE 系统称为第二代 CAE。80 年代出现了高性能、多功能的工程工作站和自动化水平较高的 CAE 系统，如 IBM 公司的 EDS、CALMA 公司的 CARDS 330 系统、日本富士通株式会社的 ICAD/PCB 系统等。这些 CAE 系统被称为第三代 CAE，从此，CAE 开始进入实用和普及的阶段。

5.2.1　计算机辅助工程概念

计算机辅助工程是指用计算机辅助求解分析复杂工程和产品的结构力学性能，并进行结构性能优化，把工程（生产）的各个环节有机地组织起来。计算机辅助工程的关键就是将有关的信息集成，使其产生并存在于工程（产品）的整个生命周期。CAE 软件可进行静态和动态分析、研究线性和非线性问题，以及分析结构（固体）、流体、电磁等。

CAE 系统是一个包括相关人员、技术、经营管理及信息流和物流的有机集成且优化运行的复杂系统。随着计算机技术及应用的迅速发展，特别是大规模和超大规模集成电路以及微型计算机的出现，计算机图形学（CG）、计算机辅助设计（CAD）与计算机辅助制造（CAM）等新技术得到了迅猛发展。CAD、CAM 已经在电子、造船、航空、航天、机械、建筑、汽车等多个领域中得到了广泛的应用，成为最具有生产潜力的工具之一，为各行业带来了巨大的经济效益，展示了光明的前景。

计算机技术的迅速发展还推动了现代企业管理的发展。企业管理借助管理信息系统，利用信息控制国民经济部门和企业的活动，做出科学的决策或调度，从而提高管理水平与效益。企业生产经营活动涉及从工程的立项、签约、设计、施工（生产）到交工（交货）等各个环节，这是一个连续有机的整体过程。

了解到计算机辅助工程的概念后，再来谈谈它的功能。在设计过程的早期引入 CAE 来指导设计决策，能够解释在下游发现问题时需重新设计而造成的时间和费用的浪费。这样设计人员能将主要精力放在如何优化设计、提高工程和产品品质上，从而产生巨大的经济效益。在现代设计流程中，CAE 是创造价值的中心环节。事实上，CAE 技术是企业实现创新设计的最主要的保障。为了在激烈的市场竞争中立于不败之地，企业必须不断保持产品的创新。计算机辅助技术已经成为现代设计方法的主要手段和工具。计算机辅助工程方法和软件是关键的技术要素之一。作为一项跨学科的数值模拟分析技术，计算机辅助工程越来越受到科技界和工程界的重视。许多大型 CAE 软件已相当成熟并已商品化，计算机模拟分析不仅在科学研究中得到广泛应用，而且在工程上也已到达了实用化阶段。

5.2.2　计算机辅助工程流程

当应用 CAE 软件对工程或产品进行性能分析和模拟时，一般需要经历前处理、有限元分析和后处理三个流程，如图 5-3 所示。

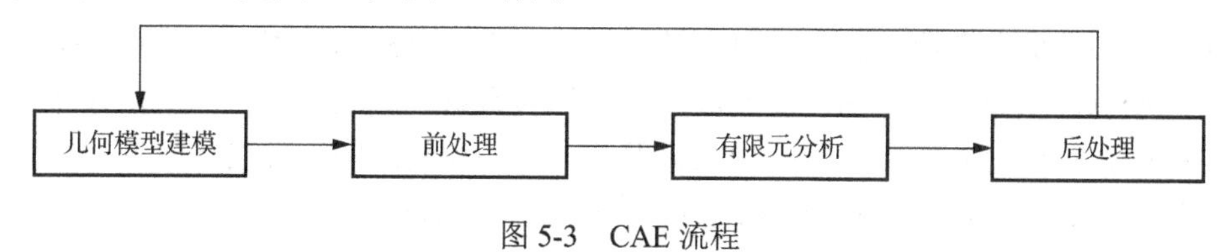

图 5-3　CAE 流程

前处理是对工程或产品进行建模，建立合理的有限元分析模型。前处理模块包括实体建模与参数化建模、构件的布尔运算、单元自动划分、节点自动编号与节点参数自动生成、负载与材料参数直接输入或参数化导入、节点负载自动生成、有限元模型信息自动生成等。

有限元分析是对有限元模型进行单元特性分析、单元组装、系统求解和结果生成。有限元分析模块包括有限单元库，材料库及相关算法，约束处理算法，有限元系统组装模块，静力、动力、振动、线性与非线性解法库等。

后处理是根据工程或产品模型与设计要求，对有限元分析结果进行用户所要求的加工、检查，并将其以图形方式提供给用户，辅助用户判定计算结果与设计方案的合理性。后处理模块包括有限元分析结果的数据平滑、各种物理量的加工与显示、针对工程或产品设计要求的数据检验与工程规范校核、设计优化与模型修改等。

5.2.3　计算机辅助工程软件关键技术

CAE 技术是一门涉及许多领域的多学科综合技术，其关键技术有以下几个方面。

1. 计算机图形技术

CAE 系统中，图形是表达信息的主要形式，尤其是工程图。在 CAE 运行的过程中，用户与计算机之间的信息交流非常重要，而计算机图形是交流的主要手段之一。因此，计算机图形技术是 CAE 系统的基础和主要组成部分。

2. 三维实体造型

工程设计项目和机械产品都是三维图形，而在设计过程中，设计人员也构思出三维图形。CAE 技术中的三维实体造型就是利用计算机建立起这些三维图形的几何模型，记录下该形体的点、边、面的几何形状及尺寸数据，以及各点、边、面间的连接关系。

3. 数据交换技术

CAE 系统中的各个子系统和各个功能模块都是其有机的组成部分，它们应当采用统一的数据表示格式，这保证了不同的子系统间、不同的模块间的数据交换能够顺利进行，充分发挥应用软件的效益。而且各个子系统和各个功能模块应具有较强的系统可扩展性和软件可再用性，以提高 CAE 系统的生产率。

4. 工程数据管理技术

CAE 系统中生成的几何与拓扑数据，工程机械、工具的性能、数量、状态，原材料的性能、数量、存放地点和价格，工艺数据和施工规范等数据必须通过计算机进行存储、读取、处理和传输。对这些数据进行有效组织和管理是建造 CAE 系统的又一关键技术，也是 CAE 系统集成的核心。

5. 管理信息系统

工程管理的成败取决于能否做出有效的决策。管理方法和管理手段是社会生产力发展水平的产物。决策的依据和出发点取决于信息的质量。因此，建立一个由人和计算机等组成的能进行信息收集、传输、加工、保存、维护和使用的管理信息系统，以有效地利用信息来控制企业活动是 CAE 系统具有战略意义、事关全局的一环。

5.2.4 计算机辅助工程软件研发现状

CAE 软件主要分为通用型、专用型两类。通用型 CAE 软件的通用性较强，适用范围广，可针对多种类型的产品物理力学性能进行模拟仿真分析、评价与优化。专用型 CAE 软件的专业性较强，能够针对特定类型的产品提供较好的性能分析、预测以及设计优化等功能（张树桐，2010）。CAE 在众多领域中都有广泛应用，各领域中的代表性软件如表 5-1 所示，下面对其中几款软件进行简单介绍。

表 5-1　CAE 代表性软件

软件类别	应用领域	代表性软件	说明
通用型 CAE 软件	结构	ANSYS、NASTRAN、ABAQUS	结构强度仿真分析
	流场	FLUENT、CFX	三维流场仿真分析
	电磁	ANSYS、ANSOFT	电磁场仿真分析
专用型 CAE 软件	机械	ADAMS、Motion、Simpack	运动学和动力学仿真
	控制	Simulink、Easys	控制系统设计仿真
	一维流体	AMESim、Flowmaster	一维流体仿真
	电气	Saber、Simplorer、E3	电气系统仿真

1. 通用型 CAE 软件

ANSYS 软件是融结构、流体、电场、磁场、声场分析于一体的大型通用有限元分析软件，由世界上最大的有限元分析软件公司之一的美国 ANSYS 开发。它与多数 CAD 软件具有接口，能够实现数据的共享和交换，如 Pro/Engineer、NASTRAN，ALOGOR、I-DEAS、AutoCAD 等，是现代产品设计中的高级 CAE 软件之一。该软件主要包括三个部分：前处理模块、分析计算模块和后处理模块。前处理模块提供了一个强大的实体建模及网格划分工具，用户可以方便地构造有限元模型；分析计算模块包括结构分析、流体动力学分析、电磁场分析、声场分析、压电分析以及多物理场的耦合分析，可模拟多种物理介质的相互作用，具有灵敏度分析及优化分析能力；后处理模块可将计算结果以彩色等值线显示、梯度显示、矢量显示、粒子流迹显示、立体切片显示、透明及半透明显示等方式显示出来，也可将计算结果以图表、曲线形式显示或输出。

ABAQUS 是一套功能强大的用于工程模拟的有限元软件，其可以解决相对简单的线性分析问题，也可以解决许多复杂的非线性问题。ABAQUS 包括一个可模拟任意几何形状的丰富单元库，拥有各种类型的材料模型库，可以模拟典型工程材料的性能，其中包括金属、橡胶、高分子材料、复合材料、钢筋混凝土、可压缩超弹性泡沫材料以及土壤和岩石等地质材料，作为通用的模拟工具，ABAQUS 除了能解决大量结构（应力/位移）问题，还可以模拟其他工程领域的许多问题，如热传导分析、质量扩散分析、热电耦合分析、声学分析、岩土力学分析（流体渗透/应力耦合分析）及压电介质分析。经过多年的不断发展，ABAQUS 已经具备强大的多物理场分析能力，支持非常丰富的单元库、材料本构模型和二次开发接口。在各个行业，越来越多的科研和工程人员倾向于使用它来解决自己遇到的问题。

2. 专用型 CAE 软件

Saber 仿真软件是美国 Synopsys 公司出品的一款软件，被誉为全球最先进的系统仿真软件，是唯一的多技术、多领域的系统仿真产品，现已成为混合信号、混合技术设计与验证工具的业界标准。它主要用于电子、电力电子、控制等不同类型的系统构成的混合系统仿真，为复杂的混合信号、混合技术设计与验证工具提供了一个功能强大的混合信号仿真器，同时兼容模拟、数字、控制量的混合仿真，进而可以解决从系统开发到详细设计验证等一系列问题。Saber 的主要功能有电源变换器设计、伺服系统设计、电路仿真、供配电设计、总线仿真等。它是混合信号、混合技术设计与验证工具，在电力电子、数/模混合仿真、汽车电子及机电一体化领域得到了广泛应用。

Simulink 是美国 Mathworks 公司推出的 MATLAB 中的一种可视化仿真工具。Simulink 是一个模块图环境，用于多域仿真以及基于模型的设计。它支持系统设计、仿真、自动代码生成以及嵌入式系统的连续测试和验证。Simulink 提供图形编辑器、可自定义的模块库以及求解器，能够进行动态系统建模和仿真。

Flowmaster 由英国 Flowmaster 公司开发，是当今全球最为著名的热流体系统仿真分析软件，以其极高的计算效率、精确的求解能力、便捷快速的建模方式而被全球著名的公司所采用。Flowmaster 是一维流体系统仿真计算工具，是面向工程的完备的流体系统仿真软件包，对于各种复杂的流体系统，工程师可以利用 Flowmaster 快速有效地建立精确的系统模型，并进行完备的分析。

5.3 计算机辅助制造

20 世纪四五十年代，计算机的出现为计算机辅助设计、计算机辅助制造的发展奠定了物质基础。60 年代，美国提出了人机交流、计算机图形及交互技术等理论，为 CAD/CAM 技术的发展奠定了理论基础。70 年代，交互计算机图形学及计算机绘图技术日趋成熟，并得到广泛发展，同时面向中小型企业的 CAD/CAM 开始出现。在制造领域，美国辛辛那提公司研制出了一种柔性制造系统（FMS），但由于计算机技术的限制，其所能解决的问题只是一些简单的产品设计制造问题。80 年代，由于各种新的技术发展，在制造领域出现了与产品设计过程相关的辅助软件，如计算机辅助工艺规划、计算机辅助质量控制等。值得一提的是，在这些辅助技术的基础上，80 年代后期出现了计算机集成制造系统（CIMS），它将 CAD/CAM 技术推向了一个更高的层次。到了 90 年代，CAD/CAM 已经走出了它的初期阶段，进一步向标准化、集成化、智能化发展（王守鹏，2009）。

5.3.1 计算机辅助制造概念

计算机辅助制造是利用计算机来进行生产设备管理控制和操作的过程。它的输入信息是零件的工艺路线和工序内容，输出信息是刀具加工时的运动轨迹（刀位文件）和数控程序。计算机辅助制造系统通过计算机分级结构控制和管理制造过程的多方面工作，它的目标是开发一个集成的信息网络来监测一个广阔的相互关联的制造作业范围，并根据一个总体的管理策略控制每项作业。那么如此神秘的计算机辅助制造系统的内部究竟是如何工作的呢？接下来将对 CAM 展开详细的介绍。

计算机辅助制造主要是指利用计算机辅助完成从生产准备到产品制造的整个过程，即通过直接或间接地把计算机与制造过程和生产设备相联系，用计算机系统进行制造过程的计划、管理以及生产设备的控制与操作，处理产品制造过程中所需的数据，控制和处理物料（毛坯和零件等）的流动，对产品进行测试和检验等。

CAM 包括如计算机数控（Computer Numerical Control, CNC）、直接数控（Direct Numerical Control, DNC）、柔性制造系统（Flexible Manufacturing System, FMS）、机器人（Robots）、计算机辅助工艺规划（CAPP）、计算机辅助测试（Computer Aided Test, CAT）、生产计划模拟（Production Planning Simulation, PPS）以及计算机辅助生产管理（Computer Aided Production Management, CAPM）等。

计算机辅助制造系统的组成可以分为硬件和软件两方面：硬件方面有数控机床、加工中心、输送装置、装卸装置、存储装置、检测装置、计算机等；软件方面有数据库、计算机辅助工艺规划、计算机辅助数控程序编制、计算机辅助工装设计、计算机辅助计划编制与调度、计算机辅助质量控制等。

作为 CAM 的核心，计算机数值控制（简称数控）是一个将计算机应用于制造生产过程的过程或系统。数控除了在机床上广泛应用以外，还广泛用于其他各种设备的控制，如冲压机、自动绘图仪、焊接机、装配机、检查机、自动编织机等，数控也因此成为各个相应行业的 CAM 的基础。

CAM 过程主要包括两类软件：计算机辅助工艺规划和数控编程（NCP）。狭义的 CAM 可理解为数控加工，即把 CAM 软件看作 NCP 软件。目前大部分商业化的 CAM 软件都包含 NCP 功能。广义的 CAM 包括 CAPP 和 NCP。更为广义的 CAM 则是指应用计算机辅助完成从原材料到产品的全部制造过程，包括直接制造过程和间接制造过程，如工艺准备、生产作业计划、物流过程的运行控制、生产控制、质量控制等。

5.3.2　计算机辅助制造流程

一般来说，CAM 利用计算机辅助编制数控机床加工指令。因此，CAM 系统一般包括零件几何造型、零件加工轨迹定义、零件加工过程仿真、生成数控加工代码等功能。下面就其工作流程进行介绍。

（1）准备被加工零件的几何模型。有以下三种途径：①利用 CAM 系统中提供的 CAD 模块直接建立加工模型；②利用数据接口读入其他 CAD 软件中建立的模型数据文件；③利用数据接口读入加工零件的测量数据，生成加工模型。

（2）加工轨迹生成。根据工艺要求，选择加工刀具，生成零件不同加工面的刀位轨迹。

（3）加工轨迹校验。当文件的数控加工程序（或刀位数据）计算完成以后，将刀位数据在图形显示器上显示出来，从而判断刀位轨迹是否连续，检查刀位计算是否正确，并根据生成的刀位轨迹，经计算机的仿真加工，模拟零件的整个加工过程，根据加工结果进行判断，若不满意，可返回至前两个流程进行修改。

（4）后处理。不同的数控机床的数控加工指令总有细微差别，后处理的目的是根据校验过的刀位轨迹，生成与不同数控机床匹配的数控加工代码。

（5）反读 G 代码，检查加工代码的正确性。将零件的手工编制或自动编制的数控加工程序读入 CAM 系统中，在图形显示器上显示对应的刀位轨迹，从而检验数控加工程序的正确与否。

（6）NC 代码传至数控机床（DNC）。如果装有 CAM 系统的计算机通过通信接口与一台（或多台）数控机床相连，则可通过通信协议将 CAM 系统中产生的 NC 代码直接传至数控机床，控制其进行加工（李琴兰等，2001）。

5.3.3 计算机辅助制造软件关键技术

CAM 软件的关键技术主要是数控编程技术和刀轨生成技术。数控编程是目前 CAD/CAPP/CAM 系统中最能明显发挥效益的环节之一，在实现设计加工自动化、提高加工精度和加工质量、缩短产品研制周期等方面发挥着重要作用。数控编程的核心工作是生成刀具轨迹（简称刀轨），然后将其离散成刀位点，经后处理产生数控加工程序。下面就数控编程技术与刀轨生成技术进行介绍。

1. 数控编程技术

数控编程是从零件图纸到获得数控加工程序的全过程。其主要任务是计算加工走刀中的刀位点（Cutter Location Point, CL 点）。刀位点一般取刀具轴线与刀具表面的交点，在多轴加工中还需要给出刀轴矢量。

为了解决数控加工中的程序编制问题，麻省理工学院（MIT）于 20 世纪 50 年代设计了一种专门用于机械零件数控加工程序编制的语言 APT（Automatically Programmed Tool）。APT 几经发展，形成了如 APT Ⅱ、APTⅢ（立体切削用）、APT（算法改进，增加了多坐标曲面加工编程功能）、APT-AC（Advanced Contouring）（增加了切削数据库管理系统）和 APT-/SS（Sculptured Surface）（增加了雕塑曲面加工编程功能）等先进版。

但是，APT 语言存在难以描述复杂几何形状，缺乏几何直观性，缺少对零件形状、刀具运动轨迹的直观图形显示和刀具轨迹的验证手段等缺点，针对 APT 语言的缺点，1978 年，法国达索飞机制造公司开始开发三维设计、分析、NC 加工一体化的系统，该系统称为 CATIA。

到了 20 世纪 80 年代，在 CAD/CAM 一体化概念的基础上，逐步形成了计算机集成制造系统（CIMS）及并行工程（CE）的概念。目前，为了适应 CIMS 及 CE 发展的需要，数控编程系统正向集成化和智能化方向发展。

2. 基于点、线、面、体的刀轨生成技术

CAD 技术从二维绘图起步，经历了三维线框、曲面和实体造型发展阶段，最终演化成参数化特征造型。在二维绘图和三维线框阶段，数控加工主要以点和线为驱动对象，如孔加工、轮廓加工、平面区域加工等，这种加工需要水平较高的操作人员完成复杂的交互。在曲面和实体造型发展阶段，出现了基于实体的加工。实体加工的对象是一个实体（由 CSG 和 B-REP 混合表示），它由一些基本体素经集合运算（并、交、差运算）而得。实体加工不仅可用于零件的粗加工和半精加工、大面积切削掉余量、提高加工效率，而且可用于基于特征的数控编程系统的研究与开发，是特征加工的基础。实体加工通常有两种形式，即实体轮廓加工和实体区域加工。实体加工的实现方法为层切法（SLICE），

即用一组水平面去切被加工的实体，然后对得到的交线产生等距线作为刀轨。

3. 基于特征的刀轨生成技术

基于参数的特征造型已经有了一定的发展，但基于特征的刀具轨迹生成技术的研究才刚刚开始。特征加工数控编程人员不再对那些低层次的几何信息（如点、线、面、实体）进行操作，而转变为直接对符合工程技术人员习惯的特征进行数控编程，从而大大提高了编程效率。

很多研究人员也提出了新的刀轨生成技术，例如，零件的每个加工过程都可以看成对组成该零件的形状特征组进行加工的总和，每一形状特征或形状特征组的 NC 代码可自动生成。特征是组成零件的功能要素，有利于实现 CAD、CAPP、NCP 及 CNC 系统的全面集成，进而实现信息的双向流动，为 CIMS 乃至并行工程奠定良好的基础，这也符合工程技术人员的操作习惯，为工程技术人员所熟知。

5.3.4　计算机辅助制造软件研发现状

在机械制造业中，CAM 软件利用电子数字计算机，通过各种数值控制机床和设备，自动完成离散产品的加工、装配、检测和包装等制造过程。目前市面上主流的 CAM 软件类型分为两种：一是 CAD/CAM 一体化软件；二是相对独立的 CAM 软件。

1. CAD/CAM 一体化软件

CAD/CAM 一体化软件中的代表有 UG、CATIA 等。其中，UG 是一个交互式 CAD/CAM 软件，它功能强大，能够轻松实现各种复杂实体及造型的建构。虽然它在诞生之初主要基于工作站，但随着 PC 硬件的发展和个人用户的迅速增长，其在 PC 上的应用取得了迅猛的增长，UG 已经成为模具行业三维设计的主流应用。

这种软件的特点是优越的参数化设计、变量化设计及特征造型技术与传统的实体和曲面造型技术结合在一起，并且加工方式完备，计算准确，实用性强。除此之外，这种软件还可以从简单的 2 轴加工到以 5 轴联动方式来加工极为复杂的工件表面，也可以对数控加工过程进行自动控制和优化，并同时提供了二次开发工具以允许用户进行扩展。

2. 相对独立的 CAM 软件

相对独立的 CAM 软件的代表有 Edgecam、Mastercam 等。Edgecam 是由英国 Planit 开发研制的自动化数控编程软件，已被瑞典海克斯康集团收购。Edgecam 可与当今主流 CAD 软件集成，能够实现无障碍的数据传输，充分发挥了实体与刀轨之间的关联作用，例如，实体的几何特征（如高度、深度、直径）在三维软件中被修改时，只需要将刀轨进行更新即可，而无须重新编辑。Mastercam 是美国 CNC Software 公司开发的基于 PC 平台的 CAD/CAM 软件。它集二维绘图、三维实体造型、曲面设计、体素拼合、数控编程、刀轨模拟及真实感模拟等多种功能于一身。它具有方便直观的几何造型，还提供了设计零件外形所需的理想环境，其强大稳定的造型功能可设计出复杂的曲线、曲面零件。Mastercam9.0 以上版本还支持中文环境，而且价位适中，对广大的中小型企业来说是理想的选择，其是经济有效的全方位的软件，也是工业界及学校广泛采用的 CAD/CAM 软件。

这种软件主要通过中性文件从其他 CAD 软件中获取产品几何模型，主要有交互工艺参数输入模块、刀具轨迹生成模块、刀具轨迹编辑模块、三维加工动态仿真模块和后处理模块。

5.4 电子设计自动化

EDA（Electronic Design Automation）即电子设计自动化，是电子设计与制造技术发展中的核心。EDA 技术是以计算机为工具，采用硬件描述语言的表达方式，对数据库、计算数学、图论、图形学及拓扑逻辑、优化理论等进行科学、有效的融合，从而形成的一种电子系统专用的新技术，是计算机技术、信号处理技术和信号分析技术的最新成果。EDA 技术的出现不仅更好地保证了电子工程设计各级别的仿真、调试和纠错，为其发展带来强有力的技术支持，并且在电子、通信、化工、航空航天、生物等各个领域占有越来越重要的地位，很大程度上减轻了相关从业者的工作强度。

5.4.1 电子设计自动化的发展及作用

电子设计自动化技术伴随计算机、集成电路、电子系统设计的发展经历了计算机辅助设计（CAD）、计算机辅助工程（CAE）设计和 EDA 3 个发展阶段，如图 5-4 所示。

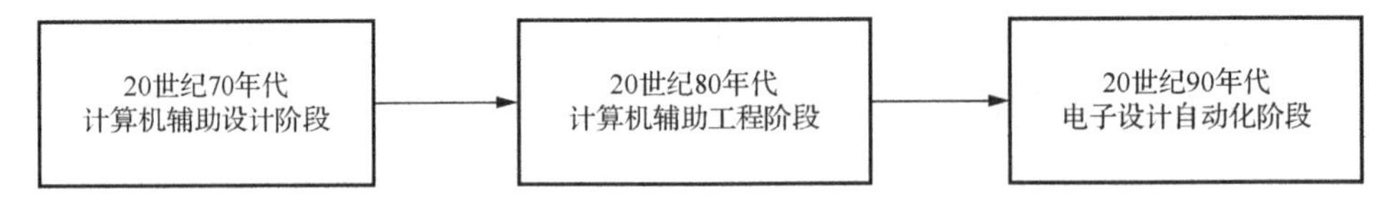

图 5-4 EDA 技术的三个发展阶段

（1）20 世纪 70 年代的 CAD 阶段。

早期的电子系统硬件设计采用的是分立元件，随着集成电路的出现和应用，硬件设计进入初期阶段，此时大量选用中小规模标准集成电路，并将这些器件焊接在电路板上，形成初级电子系统，对电子系统的调试则是在组装好的印刷电路板（Printed Circuit Board, PCB）上进行的。

然而，传统的手工布图方法无法满足产品复杂性的要求，人们开始将产品设计过程中高度重复的繁杂劳动（如布图布线工作）通过用于二维图形编辑与分析的 CAD 工具替代。20 世纪 70 年代是 EDA 技术发展的初期阶段，由于 PCB 布图布线工具受到计算机工作平台的制约，其支持的设计工作有限，并且其性能较差。

（2）20 世纪 80 年代的 CAE 阶段。

伴随计算机和集成电路的发展，EDA 技术进入 CAE 阶段。20 世纪 80 年代初推出的 EDA 工具以逻辑模拟、定时分析、故障仿真、自动布局和布线为核心，重点解决电路设计完成之前的功能检测等问题。利用该工具，设计师能在产品制作前预知产品的功能与性能，生成产品制造文件，使在设计阶段对产品性能的分析前进了一大步。

20 世纪 70 年代用于自动布局布线的 CAD 工具代替了设计工作中绘图的重复劳动，而 20 世纪 80 年代的具有自动综合能力的 CAE 工具则代替了设计师的部分工作，这对保证电子系统的设计和制造出最佳的电子产品起关键作用。20 世纪 80 年代后期，EDA 工具已经可以进行设计描述、综合、优化和设计结果验证，CAE 阶段的 EDA 工具不仅为成功开发电子产品创造了有利条件，而且为高级设计师的创造性劳动提供了方便。但是，大部分从原理图出发的 EDA 工具仍然不能适应复杂电子系统的设计要求，而具体化的元件图形制约着优化设计。

（3）20 世纪 90 年代的电子设计自动化阶段。

如何满足千差万别的系统用户提出的设计要求？最好的办法是由用户自己设计芯片，将准备设计的电路直接设计在专用芯片上。微电子技术的发展，特别是可编程逻辑器件的发展，使得微电子厂家可以为用户提供各种规模的 PLD，并且使得设计者可以通过设计芯片实现电子系统功能。

20 世纪 90 年代的 EDA 工具是以系统设计为核心，包括系统行为级描述与结构综合、系统仿真与测试验证、系统划分与指标分配、系统决策与文件生成等的一整套电子设计自动化工具。这时的 EDA 工具不仅有电子系统设计的能力，而且能提供独立于工艺和厂家的系统设计功能，如方框图、状态图和流程图的编辑功能，具有适用于层次描述和混合信号描述的硬件描述语言（如 VHDL、AHDL 或 Verilog HDL），同时含有各种工艺的标准元件库。只有具备上述条件的 EDA 工具才可能使电子系统工程师在不熟悉各种半导体工艺的情况下完成电子系统的设计。

EDA 技术在电子工程设计中发挥着不可替代的作用，主要表现在以下几个方面。

（1）验证电路设计方案的正确性。

设计方案确定之后，首先采用系统仿真或结构模拟技术验证设计方案的可行性，这只要确定系统各个环节的传递函数（数学模型）便可实现。这种系统仿真技术可推广应用于非电专业的系统设计和具有某种新理论、新构思的设计方案，进而对构成系统的各电路结构进行模拟分析，以判断电路结构设计的正确性及性能指标的可实现性。这种量化分析方法对于提高工程设计水平和产品质量具有重要的指导意义。

（2）电路特性的优化设计。

由于元器件的容差和工作环境温度影响电路的稳定性，传统的设计方法很难进行全面的分析，也就很难实现整体的优化设计。EDA 技术中的温度分析和统计分析功能可以分析各种温度条件下的电路特性，便于确定最佳元件参数、最佳电路结构以及适当的系统稳定温度，从而真正做到优化设计。

（3）实现电路特性的模拟测试。

在电子电路设计过程中，数据测试和特性分析占据大量工作。受测试手段和仪器精度所限，测试过程中涌现出很多问题。而 EDA 技术可以方便地实现全功能测试。

5.4.2　电子设计自动化的基本特点

EDA 技术代表了当今电子设计技术的最新发展方向，电子设计工程师可以利用 EDA 工具设计复杂电子系统，并通过计算机来完成大量烦琐的设计工作。它的基本特征是采用高级语言即硬件描述语言（Hardware Description Language, HDL）来进行描述。相比电路原理图，它能更有效地表示硬件电路的特性，同时具有系统仿真和综合能力，具体归纳为以下几点。

（1）现代 EDA 技术大多采用“自顶向下”（Top-Down）的设计方法。该方法指从设计的总体要求入手，自顶向下将整个系统设计划分为不同的功能子模块，即先在顶层进行功能划分和结构设计。这样在方框图一级就能进行仿真和纠错，并能用硬件描述语言对高层次的系统行为进行描述，从而在系统一级进行验证，然后由 EDA 综合工具完成到工艺库的映射。而设计的主要仿真和纠错过程在高层次上完成，因此这种方法有利于在早期发现结构设计上的错误，同时也大大减少了逻辑功能仿真的工作量，从而确保设计方案整体的合理和优化。除此之外，“自顶向下”设计方法避免了“自底向上”（Bottom-Up）设计方法中局部优化和整体结构较差的缺陷。

（2）EDA 技术采用硬件描述语言（HDL）。HDL 是一种用于设计硬件电子系统的计算机高级语言，用软件编程的方式来描述复杂电子系统的逻辑功能、电路结构和连接形式。硬件描述语言是 EDA 技术的重要组成部分，是 EDA 设计开发中很重要的软件工具。其中，VHDL 即超高速集成电路硬件描述语言，是电子设计中主流的硬件描述语言，用 VHDL 进行电子系统设计的一个优点是设计者可以专心致力于其功能的实现，而不需要在与工艺有关的因素上花费过多的时间和精力。同时 HDL 拥有很多优点：①语言公开可利用；②语言描述范围宽广；③使设计与工艺无关；④可以系统编程和现场编程，使设计便于交流、保存、修改和重复使用，能够实现在线升级。

（3）EDA 技术采用大规模可编程逻辑器件作为载体。可编程逻辑器件（Programmable Logic Device, PLD）是一种由用户编程以实现某种电子电路功能的新型器件。PLD 可分为低密度和高密度两种。其中，低密度 PLD 的编程都需要专用的编程器，属于半定制的专用集成电路芯片，而高密度 PLD 就是 EDA 技术中经常用到的复杂可编程逻辑器件、现场可编程门阵列（FPGA）以及系统可编程逻辑器件等，它们属于全定制应用型专用集成电路芯片，编程时仅需以联合测试工作组（JTAG）方式与计算机并口相连即可。

（4）自动化程度高。使用 EDA 技术进行设计的过程中随时可以进行各级的仿真、纠错和调试，使设计者能在早期发现结构设计上的错误，避免设计工作的浪费。同时设计者可以抛开一些具体的细节问题，从而把主要精力集中在系统的开发上，保证设计的高效率、低成本，缩短产品开发周期，加快循环。

（5）可以并行操作。现代 EDA 技术建立了并行工程框架结构的工作环境，从而保证和支持多人同时并行地进行电子系统的设计和开发。

5.4.3　电子设计自动化软件分类和介绍

EDA 软件包括电路设计与仿真工具、PCB 设计软件、IC 设计软件和 PLD 设计软件等，下面对以上几种软件进行简单介绍。

1. 电路设计与仿真工具

电路设计与仿真工具用于对设计好的电路通过仿真软件进行实时模拟，模拟出其实际功能，然后对其进行分析并进行改进，从而实现电路的优化设计。电路设计与仿真工具包括 SPICE/PSPICE、EWB 和 MATLAB 等。下面简单介绍这三个工具。

1）集成电路仿真程序（Simulation Program with Integrated Circuit Emphasis, SPICE）/PSPICE

SPICE 是由美国加利福尼亚大学推出的电路分析仿真软件，是 20 世纪 80 年代应用最广的电路设计软件，于1998年被定为美国国家标准。1984年，美国MicroSim公司推出了基于SPICE的微机版PSPICE（Personal-SPICE）。现在用得较多的是PSPICE6.2，在同类产品中它是功能最强大的模拟和数字电路混合仿真EDA软件，该软件也在国内普遍使用。它可以进行各种各样的电路仿真、激励建立、温度与噪声分析、模拟控制、波形输出和数据输出，并在同一窗口内同时显示模拟与数字的仿真结果。无论对哪种器件或电路进行仿真，它都可以得到精确的仿真结果，并可以自行建立元器件及元器件库。

2）电子工作平台（Electronic Workbench, EWB）

EWB是Interactive Image Technologies Ltd.在20世纪90年代初推出的电路仿真软件，目前普遍使用的是EWB5.2。相对其他EDA软件，它小巧（仅16MB），但对模/数电路的混合仿真功能却十分强大，几乎能够100%地仿真出真实电路，并且它在桌面上提供了万用表、示波器、信号发生器、扫频仪、逻辑分析仪、数字信号发生器、逻辑转换器和电压表、电流表等工具。

3）MATLAB

MATLAB的一大特性是其拥有众多的面向具体应用的工具箱和仿真块，还包含了完整的函数集用来对图像信号处理、控制系统设计、神经网络等特殊应用进行分析和设计。它具有数据采集、报告生成和MATLAB语言编程产生独立C/C++代码等功能，广泛地应用于图像信号处理、控制系统设计、通信系统仿真等诸多领域。

2. PCB设计软件

PCB设计软件种类很多，如Protel、OrCAD和Viewlogic等，目前在我国用得最多的是Protel，下面仅对此软件进行介绍。

Protel是Altium公司在20世纪80年代末推出的CAD工具，是电路设计和PCB设计者的首选软件。它较早在国内使用，普及率最高。早期的Protel主要作为印刷电路板自动布线工具使用，现在普遍使用的是Protel99SE。Protel99SE是个完整的全方位电路设计系统，包含了电路原理图绘制、模拟电路与数字电路混合信号仿真、多层印刷电路板设计（包含印刷电路板自动布局布线）、可编程逻辑器件设计、图表生成、电路表格生成和支持宏操作等功能。它还具有客户/服务器（Client/Server, C/S）体系结构，兼容一些其他设计软件的文件格式，如软件ORCAD、PSPICE、Excel等。同时，Protel99SE使用多层印刷电路板的自动布线，可实现高密度PCB的100%布通率。

3. IC设计软件

IC设计软件包含Cadence、Siemens Graphics和Synopsys等。下面按用途对IC设计软件进行介绍。

1）设计输入工具

设计输入是任何一种EDA软件必须具备的基本功能，主要工具有Composer、ViewDraw、Modelsim FPGA等。

2）设计仿真工具

设计仿真工具用于验证设计是否正确。其中，Verilog-XL、NC-verilog用于Verilog仿真，Leapfrog用于VHDL仿真，Analog Artist用于模拟电路仿真。

3）综合工具

综合工具可以把 HDL 变成门级网表。这方面 Synopsys 占有较大的优势，它的 Design Compile 是进行综合的工业标准，它还有另一个产品，称为 Behavior Compiler，可以提供更高级的综合服务。

4）布局和布线工具

布局和布线工具用于标准单元、门阵列的交互布线，最有名的是 Cadence Spectra，它原来是用于 PCB 布线的，后来 Cadence 把它用于进行 IC 的布线。其主要工具有 Cell3、Silicon Ensemble（标准单元布线器）、Gate Ensemble（门阵列布线器）和 Design Planner（布局工具）。

5）物理验证工具

物理验证工具包括版图设计工具、版图验证工具和版图提取工具等，主要工具有 Cadence 的 Dracula、Virtuso 和 Vampire 等。

6）模拟电路仿真器

前面的仿真器主要是针对数字电路的，而对于模拟电路的仿真器，普遍使用 SPICE，只不过是选择不同公司的 SPICE，如 MiceoSim 的 PSPICE 和 Meta Soft 的 HSPICE 等。在众多的 SPICE 中，作为 IC 设计软件，HSPICE 的模型最多，仿真的精度也最高。

4. PLD 设计软件

PLD 是一种由用户根据需要而自行构造逻辑功能的数字集成电路，目前主要有两大类型：CPLD（Complex PLD）和 FPGA（Field Programmable Gate Array）。它们的基本设计方式是借助于 EDA 软件，用原理图、状态机、布尔表达式、硬件描述语言等方法，生成相应的目标文件，最后下载电缆，将代码传送到目标芯片中，实现数字系统的设计。生产 PLD 的厂家很多，其中最有代表性的 PLD 厂家为 ALTERA、Xilinx 和 Lattice 公司。PLD 的开发工具一般由器件生产厂家提供，但随着器件规模的不断增加，软件的复杂性也提高，目前由专门的软件公司与器件生产厂家合作，推出功能强大的设计软件。

5.4.4　电子设计自动化的设计流程

通过 EDA 技术进行电路设计的大部分工作是在 EDA 软件平台上完成的。EDA 的设计流程主要包括设计输入、设计处理、设计验证、器件编程和硬件测试 5 个阶段，如图 5-5 所示。

设计输入 → 设计处理 → 设计验证 → 器件编程 → 硬件测试

图 5-5　EDA 的设计流程

1）设计输入

设计输入有多种方式，主要包括文本输入方式、图形输入方式和波形输入方式，还包括文本输入和图形输入混合的方式。

文本输入方式是采用硬件描述语言（主要有 Verilog HDL、VHDL 等）进行电路设计的方式，具有很强的逻辑功能表达能力，描述简单，是目前进行电路设计时最主要的设计输入方式。

图形输入方式是最直接的设计输入方式。它是指利用设计软件提供的元件库，将电路的设计以原理图的方式输入。这种输入方式直观，便于电路的观察及修改，但是不适用于复杂电路的设计。

波形输入方式主要用来建立和编辑波形设计文件，以及输入仿真向量和功能测试向量。波形输入方式适用于时序逻辑和有重复性的逻辑数。系统软件可以根据用户定义的输入/输出波形自动生成逻辑关系。波形编辑功能允许对波形进行复制、剪切、粘贴、重复与伸展，从而使设计人员可以用内部节点、触发器和状态机建立设计文件，并将波形进行组合，以显示各种进制的状态值。

2）设计处理

设计处理是 EDA 设计流程中重要的设计环节，主要对设计输入的文件进行逻辑化简、综合优化，最后产生编程文件。此阶段主要包括设计编译与检查、逻辑分割、逻辑优化和布局布线等过程。

设计编译与检查是对输入文件进行语法检查，例如，原理图文件中是否有短路现象，文本文件的输入是否符合语法规范等。

逻辑分割是将设计分割成多个便于识别的逻辑小块形式，并将其映射到相应器件的逻辑单元中，分割可以自动实现，也可以由设计者控制完成。

逻辑优化主要包括面积优化和速度优化。面积优化的目标是使设计占用的逻辑资源最少，速度优化的目标是使电路中信号的传输时间最短。

布局布线是指完成电路中各电路元件的分布及线路的连接。

3）设计验证

设计验证即时序仿真和功能仿真。

通常情况下，先进行功能仿真，因此功能仿真又称为前仿真，它直接对原理图描述形式或其他描述形式的逻辑功能进行测试模拟，以验证其是否满足设计的要求，仿真的过程不涉及任何具体形式的硬件特性，不经历综合适配。在功能仿真已经完成，确认设计文件表达的功能满足要求后，再进行综合适配和时序仿真。

时序仿真是在选择了具体器件并且完成布局布线之后进行的时序关系仿真，因此又称为时延仿真或后仿真。

4）器件编程

器件编程是指将设计处理中产生的编程数据下载到具体的可编程器件中。如果之前的阶段都满足设计的要求，就可以将适配器产生的配置或下载文件通过 CPLD 或 FPGA 编程器或下载电缆载入目标芯片 CPLD 或 FPGA 中。

5）硬件测试

硬件测试是指对含有载入了设计的 CPLD 或 FPGA 的硬件系统进行统一测试，便于在真实的环境中检验设计效果。

5.4.5　行业代表性企业及相关产品

EDA 市场主要由美国 Synopsys、美国 Cadence 和德国 Siemens Graphics 三家厂商垄断，他们占全球市场份额的 60%以上，占国内市场份额 95%以上；华大九天、芯禾科技、广立微等国内 EDA 厂商占据的国内市场份额不足 5%。相比之下，国内 EDA 厂商还需要进一步加快研发覆盖全领域的全流程设计平台。国外/国内主要 EDA 厂商介绍如表 5-2 所示。

表 5-2 国外/国内主要 EDA 厂商介绍

国外/国内	公司	成立年份	进入中国年份	业务类型	主要产品
国外	Synopsys	1986	1995	数字芯片设计、静态时序验证确认以及 SIP 提供	Prime Time、HSPICE、Design Compile、DesignWareIP
	Cadence	1998	1992	模拟平台、数/模混合平台、数字后端、DDR4 IP	NC-Verilog、Virtuoso
	Siemens Graphics	1981	1989	后端验证、可测试性设计、光学临近修正	Signoff 工具、Calibre、DFT Complier、RTL 仿真 VSC
国内	华大九天	2009	—	提供数/模混合/全定制 IC 设计全流程解决方案、数字 SoC 后端优化解决方案、晶圆制造专用 EDA 工具全流程设计解决方案	Empyrean Aether、Empyrean ALPS、EsimFPD、Argus、RCExplorer
	概伦电子	2010	—	器件建模和电路仿真点工具	制造类 EDA 工具、设计类 EDA 工具、半导体器件特性测试仪器和半导体工程服务
	广立微	2003	—	提供基于测试芯片的软硬件系统和整体解决方案	Sntcell、TCMagic、ATcomplier
	芯禾科技	2010	—	设计仿真工具、集成无源器件	SnpExpert、Xpeedic 标准 IPD 原件库

其中，美国 Synopsys 是全球排名第一的 EDA 解决方案提供商、全球排名第一的芯片接口 IP 供应商，同时也是信息安全和软件质量的全球领导者。Synopsys 主攻数字芯片设计、静态时序验证确认以及 SIP 提供，同时布局配套的全流程工具。其主要产品有静态时序分析工具 Prime Time、晶体管级电路模拟仿真软件 HSPICE、逻辑综合工具 Design Compile 等。

美国 Cadence 是世界领先的 EDA 与 IP 供应商。Cadence 主攻模拟平台、数/模混合平台、数字后端、DDR4 IP 等。其主要产品有仿真验证 NC-Verilog、Virtuoso 等。

德国 Siemens Graphics 的产品布局覆盖芯片设计的所有环节。其主攻后端验证、可测试性设计、光学临近修正等，主要产品有 Signoff 工具、Calibre、DFT Complier、RTL 仿真 VSC 等。

华大九天成立于 2009 年，是我国规模最大、技术实力最强的 EDA 龙头企业，可提供数/模混合/全定制 IC 设计全流程解决方案、数字 SoC 后端优化解决方案、晶圆制造专用 EDA 工具全流程设计解决方案。其主要产品有数/模混合信号 IC 设计平台 Empyrean Aether、高性能并行电路仿真工具 Empyrean ALPS、电路仿真工具套件 EsimFPD。

除了华大九天之外，国内另一家比较著名的 EDA 企业是山东济南概伦电子技术有限公司（简称概伦电子），它是国内器件建模和电路仿真工具领先厂商，主要为向晶圆厂商、芯片厂商提供 EDA 产品及解决方案。其主要产品有制造类 EDA 工具、设计类 EDA 工具、半导体器件特性测试仪器和半导体工程服务。

广立微是一家专门为半导体企业提供性能分析和良率提升方案的公司，其提供基于测试芯片的软硬件系统和整体解决方案，该方案可用于高效测试芯片自动设计、高速电学测试和智能数据分析的全流程平台，该平台有助于提高集成电路的性能、良率以及稳定性。

2010 年成立的芯禾科技是一家专注于 EDA 软件、集成无源器件 IPD 和系统级封装 SIP 研发的公司，为芯片设计公司和系统厂商提供差异化的软件产品和芯片小型化解决方案，其中包括高速数字设计、IC 封装设计和射频模拟混合信号设计等。

总结来看，概伦电子与广立微的产品以覆盖产业部分关键环节的“点工具”为主，而华大九天则是国内唯一能提供模拟电路设计全流程 EDA 工具系统的企业。作为集成电路产业链最上游、最高端和最核心的产业，EDA 的重要性和战略地位不言而喻。尤其在复杂多变的国内外形势下，中国必须拥有一批自主可控的 EDA 工具和企业。基于这一点，EDA 企业如雨后春笋般涌向市场，短短几年时间，EDA 行业涌现了芯华章科技股份有限公司、芯行纪（上海）科技有限公司、湖北九同方科技有限公司、上海立芯软件（上海）科技有限公司、无锡飞谱电子信息技术有限公司、上海阿卡思微电子技术有限公司、杭州行芯科技有限公司、上海合见工业软件集团有限公司等黑马企业，整个行业呈现欣欣向荣的景象。

5.5 本章小结

本章主要介绍工业研发设计类软件，包括 CAD 软件、CAM 软件、CAE 软件和 EDA 软件等。工业研发设计类软件在企业产品研发和设计中扮演着至关重要的角色，它们通过数字化建模、数据处理、计算和分析等手段，帮助企业快速优化产品设计、降低研发成本、提高研发效率和质量，进而提高企业的市场竞争力。未来工业研发设计类软件将会朝着更加智能化、云化、数据化、共享化、协作化的方向发展，进而为企业提供更加高效、智能化的产品设计和生产解决方案。

第6章　生产制造类软件

本章学习目标：

（1）了解生产制造类软件；

（2）掌握生产制造类软件及其代表产品；

（3）了解软件生产的标准。

本章首先简要叙述了四大工业软件，然后对各个工业软件的设计流程进行了阐述，之后对各个工业软件的关键技术进行了介绍，让读者能够快速地了解工业软件为何能够实现如此强大的功能，从而帮助读者更加方便地使用各个工业软件。

6.1　制造执行系统

制造执行系统（MES）在1990年由AMR（Advanced Manufacturing Research）组织提出并使用，是将制造业管理系统（如MRPⅡ/ERP/SCM等）和控制系统（如DCS、SCADA、PLC等）集成在一起的中间层，是位于管理层与控制层之间的执行系统。本节将对MES展开详细的介绍。

6.1.1　制造执行系统概念及发展历程

制造执行系统是面向车间生产的管理系统。制造执行系统协会（Manufacturing Execution System Association, MESA）的白皮书对MES的定义是：在从产品工单发出到成品完工的过程中，MES起到传递信息以优化生产活动的作用。由此可见，MES为连接中枢而生的（刘诏书等，2006）。

MES是一个特定集合的总称，包括一些特定功能以及实现这些特定功能的产品。MES不是一个特定行业的概念，而是应用于各种制造业的重要信息系统。MES的任务是把管理系统的指令传达到生产现场，并将生产现场的信息及时收集、上传和处理，它是上下两层之间信息的传递系统。

根据标准化、功能组件化、模块化的原则，MESA于1997年提出了著名的MES功能组件和集成模型。该模型主要有11个功能模块：①生产资源分配与监控；②作业计划和排程；③工艺规格标准管理；④数据采集；⑤作业员工管理；⑥产品质量管理；⑦过程管理；⑧设备维护；⑨绩效分析；⑩生产单元调度；⑪产品跟踪。AMR组织把遵照这11个功能模块的整体解决方案称为MESⅡ。

MES是一个庞大的系统，其实施难度大、成本高、成功率低，没有成熟的基本理论支持，主要表现在：没有统一的管控系统集成技术术语、信息对象模型、活动对象模型和信息流的基本使用方法，用户、设备供应商、系统集成商三者间的需求交流困难，不同的硬件、软件系统集成困难，集成后的维护困难。针对这些问题，还需要在 MESA 功能模型的基础上，研究和开发相应的 MES 应用技术标准，用于描述和标准化这类软件系统。

为了发挥各自优势，减少各组织之间的重复工作和冲突，切实推进 MES 的更好发展，目前 ISA、OPC 基金会、WBF、OAG、OMAC（Open Modular Architecture Control Group，开放模型体系控制组）和 MIMOSA（制造业企业运行和维护开放信息标准协会）等著名的制造业标准组织正在联盟组成虚拟的 Open O&M（Open for Operations and Maintenance）组织，来领导和协调发展制造业信息系统的技术标准。相对来说，S95 是最全面、最基本、影响最广泛的制造执行系统的技术标准。应该遵照 S95 标准，结合我国制造业企业车间的特点，深入研究车间生产控制中的各个具体活动对象，用 UML 建立活动对象模型（例生产调度管理），将活动对象下的常用功能模块开发为组件，开发三层架构（浏览器、Web 服务器、数据库服务器）下的管控系统集成框架和平台，推动我国制造业信息化向上向下得到延伸。

随着智能工厂、智能制造的不断发展和应用，MES 也有了新的发展和应用趋势，越来越多的管理者意识到 MES 正在成为数字化工厂、智能制造的核心管理平台。企业在新建智能工厂或布局智能制造时，不仅要考虑采购先进的设备和自动化装备，也要考虑 MES 如何将工艺研发、品质管控、精益制造、供应链管理等统一和集成。

6.1.2　制造执行系统体系结构

制造执行系统（MES）是一种基于软件的解决方案，用于在制造过程中监控和控制车间的生产流程。在制造运营管理中，MES 系统充当企业的计划和控制系统（例如企业资源计划（ERP）系统）与实际制造运营之间的桥梁。MES 的重要使命就是实现企业连续信息流，其可以为企业提供制造数据管理、计划排程管理、生产调度管理、库存管理、质量管理、人力资源管理、工作中心/设备管理、采购管理、成本管理、项目看板管理、生产过程控制等多个管理功能模块。

通过上述这些功能模块的有效协作，MES 在工厂综合自动化系统中起到了中间层的作用，能够协调安排生产问题，携手上下层以实现信息交互，并优化数据流。MES 的上层是高层管理计划系统，包括 ERP、MRP 等，主要进行中长期生产计划指导。MES 的下层是底层控制系统，包括 DCS、PLC、NC/CNC 等，主要负责实时接收生产指令，以保证生产有序进行。

MES 向上层提交资源消耗、生产能力、生产线运行性能、作业人员等涉及生产运行的数据情况，有助于管理者合理地配置资源、排配生产作业计划，以及优化整个生产流程，同时，MES 向底层控制系统发布工作指令来控制和生产线运行有关的各种参数等。计划与控制指令自上而下越来越详细、具体，实时采集的数据由下而上层层汇总，数据的综合性会越来越强，更加有利于高层人员的管理操作、底层人员的作业操作。这样，层与层之间相互关联、互为补充。MES 实现了计划层和控制层的信息交互，消除了计划层与控制层之间的壁垒，实现了生产信息交互集成，打通了企业连续的信息流。

MES 一般采用 C/S 体系结构，分为数据采集层、数据库层、通用应用平台层、通用业务层、数据展现层和业务分析层，各层之间的主要职责明确，并且数据统一管理，该体系结构的可扩展性好。

数据采集层：通过多个数据采集站采集各生产线和公用工程系统的生产过程及能源数据，增强系统的可扩展性。

数据库层：所有采集的数据均保存在实时数据库和关系数据库中，分钟级数据需要保存在实时数据库中以供查询趋势分析，批次及统计类数据需要保存在关系数据库中以供管理模块分析。

通用应用平台层：包括 UAP 平台和 MES 平台，UAP 提供信息系统平台管理服务，如身份认证、权限分配、工作流管理、报警服务、任务服务、提供外部数据接口和开发 VO 等；MES 平台包括工厂模型、HMI、SPC 控件和 APS 算法等。

通用业务层：包括各功能模块的业务，如生产过程监视、计划及调度、现场作业管理、生产跟踪管理、物流运输管理、能源管理、设备运行管理、质量管理、安全环保管理、人员管理和文档管理等。

数据展现层：给生产线现场操作人员提供一些功能，包括给操作岗位人员提供各种功能，现场声光报警、按钮消音、刷卡、LED 显示等。

业务分析层：主要包括给公司各管理部门使用的综合查询分析报表，并进行 KPI 管理等。采用 BI 工具实现各业务的单元分析和综合分析。

从时间因素进行分析，在 MES 体系结构之上的 ERP 系统以订单时间为标准进行长期的企业生产计划安排，而 MES 对近期具体的生产任务进行资源统计调配和生产安排。它们相互关联、互为补充，以实现企业的连续信息流。

从层次角度进行分析，制造业企业 MES 体系结构的控制结构可划分为工厂层、车间层、单元层和设备层。其中，单元层相当于一般企业的工段或班组。通常，ERP 系统处于工厂层和车间层，有时会扩展到单元层。设备控制系统处于设备层，有时会扩展到单元层。而 MES 则总是处于车间层与单元层。因此，MES 与 ERP 系统在车间层（有时包括单元层）上会有部分功能重复，与设备控制系统在单元层上有时也会有部分功能重复。

在 ERP 系统的长期计划的指导下，MES 根据底层控制系统采集的与生产有关的实时数据进行短期生产作业的计划调度、监控、资源配置和生产过程的优化等。由图 6-1 可知，在 MES 体系结构中，计划与控制指令自上而下会越来越具体与细致，而由分布在生产现场的数据采集系统采集的实时数据自下而上将层层汇总，因此 MES 体系结构中的数据的综合性也会越来越强。

通过 MES 体系结构的搭建，企业可以实现上下层数据流的连通，从而让上层指令能及时下达并执行，也让下层信息能及时反馈传递至上层，为上层决策提供支持。

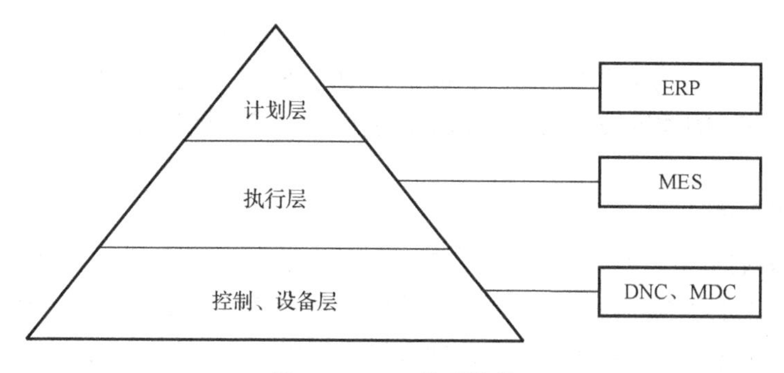

图 6-1　MES 体系结构

6.1.3　制造执行系统工作流程

根据企业性质和建模目标可以将企业模型分为多种不同层次水平和视角的形式。MES 的建模目标是在对企业 MES 层内各种物理、功能实体间的功能关系和信息关系以及各种消息态依靠关系进行抽象描述的基础上，完成对 MES 层的分析和综合，进而通过信息集成、过程优化及资源优化，最终实现物流、信息流、价值流的集成和优化运行。

下面介绍 MES 工作流程的十个模块。

（1）工序详细调度：通过资源的调动和计划优化车间性能。

（2）资源分配和状态管理：先做出生产计划，对各项资源进行分配，对各种状态进行掌握。

（3）生产单元分配：MES 通过生产命令将物料或生产计划送到加工单元开始进行加工操作。

（4）文档控制：对与产品、工艺流程、设计等有关的信息进行管理，同时对与工作状态和环境有关的标准信息进行收集。

（5）产品跟踪和产品清单管理：MES 监视任意一个工作流程和位置状态，获取产品历史记录，实现产品的可追溯性。

（6）性能分析：将实际制造出来的产品的质量与企业制定的目标和客户的要求进行比较，辅助性能提高。

（7）维护管理：通过对机器设备的全方位检查，保证设备正常运转以实现工厂目标。

（8）过程管理：根据计划和实际产品制造来进行工厂工作流程的指导，也可以通过生产分配和质量管理来实现。

（9）质量管理：根据制定的生产计划进行实时记录、跟踪和产品分析，以保证产品质量和确定生产中要注意的问题。

（10）数据采集：采集来自人员、机器和操作的数据，这些数据可以由工作人员手工录入，也可以根据设定自动获取。

上述的模块依次工作保证了 MES 的高效运转。

6.1.4　制造执行系统关键技术

MES 在 MES 体系结构中处于计划层和控制、设备层之间的执行层，将经营目标转化成生产过程中的操纵目标，通过反馈执行结果，不断进行调整和优化，形成一个周期性的从生产经营到生产运行和过程控制的高效闭环系统，企业信息也由此通过 MES 层实现了全集成。MES 的关键技术就在于确定模型层次、设计模型特征以及选用合适的建模方法。

1. 确定模型层次

MES 模型根据深度可以分为若干个模型层次，通常情况下可以分为三个层次：①在 MES 行为水平上的模拟，即复现真实系统的行为；②在 MES 状态结构水平上的模拟，即模型与真实系统在状态上互相对应，通过模型可以对真实系统未来的行为进行唯一猜测；③在 MES 分解结构水平上的模拟，即模型唯一地表示出真实系统内部的工作情况。上层模型可以以一种清楚的方式映射到下层模型中。

MES 模型可以分为 MES 总体概念模型、MES 设计模型和 MES 功能模型。MES 总体概念模型包括企业 MES 范围、业务流程、功能构件；MES 设计模型包括物流模型、信息流模型、价值流模型；MES 功能模型包括完成 MES 实施的各功能模块模型，如计划模型、调度模型、设备治理模型、物料跟踪模型、质量治理模型、资源治理模型等。

2. 设计模型特征

一个有效的 MES 模型必须具备以下特征：动态可维护性、可分解性、精确度、可重构性、可互用性、专业性和上下功能延拓性等。

（1）动态可维护性指系统模型在所有时候都可以与系统保持一致，支持模型维护操纵，如矫正维护、完善维护、适应性维护和预防性维护等。

（2）可分解性基于复杂模型的多层次性和多粒度性，由于业务需求的不同，在构成集成企业模型的各个粒度和层次上都应该支持对系统的动态决策和控制，并且对不同时间标准和空间标准的模型能保一致性。

（3）精确度指模型与原系统相一致的程度。在复杂系统建模过程中，由于系统必然存在一定的简化和不完整性，因此模型需要能够如实反映原系统的本质规律，即保证模型能满足系统答应误差要求。

（4）模型的可重构性可分为三个层次：基于动态企业模型的系统级软件重构，以满足业务流程重组的需求；基于中间件技术的系统重构，以满足跨平台的信息处理需求；面向对象的软件重构，以实现软件开发中的底层模块的重用。在设计模型时为了增强系统的柔性和可配置性，系统的基础结构应该基于企业组件库，企业业务功能和组件之间存在映射关系，通过捆绑定义实现系统模型与系统组件之间的映射关系。

（5）根据 ISO/IEC 16100 标准的定义，可互用性指两个或两个以上的软件系统具有通过共同的接口共享或交换信息的能力。在企业 CIMS 实施过程中，它可以用来解决企业内部信息系统之间的数据和信息的交互问题，消除由模型异构引起的系统间的冲突和不一致性，提高整体协同运行的有效性。

（6）专业性上，在 MES 建模过程中融进了一些流程行业的专有关键技术，如物料平衡技术、数据校正技术、全面质量治理技术、动态本钱控制技术、设备故障监测与分析等，以满足解决生产现场中的各种复杂问题的需要。

（7）上下功能延拓性上，MES 与 ERP 系统和 PCS 之间有部分功能重复的关系，虽然各个层次的系统中的同一类模块的侧重点有所不同，但建模过程中应增强与治理系统和操纵设备的功能集成，形成流程产业企业自动化综合系统的完整解决方案。

传统的建模方法主要有机理建模方法和辨识建模方法，建立的模型种类包括动态定量模型、逻辑模型、半定性与定性模型、描述性模型和统计模型等。对应于图 6-1 控制、设备层的应用需求，传统动态模型发挥了重要作用，建立了控制理论的完整体系，形成了相关的应用技术。

3. 选用合适的建模方法

基于多智能体的面向对象建模方法、基于元模型的面向对象建模方法、基于框架的面向对象建模方法等都是基于软件工程中面向对象的编程思想衍生出来的。

1）基于多智能体的面向对象建模方法

面向 MES 服务的软件是由不同厂家开发的，所以这些软件表现出不同程度的分散性。把这些开发时间不同、基于不同平台的子系统集成起来并协调工作具有很大的难度。可以采用基于多智能体的面向对象建模方法，通过选择不同粒度的 Agent 来完成集成与协调。发挥 Agent 自动性、反应性、社会能力、自治性的优点，采用分布式异构 Agent 协同求解的系统模式对系统建模。其难点在于当采用不同粒度的 Agent 来描述对象实体的规模时，粒度的大小很难把握。假如粒度太小，生产环境中 Agent 的数目就会增多，使系统的灵活性高、适应性强，但系统的组织与控制的复杂程度也随之增加，使系统的运行效率降低。反之，每个 Agent 的任务过重，无法体现 Agent 在分布式环境中的优点。

2）基于元模型的面向对象建模方法

元模型是关于模型的模型，即关注如何建立模型、模型的语义、模型之间如何集成和互操纵等信息，也是对某一特定领域建模环境的规范定义。元模型比模型的抽象程度高。基于元模型的面向对象建模方法可以使子系统模型在更高的层次上进行集成。在使用该方法进行模型设计的过程中，以元模型中的元类为顶点自上而下逐步扩展细化，并创建一系列类簇，即包括抽象类或接口及其派生类的集合，根据具体需求可以适当地增加、删除或者修改元类的属性或方法，并运用标准建模语言开发成软件组件。该方法实现了系统模型的可重用性、灵活修改性和可扩展性，方便复杂系统的模型综合信息集成和数据集成。

3）基于框架的面向对象建模方法

随着面向对象技术的日趋成熟，低层次的代码复用已经不能满足特定领域的大型软件生产需求，因此不仅要重用旧的代码，而且要重用相似的分析设计结果和体系结构，来减小构造新软件系统的代价并提高软件的可靠性。

基于框架的面向对象建模方法就是这样一种面向特定领域的重用技术。为实现系统的开放性和可重构性，先后出现了以数据为中心的系统模型、以执行为中心的系统模型和面向对象的系统模型等。前两种模型分别在数据、功能方面实现了软件重用，在建模领域应用基于框架的面向对象建模方法可以保证系统的开放性、可集成性和可重构性，使得整个信息系统集成平台的实施过程在集成框架的控制与指导下完成。

6.1.5 行业代表性企业及相关产品

目前，国内 MES 行业主要集中于汽车、电子通信、石油化工、冶金矿业和烟草五大领域，这五大领域的应用占比超过 50%。从主要公司来看，一些国际巨头公司在国内的行业布局也是差异化的。MES 厂商的来源分成 5 类：①从自动化设备发展而来（集成方式是自下而上的）；②从专业 SCADA、人机界面操作系统厂商发展而来；③从专业 MES 厂商发展而来；④从 PLM、ERP 等领域延伸而来；⑤从其他领域发展而来（如数据采集）。

下面将对国内外应用较为广泛的 MES 软件进行简单介绍。

1. 国内 MES 软件

针对工业 4.0 和智能制造时代，用友网络科技股份有限公司（简称用友公司）为满足多品种小批量个性化定制以及及时供应等需求，打造了用友制造执行系统（MES），定位于具备用友 NC-ERP 财务、供应链等系统的制造业客户。

用友 MES 强调企业在整个产品生产过程中的生产信息共享和生产行为协调，从而优化生产过程。不同于传统的车间控制系统，其主要以派遣单的形式进行生产管理，以辅助物流为特征。不同于单元控制器，其主要集中在操作和设备调度上。

上海宝信软件股份有限公司是国家规划布局的重点软件企业。该公司提供企业信息化、自动化系统集成及运维，城市智能交通监控，路桥隧监控，轨道交通监控，机电工程总包，机电一体化产品及机电设备维修等方面的综合解决方案。在信息化解决方案方面，MES 软件进一步提升技术含量，APS 在众多制造业企业中广泛使用。宝信 MES 能源系统预测与调度模型软件的创新突破使得 MES 能源系统应用在全国爆炸式增长，该软件在国内市场竞争中处于优势地位。

北京数码大方科技股份有限公司是国内工业软件和工业互联网的典型企业。其推出的 CAXA MES 制造过程管理系统通过集成在企业层面，打通了生产订单和库房之间的壁垒，形成了一体化管理系统，适合离散制造业企业用于监控生产过程和实现自动化、智能化制造的数据管理和信息共享。在车间内部，以生产工单为线索，以精益生产为理念，通过计划管理、工单管理、质量管理、制造看板等多种方式实现车间管理有序化、车间生产透明化，以满足作业计划、现场管理、质检管理、决策分析等多种应用需求。

北京兰光创新科技有限公司致力于为离散制造业企业提供智能工厂解决方案。其主要产品兰光智能 MES 以计划为源头，依据设备能力，对生产计划进行自动排程、派工，对物料、工具、设备、技术准备等进行生产协同管理，并通过强大的信息统计分析功能，从海量数据中提取出需要的数据，从而为企业领导做出科学的决策提供重要的依据。

MES 智能化是未来我国 MES 实现跨越发展的主要方向。由于企业生产制造体系的实时性和复杂性，对 MES 的智能化、可扩展性、整合性、稳定性、行业管理经验固化等要求越来越高，相关前沿技术研究必须与制造密切结合。完整、高效地推行 MES 需要具有一定的行业管理经验的人员和相对完整的实施方法论，并形成丰富的专家知识库。MES 的方案制定和实施需要各个部门强有力的协调配合。如何将工业 4.0 技术、智能制造技术与 MES 进一步融合，是我国 MES 应用中的重要课题。

2. 国外 MES 软件

SIMATIC IT 是西门子提出的 MES 产品框架和解决方案，其突出特色是以生产工艺流程为核心，建立了平台化、组件化的构架，并且建立了大量的控制元器件（控制单元）库和各行业的典型工艺流程库。由于系统是完全可配置的，体系结构完全开放，因此，可以根据各个行业的特点，配置出其典型的工艺流程，从而实现跨行业的应用，客户还可以在行业流程模板的基础上，柔性化地配置和修改这些工艺流程。

Honeywell MES 产品的核心是 Business FLEXPKS。该产品将经营目标转化为生产操作目标，同时将经过处理验证的生产绩效数据进行反馈，从而形成计划管理层、生产执行层和过程控制层三个层次的周期循环。

Proficy 是 GE Fanuc 推出的拥有统一结构的综合软件解决方案的新品牌。Proficy 将 GE 制造领域的专业经验和六西格玛管理方法相结合，控制和优化生产过程，采集和分析数据，然后将数据转化成信息，使得用户能进行实时操作，确保生产流程顺利、高效运转，并得到更高的投资回报。

Proficy 的独特性在于它的高度模块化并且能方便地升级，它在生产与商务流通间实现闭环的实时通信。Proficy 构筑了通用的系统基础，它拥有一个开放的分层结构，能保护现有的信息技术投资，并能方便地被使用和配置。

罗克韦尔自动化 Factory talk MES Solution 提供全面的制造执行能力，有助于实现实时生产管理，并且能够提高制造过程的可控度；提供模块化的解决方案，有针对性地解决用户生产过程中的具体问题，如帮助用户定位质量问题、有效控制库存、改善流水线生产流程等；提供准确的生产指导，帮助用户减少人为错误，实现生产环境的无纸化跟踪，并且与企业业务系统紧密集成；提供强大的集成化服务，同企业内部各个系统进行高效连接和通信，加快企业内部各个业务部门间的沟通，提高全厂的生产及管理效率。

AVEVA（剑维软件）是唯一可以在 HMI/SCADA 和企业层级提供工业自动化软件解决方案的提供商，其提供从边缘计算和分析到完整的边缘设备监测、控制和管理所需的一切，能轻松随业务状况变化来扩大或缩小规模，并随着业务增长提高生产能力。

6.2　分布式控制系统

分布式控制系统（DCS）是以微处理器为基础，采用控制功能分散、显示操作集中、兼顾分而自治和综合协调的设计原则的新一代仪表控制系统。下面将对 DCS 进行详细的介绍。

6.2.1　分布式控制系统发展历程

DCS 的发展历程主要有五个阶段。

第一代 DCS 是指 1975～1980 年所出现的各种分布式控制系统，这是有史以来的第一批 DCS，因此控制界称这个时期为初创期或开创期。这个时期的 DCS 包括 Yokogawa（横河）公司的 CENTUM 系统、Honeywell 公司的 TDC-2000 系统、Foxboro 公司的 Spectrum 系统、Bailey 公司的 Network 90 系统、Kent 公司的 P4000 系统、Siemens 公司的 Teleperm

M 系统、东芝公司的 TOSDIC 系统等。第一代 DCS 的构成包括过程控制单元、数据采集单元、CRT 操作员站、上位管理计算机以及连接各个单元和计算机的高速数据通道。第一代 DCS 的主要优点是：注重控制功能的实现，分散控制，集中监视；其缺点是：人机界面功能弱，通信能力差，互换性差，成本高。

第二代 DCS 进入 DCS 发展的成熟期，是 1980～1985 年所出现的各种分布式控制系统，其中包括 Yokogawa（横河）公司的 CENTUM V 系统、Honeywell 公司的 TDC-3000 系统、Fisher 公司的 PROVOX 系统、Taylor 公司的 MOD300 系统、Westinghouse 公司的 WDPF 系统等。第二代 DCS 的主要特点是：引入了局域网（LAN）作为系统骨干，按照网络节点的概念组织过程控制站、中央控制站、系统站、网关（Gateway，用于兼容早期产品）。

第三代 DCS 进入 DCS 发展的扩展期，具体时间为 1985～2000 年。第三代 DCS 采用了 ISO 标准 MAP（制造自动化规约）网络。这一时期的系统包括 Yokogawa（横河）公司的 CENTUM-XL 系统和μXL 系统、Foxboro 公司的 I/A Series 系统、Honeywell 公司的 TDC-3000UCN 系统、Bailey 公司的 INFI-90 系统、Westinghouse 公司的 WDPF Ⅱ系统、Leed&Northrup 公司的 MAX1000 系统、日立公司的 HIACS 系统等。

第四代 DCS 进入数字化、信息化和集成化时代，时间段为 2000～2007 年，DCS 更加开放，支持各种智能仪表总线（FF、HART），同时通过网络速度的提升，加快了系统的规模化，其代表产品为横河的 CENTUM CS 和 CENTUM CS3000、Honeywell 公司的 TPS、Westinghouse 公司的 Oviation 等。

第五代 DCS 进入一体化、智能化时代，开始时间约为 2008 年，采用 1G 高速网络，实现控制系统一体化、智能化，从而真正实现数字化工厂。其代表产品为横河的 CS3000 R3 和最新版的 CENTUM VP、Honeywell 公司的 PKS，以及 EMERSON 的 Delta V 系列等。

6.2.2 分布式控制系统基本原理

现在，DCS 已广泛用于化工、火电、建材等各种生产企业。DCS 的厂家有很多，但 DCS 工作原理都是大致相同的。DCS 的工作原理可以分为 4 个部分：AI 信号、AO 信号、DI 信号和 DO 信号。

1. AI 信号

以用于热电偶测温的 AI 信号为例（其他温度、压力、流量、液位类似），在温度发生变化时，热电偶接线端子测得电压（mV）会发生变化。电压信号经电缆送入接收热电偶信号的模块，该模块将电压（mV）信号转化为数字信号然后经过网线将其传入 DCS 主控模块，主控模块内的专用软件（各种类型的软件在主控模块内都有专门对应的地址和转换函数）接收该数字信号后，由专门用于转换热电偶信号的函数将数字信号还原为现场实际测得的温度。

2. AO 信号

以开关执行器的 AO 信号为例，模拟量控制过程中信号的传输是压力传入变送器的反向过程。当操作员在 DCS 画面上将一次风机入口门开到 50%时，50%作为数字信号由操作员站经网线传入主控模块，然后由主控模块传输给 AO 模块，再由 AO 模块转换成一定的电流信号，通过模块与现场电气回路来控制一次性风机入口开到 50%。

3. DI 信号

以现场电动门到位的 DI 信号为例，现场电动门到位以后，由行程开关发出一个到位信号（即 DI 信号），并将这个 DI 信号返回主控模块，然后由主控模块通过网络将其传输到操作员站画面，告诉操作员该电动门已经按照要求打开。

4. DO 信号

以开电动门的 DO 信号为例，在 DO 画面单击开电动门按钮后，发出一个脉冲信号（即 DO 信号），该信号通过网络进入主控模块，然后从主控模块经网线进入 DO 模块，再由 DO 模块传输给相应的继电器，继电器通过输出电信号来控制电气回路，最终使得电路接通，现场电动门开始动作。

以上四个信号协同工作，保证了分布式控制系统的高效运行。

6.2.3　分布式控制系统体系结构

分布式控制系统一般分为三层：过程控制层、生产监控层和集中管理层，其具体的体系结构如图 6-2 所示。处于底层的过程控制层一般由分散的现场控制站、数据采集站等就地实现数据采集和控制，并通过数据通信网络传送到生产监控层计算机。生产监控层对来自过程控制层的数据进行操作管理，如各种优化计算、统计报表、故障诊断、显示报警等。随着计算机技术的发展，DCS 可以按照需要与更高性能的计算机设备通过网络连接，使用管理系统利用历史数据和实时数据预测可能发生的各种情况，从企业全局利益出发辅助企业管理人员进行决策，帮助企业实现其规划目标，实现更高级的集中管理层功能，如计划调度、仓储管理、能源管理等。其中，过程控制层采用微处理器分别控制各个回路，而用中小型工业控制计算机或高性能的微处理机实施上一级的控制。各回路之间和上下级之间通过高速数据通道交换信息。

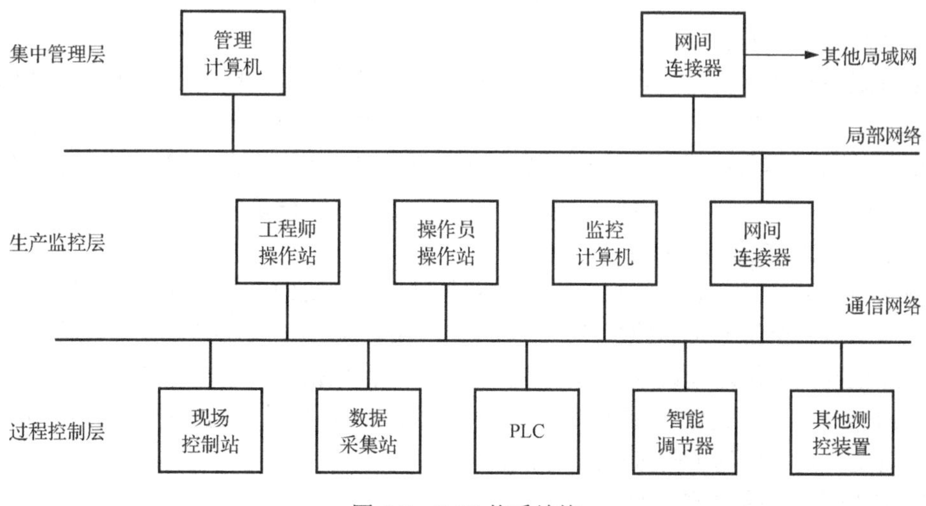

图 6-2　DCS 体系结构

DCS 是一种计算机化的控制系统，其中自主控制器分布在整个系统中，但没有中央运营监控，这与使用集中控制器的系统相反。取而代之的是位于中央控制室或中央计算机内的离散控制器。DCS 概念通过在过程工厂附近进行远程监控来定位控制功能，从而提高了可靠性，降低了安装成本。

分布式控制系统首先出现在大型、高价值、对安全至关重要的过程工业中，并且由于 DCS 制造商将以集成包的形式提供本地控制级别设备和中央监控设备，降低了设计集成的风险，而颇具吸引力。SCADA 系统和 DCS 的功能非常相似，而 DCS 往往用于大型连续过程工厂，在这些工厂中，高可靠性和安全性很重要，控制室在地理位置上距离工厂并不遥远。

分布式控制系统的关键是其可靠性，这归因于控制处理在系统节点周围的分布。如果处理器发生故障，它将只影响工厂过程的一部分，而不像中央计算机故障那样会影响整个过程，这样可以减少单个处理器故障的影响。现场输入/输出（I/O）连接机架本地的这种计算能力分配还通过消除可能的网络和中央处理延迟来确保快速的控制器处理时间。

6.2.4　分布式控制系统关键技术

1. 工业自动化控制技术

通过组态软件，对过程 I/O 回路进行组态；通过系统提供的 I/O 接口，现场仪表设备经由电缆与系统相连，所有信号都要经过转换、处理，并且在模拟的仪表显示画面中要显示监控数据；通过软件功能，在操作员站上输出控制信号，来控制现场执行器以达到控制过程的目的，系统中的每个回路都具备常规单元组合仪表的功能。针对连续的模拟量控制系统，基于反馈控制原理，使用 PID 控制规律，对输出量和给定量之间的偏差-时间函数进行比例、积分和微分计算，将计算结果作为控制量，经电路转换、放大等处理后变为控制信号，用于对执行器的动作进行控制，不断修正被控量和控制量之间的偏差，从而实现对被控量进行控制。

通过组态软件所提供的功能来模拟单元组合仪表的功能，能够方便地利用软件功能模块组成具有串级控制、三冲量控制、均匀调节、比值调节和前馈等各种功能的复杂的调节回路。DCS 具备过程逻辑控制功能，可按照工艺过程的设计要求，通过功能完善的组态软件编写逻辑控制、顺序控制程序，实现工艺连锁和设备顺控。

2. 分散型集中控制技术

DCS 通过集中的监视、操作和管理达到掌控全局的目的。系统中各级和各层间进行数据通信形成一个统一协调的整体，各模块之间通过通信总线连接进行数据通信，各单元通过过程控制网络进行数据传输并与操作员站进行数据通信，操作员站对过程进行高度集中的操作、显示和报警。操作员通过操作员站对不同区域的控制单元进行集中控制，以实现对生产过程中的不同区域的集中监控。

3. 信号采集与数据预处理

DCS 的信号采集指其 I/O 系统的信号输入部分。它的功能是将现场的各种模拟物理量（如温度、压力、流量、液位等）信号进行数字化处理，形成现场信号的数字表示方式，并对其进行数据预处理，最后将规范有效正确的数据提供给控制器进行控制计算。信号采集除了要考虑 A/D（模/数）转换、采样周期外，还要对数据进行处理，这样数据才能进入控制器进行计算。

4. 系统组态

根据设计要求，在系统硬件和系统软件的基础上，综合利用系统组态软件所提供的填表、计算、绘图等功能，预先将硬件设备和各种软件功能模块组织起来，以使系统按特定的状态运行，也就是用集散控制系统所提供的功能模块、组态编辑软件以及编程语言，组成所需的系统结构和操作画面，最终完成实现数据集中显示、过程集中控制、数据通信等功能。

5. 图形化组态

图形化编程语言又称为 G 语言，是继 C 语言之后的高级语言，在 C 语言之上进行二次开发而成。使用这种语言编程时，基本上不写程序代码，取而代之的是流程图。它尽可能利用了技术人员所熟悉的术语、图标和概念，是实现仪器编程和数据采集系统的便捷途径，大大提高了工作效率，从根本上改变了传统的编程环境，用“图标”代替了“文本指令”。在可视化的程序设计中，编程者只需调用“图标（对象）”，随后通过“连线”规定数据的流向，使整个编程过程变得直观、简便。

6. OPC 技术

采用 OPC（OLE for Process Control，用于过程控制的对象链接与嵌入）技术可以实现不同组态软件对系统数据的访问。OPC 是基于微软的 OLE、COM 和 DCOM 技术的用于过程控制的工业标准，它包括一整套接口、属性和方法的标准集，用于过程控制的自动化系统，为基于 Windows 的应用程序和现场过程控制应用建立了桥梁。OPC 技术采用 C/S 模式，把开发访问接口的任务放在硬件生产厂商或第三方厂商，以 OPC 服务器的形式提供访问接口给用户，解决了软、硬件厂商的矛盾，实现了系统的集成，提高了系统的开放性和可互操作性。

在 Windows NT4.0 操作系统下，COM 标准扩展到可访问本机以外的其他对象，一个应用程序所使用的对象可分布在网络上，COM 的这个扩展称为 DCOM（Distributed COM）。

通过 DCOM 技术和 OPC 标准，完全可以创建一个开放的、可互操作的控制系统软件。

6.2.5　分布式控制系统发展现状

现阶段，国外主流 DCS 主要有 Honeywell 公司的 Experion PKS（过程知识系统）、Emerson 公司的 DeltaV 和横河公司的 CENTUM CS3000 等系统。由于国外 DCS 厂商大都对其系统控制器关键技术以及关键参数进行保密，很难全面深入地对他们的主流 DOS 系统进行了解，技术信息的来源具有很大的局限性。

国内主要 DCS 厂商大多起步于 20 世纪 90 年代，与国外相比存在一些差距，但经过 20 年的发展，以浙江中控技术股份有限公司（简称浙江中控）、和利时科技集团有限公司（简称和利时）以及上海新华控制技术集团有限公司（简称上海新华）为主要代表的国内 DCS 厂商在多个工业领域已取得很大的成就，并得到越来越多的用户的认可。目前，它们各自推出了自己的主流 DCS：浙江中控推出 Webfield（ECS）系统，和利时推出 HOLLiAS-MACS 系统，上海新华推出 XDPS-400c 系统，其中，ECS 系列中的高端产品 ECS-700 系统以及 MACS 系列中的 SmartPro 系统的功能最为完善。

6.3 数据采集与监视控制系统

数据采集与监视控制（Supervisory Control and Data Acquisition, SCADA）系统是以计算机为基础的 DCS 与电力自动化监控系统；它的应用领域很广，可以应用于电力、冶金、石油、化工、燃气等诸多领域的数据采集、监视控制以及过程控制等。下面将对 SCADA 系统进行详细的介绍。

6.3.1 数据采集与监视控制系统发展历程

SCADA 系统自诞生之日起就与计算机技术的发展紧密相关，SCADA 系统的发展已经经历了四代。

第一代是基于专用计算机和专用操作系统的 SCADA 系统。代表系统有电力自动化研究院为华北电网有限公司开发的SD176 系统和日本日立公司为我国电气化铁道远动系统所设计的 H-80M 系统。这一阶段是从计算机开始运用 SCADA 系统到 20 世纪 70 年代。

第二代是 20 世纪 80 年代基于通用计算机的 SCADA 系统，在第二代中，广泛采用 VAX 等其他计算机以及其他通用工作站，操作系统一般是通用的 UNIX 操作系统。在这一阶段，SCADA 系统在电网调度自动化中与经济运行分析、自动发电控制（AGC）以及网络分析结合到一起构成了 EMS（能源管理系统）。第一代与第二代 SCADA 系统的共同特点是基于集中式计算机系统，并且不具有开放性，因而系统维护、升级以及与其他系统联网构成很大困难。

20 世纪 90 年代，基于分布式计算机网络以及关系数据库技术的能够实现大范围联网的 EMS/SCADA 系统称为第三代。这一阶段是我国 EMS/SCADA 系统发展最快的阶段，各种最新的计算机技术都汇集进 EMS/SCADA 系统中。这一阶段也是我国对电力系统自动化以及电网建设的投资最多的时期，国家计划未来三年内投资 2700 亿元以改造城乡电网，可见国家对电力系统自动化以及电网建设的重视程度。

第四代 EMS/SCADA 系统的基础条件已经诞生。该系统的主要特征是采用 Internet 技术、面向对象技术、神经网络技术以及 Java 技术等，继续扩大 EMS/SCADA 系统与其他系统的集成，综合安全经济运行以及商业化运营的需要。SCADA 系统在电气化铁道远动系统的应用技术上已经取得突破性进展，在应用上也有迅猛发展。由于电气化铁道远动系统与电力系统有着不同的特点，其在 SCADA 系统的发展上与电力系统的道路并不完全一样。HY200 微机远动系统和 DWY 微机远动系统等性能可靠、功能强大，在保证电气化铁道供电安全、提高供电质量上起到了重要的作用，对 SCADA 系统在电气化铁道上的应用功不可没。

6.3.2　数据采集与监视控制系统体系结构

SCADA 系统是以计算机技术、通信技术以及自动化技术为基础的生产监控系统。它可以对现场的运行设备进行监视和控制，实现数据采集、设备控制、测量、参数调节以及各类信号报警等各项功能。

SCADA 系统的体系结构从上到下分为数据采集、传输网络、数据汇聚、生产监控四个层次，具体的 SCADA 系统体系结构如图 6-3 所示。

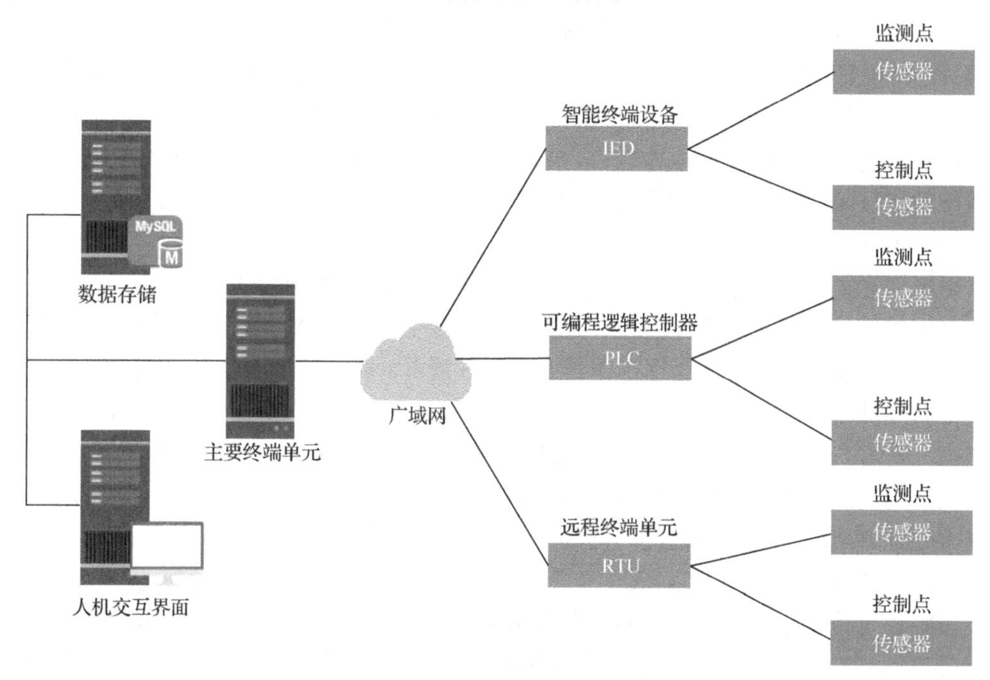

图 6-3　SCADA 系统体系结构

数据采集：各类传感器实时感知生产过程中的各项数据，将数据上传到数据采集模块中。

传输网络：传感器的数据上传到数据采集模块的网络链路包括有线和无线两种。

数据汇聚：服务器存储现场数据，为生产监控及其他应用提供数据。

生产监控：监控系统集中展示现场数据及设备状态，为值班人员提供数据依据及控制手段。

6.3.3　数据采集与监视控制系统关键技术

采集系统通信部署模式有一段式、二段式和三段式三种。一段式部署没有本地信道，通常是 GPRS/CDMA 无线公网、光纤专网等远程信道直接接入电能表；二段式和三段式部署中，远程信道仅负责主站至专变采集终端、集中器之间的通信，相当于骨干网。

专变采集终端、集中器通过本地信道接入电能表，相当于接入网；二段式部署的本地信道通过低压电力线载波、微功率无线、RS-485 等通信技术，直接由专变采集终端、集中器连接至电能表；三段式部署的本地信道通过低压电力线载波、微功率无线等通信技术，由集中器连接至采集器，采集器再通过 RS-485 连接电能表。下面介绍用电信息采集系统采用的关键技术。

（1）通信技术。

通信技术是实现用电信息采集系统的基础。目前，应用于用电信息采集系统的通信技术主要有电力线载波通信、微功率无线通信、无线公网通信、无线专网 230MHz 通信和光纤通信。电力线载波通信施工方便，无须重新布线，但其可靠性、实时性、稳定性较差；微功率无线通信覆盖范围小，障碍物对其传输距离的影响大，现场同频干扰现象严重；无线公网通信费用较高，运行维护及时性有待加强，局部地区信号弱，数据采集困难，尤其在紧急情况下，容易造成信道拥堵；无线专网 230MHz 通信的接入容量有限，基站覆盖范围仅在 30km 左右，受地形地貌的影响，数据在传输过程中易被高层建筑物阻挡；光纤通信一次性投资成本较高，布线困难，工程量大。以上这些都是用电信息采集系统通信技术中需要解决的关键问题。

（2）主站应用技术。

用电信息采集系统主站部署模式分为集中式和分布式两种形式。

集中式部署模式投资成本较低，运行维护统一，但故障影响涉及面较广，客户数量限制在 500 万及以下，数据处理工作量大，任务繁重，对系统的业务处理能力要求较高。

分布式部署模式对企业内部信息网的可靠性要求较低，网络资源负担小，但投资成本较高，对客户数量在 500 万以上或地域面积过大的公司可采用省市两级部署的应用模式。在应用层面，用电信息采集系统主站需要满足电费结算和电量分析、线损统计分析和异常处理、电能计量装置监测、防窃电分析及供电质量管理等业务需求。

（3）智能费控技术。

按照“全覆盖、全采集、全费控”的建设目标，客户用电管理模式采用智能费控技术，客户需要先交费后用电。用电采集系统会连续采集客户的用电情况，计算剩余电费并将其显示给客户，在剩余电费不多时提示客户缴费，并在剩余电费为零时执行跳闸操作。智能费控技术由主站、采集终端和智能电能表多个环节协调执行，有主站费控技术、采集终端费控技术和智能电能表费控技术 3 种。

智能费控技术对通信的响应能力要求较高，由于目前本地通信主要采用电力线载波，因此，需要进一步提高载波通信工作的实时性、可靠性与稳定性，为实现智能费控提供技术支撑。

（4）用电信息安全防护技术。

由于用电信息采集系统采集的信息量巨大、覆盖面广，面临的安全隐患较多，需要针对采集系统各环节可能存在的安全隐患，全面实施安全防护体系建设方案。系统主站要部署高速密码机，用于主站侧数据的加解密，主要实现身份认证、密钥协商、密钥更新、关键数据的加解密、消息认证码计算和数据校验等功能。

专变采集终端、集中器和智能电能表中安装安全加密模块，用于采集设备与主站、智能电能表之间进行身份识别、安全认证、关键信息和敏感信息安全传输，实现设备内部数据的加解密，完成应用层数据完整性、机密性、可用性和可靠性保护。密码机和安全加密模块均采用硬件加密，密码机和采集终端的安全模块集成了国家密码管理局认可的对称密钥加密算法和非对称密钥加密算法，智能电能表的安全模块应至少集成国家密码管理局认可的对称密钥加密算法。另外，安全接入平台的推广应用进一步完善了采集终端在各种复杂网络环境下的实时监控、安全接入、数据安全传输与交换、主动防御预警等重要功能。

用电信息采集系统的发展趋势有以下几点。

（1）通信网接入技术。

用电信息采集系统的建设和应用需要实时、可靠的通信技术作为支撑，通信网接口丰富，组网灵活，支持数据、语音、图像等业务的一体化接入，可以为用电信息采集、负荷监测和控制提供安全可靠的通信通道。因此，需要对目前存在的通信网络架构进行分析，提出用电信息采集系统通信网技术体系，研究适用于智能电网和用电信息采集系统建设的通信网接入技术。

（2）信息共享与融合技术。

由于用电信息采集系统还处于规模化建设阶段，与其他业务系统之间缺乏有效整合，集成化水平较低，信息资源共享和公共服务功能需要进一步完善，因此需要在用电信息采集系统和既有营销业务系统的基础上，通过信息共享模式创新，利用数据采集手段和结果，针对系统的异构性和信息共享实际需求，构建基于面向服务的体系结构的用电信息采集系统信息共享与融合技术方案，以解决不同系统之间数据共享和应用互操作的难题，为营销业务系统应用提供多方位、多层次、多渠道的综合用电信息服务。

（3）海量数据处理与分析应用。

国家电网有限公司经营区域涉及全国 26 个省（直辖市、自治区），其经营区域内的用户数量超过 3 亿，其在用电信息采集系统中建立了全业务数据模型，以实现数据的综合利用和功能的高级应用。由于用户数量多，且采集信息量大，需要深入研究多线程处理、并行数据处理、批量数据处理、集群、负载均衡、分区存储和容灾备份等技术，以便实现海量数据和多任务的并发处理，提高主站运行的可靠性。

（4）移动作业技术。

传统的计量作业中，需要先打印工作单，再根据作业指导书进行操作，现场工作完成后，将手工抄录的客户数据录入服务器，工作效率和准确度较低。电力营销移动作业支持系统是基于移动作业平台的电力营销移动类业务应用，可针对计量作业，完成现场抄核收、用电检查、业务办理、计量作业、移动地理信息系统（GIS）应用、移动知识库、教育培训等功能，有效提高了工作人员的工作效率和数据的准确度，进一步提升了计量作业的精细化管理水平，具有很好的应用前景。

（5）基于三网融合的用电信息采集技术。

围绕中国建设智能电网的总体目标，利用现有的通信网络和基础设施构建完整的系统架构，国家电网提出的基于电信网、广播电视网和互联网的用电信息采集技术方案能够实现数据、语音、视频等业务的融合，可以减少很多通信线路投资和运行费用，提高网络的综合运营效率和系统运行的可靠性、实时性、经济性，在节能环保方面优势明显，同时为用户提供更加便利和现代化的生活方式。

（6）智能用电双向交互技术。

智能用电双向交互技术是指借助于在用电信息采集系统中建成的光纤信道和小区内的电力线载波信道，采集和分析用电信息、电能质量等数据，监控与管理家庭用电设备，基于网络化、人机交互和业务融合原则，提供实时用电信息（停电信息、缴费信息）、告警信息和电价政策，并提供历史用电记录和数据统计图形，指导用户合理用电，以调节电网峰谷负荷。另外，智能用电双向交互技术可提供友好、可视的用电交互平台，为用户提供增值服务信息。

6.3.4 数据采集与监视控制系统安全性分析

SCADA 系统的信息安全是指信息网络的硬件、软件及系统中的数据受到保护，不被偶然或者恶意破坏、更改、泄露，系统连续可靠正常地运行，信息服务不中断。其根本目的就是使内部信息不受外部威胁。

SCADA 系统的信息安全包括在技术和管理方面的措施。通过这两个方面的措施，来提高控制系统的信息安全水平，确保控制系统在受到外部攻击情况下不造成严重的损失。

根据 SCADA 系统的结构，SCADA 系统的信息安全威胁可能来自三个部分，分别是下位机系统、通信网络和上位机系统。下面分别就这三个部分进行阐述。

在下位机系统中，大量的终端和现场设备（如可编程逻辑控制器、远程测控终端和智能电子设备）由于采用国外的操作系统和控制组件，所以未实现自主可控，可能存在逻辑炸弹或其他漏洞。因此，其存在被恶意控制、中断服务、数据被窜改等风险。

在通信网络中，通信网及规约上可能存在漏洞，攻击者可利用该漏洞对 SCADA 系统发送非法控制命令。通信网及规约的安全性是整个系统安全的主要环节，通信网及规约的漏洞是攻击者的主要攻击目标。一些不具备光纤通信条件的厂站采用 GPRS、CDMA 等无线通信方式，有的将 101 规约直接用在 GPRS 环境。通过 APN 虚拟专网采集测量数据、下发控制命令，没有身份认证和加密措施，安全强度不够，存在安全风险。由于 TCP/IP 网络通信技术、各类智能组件技术被广泛应用，SCADA 系统面临病毒、蠕虫、木马威胁等安全问题。

在上位机系统中，中心控制系统和站控系统之间进行业务通信时，缺乏相应的安全机制来保证业务信息的完整性、保密性；控制系统、通信系统和站控系统的网络设备、主机操作系统和数据库等的安全配置需要增强；缺乏对系统账号和口令进行集中管理和审计的有效手段；缺乏记录和发现内部非授权访问的工具和手段；对于重要业务系统维护人员，缺少监控手段，无法有效记录维护人员的操作；对于软件补丁的安装，缺乏有效的强制措施；人员的信息安全意识教育、基本技能教育还需要进一步普及和落实。

为了保障 SCADA 系统的信息安全，除了防止外部的网络攻击外，还应注重 SCADA 系统内部可能存在的威胁。网络威胁是由 SCADA 系统与其他信息网络连接产生的，而 SCADA 系统内部威胁是 SCADA 系统与其他网络隔离开时仍存在的威胁。有些威胁是由 SCADA 系统上的物理接入造成的。比如，由于未授权的恶意设备接入工业通信网络而导致 SCADA 上位机系统与下位机系统的通信失败。SCADA 系统的分布范围广，因此要在物理上接入 SCADA 系统的网络并不困难。但同时，对于一些原本认为网络独立的 SCADA 系统，由于直接或间接地互接，它们也有可能通过一些设备间接地连接到互联网。

6.3.5　数据采集与监视控制系统发展现状

SCADA 系统结构复杂，包括数据采集、数据处理、数据存储、报警、人机界面等多个子系统。由于我国的 SCADA 系统研发起步较晚，除电力行业大范围采用国产系统以外，目前其他行业的工业控制系统中 90%以上都由国外公司提供（如西门子、施耐德电气、霍尼韦尔国际公司、ABB 等）。国内的工程人员无法获得这些国外进口系统的源代码，也不能完全掌握程序运行的后台情况。如果国外公司在系统中蓄意留有后门漏洞或逻辑炸弹，而国内工程人员几乎没有防范能力，则极易造成重大损失。

在 20 世纪 80 年代，苏联政府通过特工从加拿大窃取的一套油气管道 SCADA 系统被美国预先埋入了逻辑炸弹，其在正常运作一段时间后会自动调整油泵的速度和阀门的设置，从而产生油管接头和焊接不能承受的压力，最终破坏整个管道 SCADA 系统。1982 年夏天，这些带有逻辑炸弹的系统导致了西伯利亚的一条天然气管道爆炸，彻底打乱了西伯利亚天然气管道的建设计划，让苏联政府蒙受了巨大的经济损失。

2010 年被发现的震网病毒通过操控应用于铀浓缩离心机和发电汽轮机上的西门子控制系统，大幅提高离心机线速度，导致约 20%的离心机（近 20 多台）失控甚至报废，使得布什尔核电站一再推迟发电计划。在攻击过程中，震网病毒通过 U 盘进入内部网络，然后利用 Windows 操作系统的 MS1-046、MS10-61、MKS08-467 等多个公开或未公开漏洞来进行渗透和提升权限。这些漏洞可能是微软在系统开发过程中有意留下的后门，其存在的目的就是在特殊时期进行网络攻击。

由此可见非国产 SCADA 系统的安全风险是不可控的，其对民众、企业和国家的信息安全构成了严重威胁。因此，有必要在各行各业内推行拥有自主知识产权的 SCADA 系统，以保障我国的工业和信息安全。

6.4　可编程逻辑控制器

可编程逻辑控制器（Programmable Logical Controller, PLC）是一种具有微处理器的用于自动化控制的数字运算控制器，可以将控制指令随时载入内存进行储存与执行。可编程逻辑控制器由 CPU、指令及数据内存、输入/输出单元、电源和数/模转换等功能单元组成（郑凤翼等，2011）。下面将对 PLC 系统进行详细的介绍。

6.4.1　可编程逻辑控制器发展历程

美国汽车工业生产技术要求的发展促进了 PLC 的产生，20 世纪 60 年代，美国通用汽车公司在对工厂生产线进行调整时，发现继电器和接触器控制系统修改难、体积大、噪声大、维护不方便以及可靠性差，于是提出了著名的“通用十条”招标指标。1969 年，美国数字设备公司研制出可编程逻辑控制器（PDP-14），其在通用汽车公司的生产线上试用后，效果显著；1971 年，日本研制出可编程逻辑控制器（DCS-8）；1973 年，德国研制出可编程逻辑控制器；1974 年，我国开始研制可编程逻辑控制器；1977 年，我国在工业应用领域推广 PLC。使用 PCL 的最初目的是替代机械开关装置（继电模块），然而，自从 1968 年以来，PLC 逐渐代替了继电器控制板。现代 PLC 具有更多功能，其用途从单一过程控制延伸到整个制造系统的控制和监测。

20 世纪 70 年代初出现了微处理器，人们很快将其引入可编程逻辑控制器中，使可编程逻辑控制器增加了运算、数据传送及处理等功能，成为真正具有计算机特征的工业控制装置。此时，可编程逻辑控制器是微机技术和继电器常规控制概念相结合的产物。个人计算机发展起来后，为了使用方便和反映可编程逻辑控制器的功能特点，可编程逻辑控制器正式定名为 PLC。20 世纪 70 年代中末期，可编程逻辑控制器进入实用化发展阶段，计算机技术已全面引入可编程逻辑控制器中，使其功能发生了飞跃。更高的运算速度、超小的体积、更可靠的工业抗干扰设计、模拟量运算、PID 功能及极高的性价比奠定了它在现代工业中的地位。20 世纪 80 年代初，可编程逻辑控制器在先进工业国家中获得广泛应用，世界上生产可编程逻辑，控制器的国家日益增多，其产量日益上升，这标志着可编程逻辑控制器已步入成熟阶段。20 世纪 80～90 年代中期是可编程逻辑控制器发展最快的时期，年增长率一直保持为 30%～40%。同时，PLC 的处理模拟量能力、数字运算能力、人机接口能力和网络能力得到大幅度提高，可编程逻辑控制器逐渐进入过程控制领域，在某些应用上取代了在过程控制领域中处于统治地位的 DCS。20 世纪末期，可编程逻辑控制器更加适应现代工业的需要，这个时期发展了大型机和超小型机，诞生了各种各样的特殊功能单元，产生了各种人机界面单元、通信单元，使应用可编程逻辑控制器的工业控制设备的配套更加容易。

6.4.2　可编程逻辑控制器基本原理

当 PLC 投入运行后，其工作过程一般分为三个阶段，即输入采样、用户程序执行和输出刷新。完成上述三个阶段称作一个扫描周期。在整个运行期间，PLC 的 CPU 以一定的扫描速度重复执行上述三个阶段（杨依领等，2014）。

1. 输入采样阶段

在输入采样阶段，PLC 以扫描方式依次地读入所有输入状态和数据，并将它们存入 I/O 映像寄存器中的相应的单元内。输入采样结束后，转入用户程序执行阶段和输出刷新阶段。在这两个阶段中，即使输入状态和数据发生变化，I/O 映像寄存器中的相应单元的状态和数据也不会改变。因此，如果输入是脉冲信号，则该脉冲信号的宽度必须大于一个扫描周期，这样才能保证在任何情况下，该输入均能被读入。

2. 用户程序执行阶段

在用户程序执行阶段，PLC 总是按由上而下的顺序依次地扫描用户程序（梯形图）。在扫描每一个梯形图时，PLC 又总是先扫描梯形图左边的由各触点构成的控制线路，并按先左后右、先上后下的顺序对由触点构成的控制线路进行逻辑运算。接下来，PLC 根据逻辑运算的结果进行刷新，或刷新逻辑线圈在系统 RAM 中对应位的状态或数据，或刷新输出线圈在 I/O 映像寄存器中对应位的状态或数据，或确定是否要执行该梯形图所规定的特殊功能指令。在用户程序执行过程中，只有输入点在 I/O 映像寄存器内的状态和数据不会发生变化，而其他输出点和软设备在 I/O 映像寄存器或系统 RAM 内的状态和数据都有可能发生变化。排在上面的梯形图的程序执行结果会影响到其以下所有使用其逻辑线圈或输出线圈对应位的状态或数据的梯形图，而排在下面的梯形图被刷新的逻辑线圈或输出曲线圈对应位的状态或数据只有到下一个扫描周期才能对排在其上面的梯形图起作用。

在程序执行的过程中，如果使用立即 I/O 指令，则可以直接存取 I/O 点。使用立即 I/O 指令，输入映像寄存器的值不会被更新，程序直接从 I/O 模块取值，输出映像寄存器会被立即更新。

3. 输出刷新阶段

当扫描用户程序结束后，PLC 就进入输出刷新阶段。在此期间，CPU 按照 I/O 映像寄存器内对应的状态和数据刷新所有的输出锁存电路，再经输出电路驱动相应的外部设备（简称外设）。这时的输出才是 PLC 的真正输出。

6.4.3　可编程逻辑控制器体系结构

PLC 主要由中央处理器（CPU）、存储器、输入/输出单元、通信接口和电源等部分组成。其中，CPU 是 PLC 的核心，输入/输出单元是连接现场输入/输出设备与 CPU 的接口电路，通信接口用于与编程器、上位计算机等外设连接。

对于整体式 PLC，所有部件都装在同一机壳内，对于模块式 PLC，各部分独立封装成模块，各模块通过总线连接安装在机架或导轨上，无论哪种结构类型的 PLC，都可根据用户需要进行配置与组仓。尽管整体式 PLC 与模块式 PLC 的结构不太一样，但各部分的功能作用是相同的，PLC 体系结构如图 6-4 所示。下面对 PLC 主要组成各部分进行简单介绍。

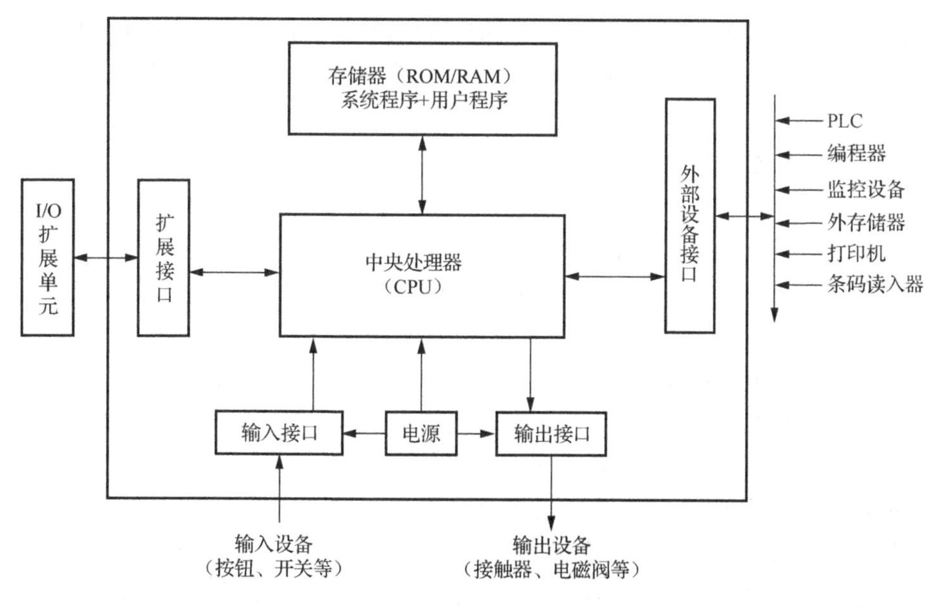

图 6-4　PLC 体系结构图

1. 中央处理器

同一般的微机一样，PLC 中所配置的 CPU 随机型不同而不同，常用的有三类：通用微处理器（Z80、8086、80286）等、单片微处理器（如 8031、8096）和位片式微处理器（如 AMD29W），小型 PLC 大多采用 8 位通用微处理器或单片微处理器，中型 PLC 大多采用 16 位通用微处理器或单片微处理器，大型 PLC 大多采用高速位片式微处理器。

目前，小型 PLC 为单 CPU 系统，而中大型 PLC 则大多为双 CPU 系统，甚至有些 PLC 中多达 8 个 CPU。对于双 CPU 系统，一般一个 CPU 为字处理器，是 8 位或 16 位的，另一个 CPU 为微处理器，采用由各厂家设计制造的专用芯片。字处理器为主处理器，用于执行编程器接口功能，监视内部定时器和扫描时间并处理字节指令以及对系统总线和位处理器进行控制等。位处理器为从处理器，主要用于处理位操作指令和实现 PLC 编程语言向机器语言的转换。位处理器的采用提高了 PLC 的速度，使 PLC 更好地满足实时控制要求。

在 PLC 中，CPU 按系统程序赋予的功能，指挥 PLC 有条不紊地进行工作，归纳起来主要有以下几个方面。

（1）接收从编程器输入的用户程序和数据。

（2）诊断电源、PLC 内部电路的工作故障和编程中的语法错误等。

（3）通过输入接口接收现场的状态或数据，并将其存入输入映像寄存器或数据寄存器中。

（4）从存储器逐条读取用户程序，经过解释后执行。

（5）根据执行的结果，更新有关标志位的状态和输出映像寄存器的内容，通过输出单元实现输出控制。有些 PLC 还具有制表打印或数据通信等功能。

2. 存储器

存储器主要有两种：一种是可读/写的随机存储器 RAM；另一种是只读存储器 ROM、PROM、EPROM 和 EEPROM。在 PLC 中，存储器主要用于存放系统程序、用户程序及工作数据。

系统程序由 PLC 的制造厂家编写，与 PLC 的硬件共同实现各种功能，如系统诊断、命令解释、功能子程序调用管理、逻辑运算、通信及各种参数设定等，并提供 PLC 运行的平台。系统程序关系到 PLC 的性能，而且在 PLC 使用过程中不会改变，因此由制造厂家直接固化在只读存储器 ROM、PROM 或 EPROM 中，用户不能对其进行访问和修改。

用户程序是随 PLC 的控制对象的不同，由用户根据对象生产工艺的控制要求而编制的应用程序。为了便于读出、检查和修改，用户程序一般存于 CMOS 静态 RAM 中，用锂电池作为后备电源，以保证掉电时不会丢失信息。为了防止干扰对 RAM 中程序的破坏，当用户程序运行正常，不需要改变时，可将其固化在只读存储器 EPROM 中。现在有许多 PLC 直接采用 EEPROM 作为用户存储器。

工作数据是 PLC 运行过程中经常变化、存取的数据。其存放在 RAM 中，以适应随机存取的要求。在 PLC 的工作数据存储器中，设有存放输入/输出继电器、辅助继电器、定时器、计数器等逻辑器件的存储区，这些器件的状态都是由用户程序的初始设置和运行情况确定的。部分数据在掉电时会用后备电池维持其现有的状态，在掉电时可保存数据的存储区称为保持数据区。

由于系统程序及工作数据与用户无直接联系，因此在 PLC 产品样本或使用手册中所列的存储器是指用户程序存储器。当 PLC 提供的用户存储器容量不够用时，许多 PLC 还提供存储器扩展功能。

3. 输入/输出单元

输入/输出单元通常也称为 I/O 模块，是 PLC 与工业生产现场之间的连接部件。PLC 通过输入接口可以检测被控对象的各种数据，将这些数据作为 PLC 对被控对象进行控制的依据，同时 PLC 又通过输出接口将处理结果送给被控对象，以达到控制目的。

PLC 外部设备提供或需要的电平信号是多种多样的，而 PLC 内部 CPU 只能处理标准电平信号，所以 I/O 接口要能进行电平转换。另外，为了提高 PLC 的抗干扰能力，I/O 接口一般采用光电隔离和滤波处理；为了便于了解 I/O 接口的工作状态，I/O 接口还带有状态指示灯。

PLC 提供了多种操作电平和驱动能力的 I/O 接口供用户选用。I/O 接口的主要类型有数字量（开关量）输入、数字量（开关量）输出、模拟量输入、模拟量输出等。

4. 通信接口

PLC 配有各种通信接口，这些通信接口一般都带有通信处理器。PLC 通过这些通信接口可与其他 PLC、编程器、监控设备、外存储器、打印机、条码读入器等设备实现通信。PLC 与打印机连接，可将过程信息、系统参数等输出打印；与监视器连接，可将控制过程图像显示出来；与其他 PLC 连接，可组成多机系统或连成网络，实现更大规模的控制；与计算机连接，可组成多级分布式控制系统，实现控制与管理相结合。远程 I/O 系统也必须配备相应的通信接口。

5. 电源

PLC 配有开关电源，以供内部电路使用。与普通电源相比，PLC 电源稳定性好、抗干扰能力强。PLC 对电网提供的电源的稳定性要求不高，一般允许电源电压在其额定值±15%的范围内波动。许多 PLC 还向外提供直流 24V 稳压电源，用于对外部传感器供电。

6.4.4　可编程逻辑控制器的应用

近年来，随着大规模集成电路技术的迅猛发展，功能更强大、规模不断扩大而价格日趋低廉的元器件不断涌现，促使 PLC 产品的功能大增但成本下降。目前，PLC 的应用已经打破了早期 PLC 仅用于开关量控制的局面，下面简述其应用。

1. 开关量逻辑控制

开关量逻辑控制是 PLC 最广泛的应用。开关量逻辑控制已逐步取代传统的继电器逻辑控制，被用于单机或多机控制系统以及自动生产线。PLC 控制开关量的能力强，所控制的入、出点数有时多达几万。由于 PLC 可以联网，其所控制的点数几乎不受限制，而且，其也可以解决各种逻辑问题，如组合、时序、延时和高速技术等。

2. 运动控制

目前，很多厂商已经开发出大量运动控制模块，其功能是给步进电动机或伺服电动机等提供单轴或多轴的位置控制服务，并在控制过程中调整速度和加速度，以保证运动的平滑水准。

3. 过程控制

当前 PLC 产品中有一大类是针对生产过程参数（如温度、流量、压力、速度等）的检测和控制而设计的，常用的有模拟量 I/O 模块，通过这些模块不仅可以实现 A/D 和 D/A（数/模）转换，还可以进一步构成闭环，实现 PID 一类的生产过程调节。而针对 PID 闭环调节，又有专门的模块，可以更方便地实施。这些产品往往还引入了智能控制。

4. 数据处理

现代的 PLC 已具有数据传送、排序、查表搜索、位操作以及逻辑运算、函数运算、矩阵运算等多种数据采集、分析、处理功能。目前还有不少公司将 PLC 的数据处理功能与计算机数值控制（CNC）设备的功能紧密结合在一起，开发了用于 CNC 的 PLC 产品。

5. 通信

随着网络的发展和计算机集散控制系统的逐步普及，产生了 PLC 的网络化通信产品。这些产品解决了 PLC 之间、PLC 与其扩展部分之间、PLC 与上级计算机之间或其他网络之间的通信问题。

需要注意的是，并非所有 PLC 都具有上述全部功能，PLC 越小型，其功能相应也越少。

6.4.5 可编程逻辑控制器发展现状

目前，世界上有 200 多家 PLC 企业和几千种型号的 PLC 产品。PLC 产品按地域可分成三个流派——美国、欧洲、日本。美国是 PLC 生产大国，有 100 多家 PLC 企业，著名的有罗克韦尔自动化、通用电气公司等；欧洲的主要知名厂商有德国的西门子、法国的施耐德电气；日本的小型 PLC 最具特色，在小型机领域中颇具盛名，主要知名厂商有三菱电机、欧姆龙集团等。除此之外，韩国的 LG 等一些公司也生产 PLC 产品，但规模相对较小。

目前，中国是全球最大的制造业基地，有最多的制造业企业及相应的装备产品。随着中国装备制造业成为国家的发展战略，中国的 PLC 市场将成为全球最主要的 PLC 市场。随着中国改革开放四十余年的发展，中国的制造业水平得到了很大提高，国外 PLC 企业中大部分都在中国设立自己的生产企业，因此，国内 PLC 企业生产与国外 PLC 企业同质量的产品已经成为现实。国内 PLC 厂商不断加大研发投入，推动产品创新和升级。目前，国内 PLC 产品已经具备了较高的性能和稳定性，能够满足不同行业的需求。同时，国内 PLC 厂商还在智能化、网络化、模块化等方面进行了积极探索，推出了一系列具有自主知识产权的新产品，提升了中国 PLC 行业的整体竞争力。

6.5 本章小结

本章主要介绍生产制造类软件，包括 MES（制造执行系统）、DCS（分布式控制系统）、SCADA（数据采集与监视控制）系统、PLC（可编程逻辑控制器）等。这些软件用于帮助企业进行生产计划、生产调度、物料管理、质量管理和设备管理等。未来，生产制造类软件将继续向智能化、自动化、数据化、云端化和协同化的方向发展。人工智能技术的快速发展将推动生产制造类软件向智能化方向发展，通过机器学习和深度学习等技术，实现对生产过程的自动控制、优化和预测。生产制造类软件将越来越注重对数据的采集、分析和利用。通过建立生产数据模型，实现对生产过程的实时监测和控制，提高生产效率和产品质量。

第 7 章　经营管理类软件

本章学习目标：

（1）了解经营管理类软件；

（2）掌握经营管理类软件及其代表产品；

（3）了解经营管理类软件关键技术。

本章首先介绍了经营管理类软件中的经典软件产品，针对每个类型的工业软件都进行了简单的介绍，然后对各个工业软件的设计流程进行了阐述。之后，对各个工业软件的设计开发所涉及的关键技术进行了介绍，让读者能够快速地了解国产经营管理类软件在国内市场中的占比高于国外产品的原因。最后简要介绍国内代表性企业及其相关产品。

7.1　企业资源计划

企业资源计划（Enterprise Resource Planning, ERP）是信息技术与管理科学结合的产物，它可以对企业的业务过程进行有效的计划和控制，是企业信息化的主要工具之一。ERP 是制造业企业的核心管理软件。本节将对 ERP 展开详细的介绍。

7.1.1　企业资源计划基本概念

企业资源计划（ERP）的概念是由 Gartner 公司在 20 世纪 90 年代提出的，其能够适应离散和流程行业的应用，大型 ERP 软件能够支持多工厂、多组织、多币种，满足集团企业管控，以及上市公司的合规性管理等需求。ERP 与其他系统的集成关系见图 7-1。

ERP 系统的基本思想是：以销定产，协同管控企业的产、供、销、人、财、物等资源，帮助企业按照销售订单，基于产品的制造 BOM、库存、设备产能和采购提前期、生产提前期等因素，来准确地安排生产和采购计划，以及时采购、生产，从而降低库存和资金占用，实现高效运作，确保按时交货。ERP 与供应链管理（Supply Chain Management, SCM）、客户关系管理（Customer Relationship Management, CRM）一起实现业务运作的闭环管理（罗鸿，2020）。

从软件工程的角度上看，成熟的软件一般要经历一个比较长的逐渐进化过程。作为大型的企业应用平台，ERP 经历了半个世纪的演变过程，如表 7-1 所示。ERP 的发展经历了 MRP（物料需求计划）、闭环 MRP（考虑企业的实际产能）、MRPⅡ（制造资源计划，结合了财务与成本，能够分析企业的盈利）等过程。

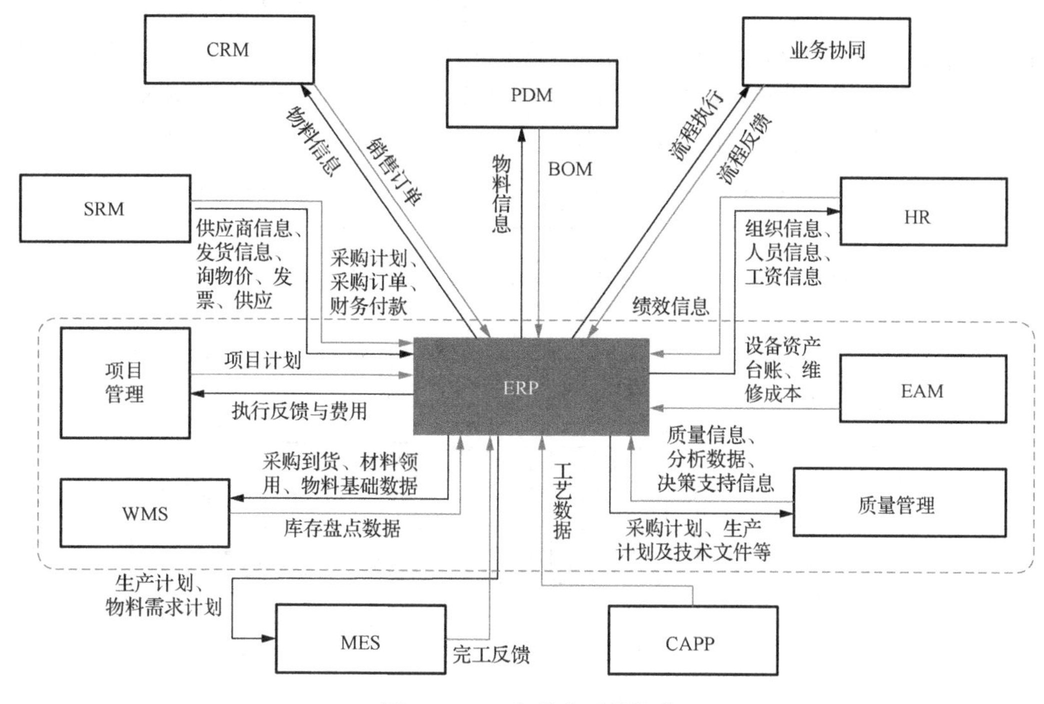

图 7-1　ERP 与其他系统集成

表 7-1　ERP 的演变过程

年代	财务会计	物料管理
20 世纪 60～70 年代	财务处理系统	MRP 闭环 MRP
20 世纪 80 年代	会计信息系统	MRPⅡ
20 世纪 90 年代	ERP	
21 世纪	扩展的 ERP、SCM、CRM…	

7.1.2　企业资源计划基础数据

在传统的制造业企业中，物料管理似乎总是一个很大的问题：库存水准过高、物料短缺情况严重、交货绩效不好、员工忙于赶货、工作负荷过重、供应商绩效不好、制造现场状况不易掌握等。因此，大量生产和大量采购一度成为对产、供、销之间的矛盾进行综合协调的法宝。

随着企业中的制造资源信息集成程度越来越高，以及信息技术的发展，出现了 ERP。在 ERP 中涉及业务集成和信息集成。业务集成强调在离散的各部门之间的协同合作；信息集成强调各软件系统之间的集成，包括硬件、软件包和数据库的平滑运行。信息集成与业务集成相互依存，但相比之下，业务集成更具有基础性，因为即使信息上的集成实现了，业务上的集成也可能还不能实现。图 7-2 标识了典型 ERP 产品的系统架构。其中主生产计划和物料需求计划是 ERP 的两个重要计划层次；销售订单、物料清单和主生产计划为物料需求计划的输入；采购管理、委外管理、生产订单等是物料需求计划的输出；总账会计对应收账款、应付账款、票据现金、成本会计进行记录、核算与监控。

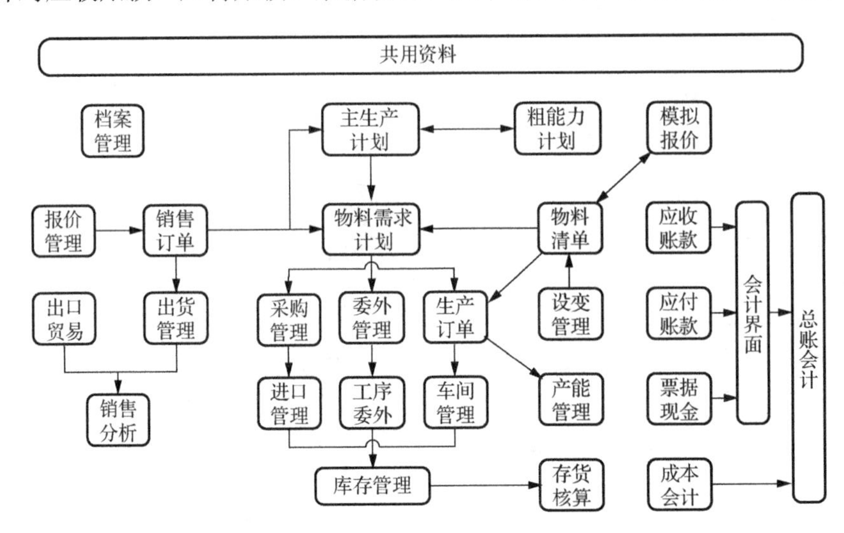

图 7-2　ERP 系统架构图（资料来源：用友公司培训资料）

企业的所有资源包括三种，即物流、资金流和信息流。ERP 对这三种资源进行全面集成管理。一般 ERP 系统包括的主要模块详见表 7-2。

表 7-2　ERP 系统模块配置

类别	模块名称
生产数据	制造数据管理*
物料管理	库存管理*、采购管理*
市场营销	预测、合同管理*、销售与市场分析、分销资源计划、售后服务
生产计划	销售计划、生产计划、主生产计划*、物料需求计划*、资源需求计划*、能力需求计划*、车间作业控制*、重复式制造
财务会计	总账、应收账、应付账、固定资产、财务报表、工资管理、现金管理、财务预算、财务控制、项目管理会计、财务信息系统
成本控制	产品成本管理*、成本中心会计、利润中心会计、营利能力分析
领导决策	决策支持、经理信息检索、业绩评价
其他	质量管理、仓库管理、设备维修管理、运输管理、人力资源管理、CAD/CAM 接口、EDI 接口、工具管理

注：表中带*号的模块为行程闭环 MRP 系统应具备的基本模块。

7.1.3　企业资源计划设计流程

ERP 可以概括地描述为“IT+现代管理技术”。ERP 不是一个单纯的计算机系统，而是一个复杂的软件系统和一个复杂的管理模式的结合。好的 ERP 系统会使得拥有较好管理模式的企业实现预想的效益。企业的管理模式可以概括为经营策略和业务流程，本节主要探讨如何设计满足企业经营需求的 ERP 产品，因此经营策略不在论述范围内。

设计人员在设计 ERP 软件包时使用“最佳实践”的业务流程模型，即按照某一行业中运行比较平稳、比较优秀的企业案例，提炼出适合某类型企业的标准模型，在此基础上按照第 4 章提到的软件工程方法，一步一步将业务流程描述的功能实现为软件的功能组件。

在 ERP 设计实施过程中，企业应用软件开发的企业结构框架从计划者视角、所有者视角、设计者视角、承建者视角、子承建者视角和实施者视角分层次描述企业的逻辑结构。这里不仅仅涉及系统功能、数据、时序，还涉及人员、机构以及企业的经营规划、管理模式等。表 7-3 可以将计划者视角转变为 ERP 设计者和实施者视角，有利于企业信息集成。

表 7-3　系统开发过程的矩阵式架构

信息类型		数据（What）	功能（How）	网络（Where）	人员（Who）	时间（When）	动机（Why）
计划者	计划阶段	重要业务对象列表	业务流程列表	业务执行地点列表	重要组织单元列表	重要事件列表	营运目标列表
所有者	分析阶段（企业模型）	语义模型（实体关系图）	业务流程模型	企业物流系统模型	工作流模型	主进度表	营运计划
设计者	系统逻辑模型	数据逻辑模型	应用系统体系结构	分布式系统体系结构	员工接口体系结构	处理结构	业务规则模型
承建者	系统物理模型或技术模型	数据物理模型	系统设计	网络技术体系结构（节点及连接中的硬件及系统软件）	表现层体系结构	工作流控制结构	业务规则设计
子承建者	详细设计	数据定义	程序	网络体系结构（节点地址与协议）	安全体系结构（用户、权限）	时限定义	规则说明书
实施者	已嵌入企业的信息系统	数据转移到新系统	功能组件	实际作业网络	新的企业组织	进度表	营运策略

在实际的软件开发过程中，设计者从流程的主路径开始，逐步细化得到流程的全面描述。在整体 ERP 系统设计过程中要注重以下几点内容。

（1）设计 ERP 系统时要充分考虑系统的弹性和可适用性指标。企业所有者都会有自己的视角，也有自己的传统，还有自己独特的企业评价标准。那么在 ERP 系统设计初期，要充分考虑企业运营标准流程、可定制个性化流程，使得 ERP 系统具有可裁剪、可修改等特性。无论采用何种方式定义流程，都应该使软件的参数配置及相应的改变不难进行。因此要求 ERP 设计者掌握更多的流程设计和管理知识，由一个纯技术方案设计者转型为管理方案提供者。我国的经营管理类软件设计者应该重视业务流程生命周期的各阶段中用户的不同需求，对于流程的设计、优化、实施、重组，都应该从我国实际出发，进行持续的跟踪研究。

（2）ERP 系统采用面向服务的体系结构（Service-Oriented Architecture, SOA），将会更加灵活。面向服务的体系结构是一种以服务为中心的软件设计方法，能够把软件开发与业务目标更加紧密地整合在一起。SOA 是在原有组件化和 EDI（电子数据交换）的基础上，进一步将可重复利用的软件资源抽象化和标准化，抽取软件共性，建立信息通信，达到重复利用和信息流畅的目的，解决的是研发过程中“业务变化”和“业务集成”问题。“服务”应该比流程更抽象、更容易屏蔽技术细节、更被用户所接受。ERP 系统采用面向服务的体系结构，由承建者和子承建者将系统从过去的紧耦合变为松耦合，既保证系统弹性，又不失系统效率，进而实现重复利用软件资源。

（3）在 ERP 系统设计过程中将业务流程管理的设计提到重要地位，“工作流”技术可以帮助设计人员完成最初的业务逻辑解析。因此在 ERP 系统设计初期，要考虑系统应该具有解析业务流程图或工作流程文档等功能组件或其他应用模块资源。由于业务流程管理一般应与其他应用模块集成在一起使用，因此最好的情况是采用与平台无关的语言进行设计和实施。

7.1.4 企业资源计划关键技术

ERP 软件开发一般都采用中间件技术、构件技术、软件总线技术、异构数据库技术、安全机制等，下面将对这几种主要技术给予简要的描述。

1. 中间件技术

传统的客户/服务器计算模式中，将数据统一存储在数据服务器上，而有关的业务逻辑都在客户端实现，属于胖终端的工作方式，这种两层体系结构的模式大大阻碍着系统的发展。随着用户业务需求的增长及 Internet/Intranet 的普及，以三层或四层体系结构取而代之。三层体系结构就是把客户端的业务逻辑独立出来，并与数据库服务器中的存储过程合并在一起构成应用层，以提高计算能力，实现灵活性。在这种结构中，客户端仅仅处理图形用户界面（GUI），而目前的趋势是采用只有交互功能的浏览器，即形成瘦终端的工作方式。为此，中间又增加了一层，称为 Web 服务器层，形成了四层体系结构。中间件可以保障应用信息的可靠传递，以及实现商务构件的互联互通，并且能促成企业应用的完整集成，最终实现分布式应用系统。中间件以自身的复杂换取了企业应用的简捷，屏蔽、疏通了复杂的基础技术细节，使企业的应用开发、部署与管理变得轻松和谐。

图 7-3 表明了基于中间件的 C/S 模式，图中的客户端和服务器部分均包含自己的中间件。中间件的基本目的就是保证客户端的应用或用户能够访问服务器端的各种服务而不关心服务器端的差异性。例如，在数据库应用系统中，SQL 被设想用来访问本地或远端应用的关系数据库。然而，大多数关系数据库供应商在支持 SQL 的同时又加入了一些新的功能，这使得不同的产品得以区分，但又带来了潜在的不兼容性。

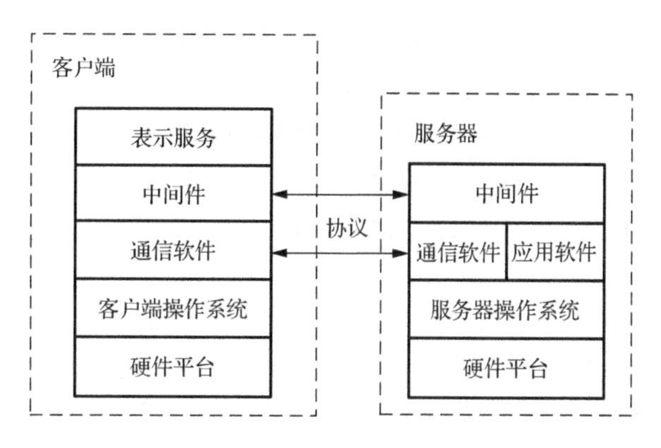

图 7-3　基于中间件的 C/S 模式

中间件保证了分布式 C/S 模式的实现，整个分布式系统可以看作一系列的应用和对用户可用的资源，用户不需要关心数据的位置或应用发生的真正地点。所有的应用有一套统一的应用程序接口（API），所有 Client 和 Server 应用平台的中间层负责“路由”用户请求以提出合适的服务，根据中间件所起的作用及采用的技术，大致可将其分为以下五类：①基于数据库的中间件；②基于 RPC 的中间件；③基于 TP Monitor 的中间件；④基于 ORB（Object Request Broker）的中间件；⑤基于消息的中间件 MOM。

2. 构件技术

综观 ERP 的发展历程，ERP 的发展与经济的发展和企业的经营环境密切相关。同时企业的组织结构、产品品种、计划模式、业务流程都在不断地变化，客观要求 ERP 系统必须具有适应这种变化的能力，而不能全凭无休止的一次开发来适应这种变化。而软件构件应是面向对象技术的产物，它是一个封装的对象，具有特征属性、操作和事件，可以被任意第三方软件调用或融合，这就决定了它在企业重构或企业的动态管理中发挥着重要作用。如前所述，ERP 系统是一个庞大的软件系统，必须在软件组织策划上考虑设计庞大的软件可重用模块库（类库），并对这些类库进行有效的组织、管理和使用，通过“搭积木”和“构件重组”来满足不同行业、不同规模、不同管理模式的企业需要。针对每个企业研发 ERP 系统的过程中的重复环节，利用构件技术可以既节约人力、财力，又为企业快速占领市场赢得宝贵的时间。因此这种来自软件开发角度的构件技术在 ERP 开发中使用也是必然趋势。

使用构件技术开发应用系统时，要将系统的各部分做成独立的、可重用的模块，使开发新系统和修改原系统时能方便地组合或替换某些模块，而在设计系统时，应该根据业务流程将这些模块分为通用构件和领域构件，同时应该根据实际情况，确定构件粒度的大小以避免构件的实际作用变小。构件无论粒度大小都应当支持各种硬软件环境、Internet 以及分布式应用等。目前，构件与开放分布式系统模型理论已经在实际中得到了越来越广泛的应用，很多厂商和组织为了满足分布式计算的需求，纷纷推出了自己的支持构件技术的标准和平台，当前应用较多的有以下三种技术规范或体系结构：CORBA、COM/DCOM、Java RMI。

CORBA（Common Object Request Broker Architecture）由 OMG（Object Management Group）提出，得到了 IBM、Microsoft、Sun、HP、Oracle、DEC、Iona、Visigenic、VPM 等公司的广泛支持。OMG 的基本目标是制定实用的分布式对象技术及其对象管理规范，建立应用系统的通用集成框架，在分布式、异构的环境中实现基于对象系统的可复用、可移植和互操作，CORBA 规范被 OMG 用来解决分布式、异构环境中“对象系统”之间互操作的问题。

COM（Component Object Model）/DCOM 规范是 Microsoft 独家发布的构件对象模式技术规范。DCOM 支持面向对象，允许系统中的软件元素以对象的方式存在，其中客户进程与服务器之间的交互通过类似于面向对象的 RPC 调用来实现，但它以微软平台为基础，不支持平台无关性。

Java RMI（Remote Method Invocation）是 SUN 公司提出的用于在分布式环境中实现不同 Java 应用程序之间的通信的纯 Java 解决方案，可使程序开发者直接调用远程对象，而不必关心底层的实现细节。

比较而言，COM/DCOM 和 Java RMI 都面向特定的平台或语言，而 CORBA 独立于语言与平台，是不同软件对象之间进行交互的信息总线，具有一定的优越性。

3. 软件总线技术

软件总线是指面向对象的为多种计算机语言编写的多个、多种类型的软件功能部件（对象）服务的一组虚拟的数据信息传输线。这组虚拟的数据信息传输线是软件，也是一组通用的标准，集成了软件功能部件（对象）的接口界面。它是计算机操作系统与各种集成硬件功能部件（对象）之间或集成软件功能部件（对象）之间进行数据传输与联系的虚拟公共通道和接口界面，是一种软件复用的开发工具。软件总线的基本思想是：将各种软件集成块及软件分离元件组装在一起，形成软件插件板，将其插接到软件总线上，即可与其他插接在软件总线上的软件插件板组成功能强大的新的软件系统，这就要求所有的可复用软件都具有标准化、通用化、系列化、模块化和集成化的功能，这里所说的软件集成块和软件分离元件就是标准化、通用化、系列化、模块化和集成化的可复用软件，以便组成软件构件库，即可复用软件库，储存各种可复用的软件资源。

软件总线是一组规定的软件模块功能的集合，应具备如下功能：通信功能、软件界面接口功能、总线的管理控制功能、安装和卸载功能。

软件总线的对象是各种软件构件库中的软件集成块和软件分离元件，取出所需的各种软件构件可以组装成新的集成软件系统或集成块，并将其安装到软件总线上或构件库中。同时，可以从软件总线上和各构件库中下载某些功能软件构件。

4. 异构数据库技术

在 ERP 系统中，数据库技术是不可缺少的关键技术之一，由于各个企业的具体情况不同，特别是要兼容企业现有（如提供接口）数据库的时候，因此需要考虑异构数据库的读写问题，基于数据库的中间件从某种意义上解决了这个问题。

基于数据库的中间件提供了一系列应用程序接口（API），从而允许应用程序同本地或异地的数据库进行通信，应用程序通过中间层而不考虑操作系统及网络来访问数据库，体现了数据库访问的透明性。

ODBC、JDBC 都是基于数据库的中间件标准。通过 ODBC 访问数据库的方式是绝大多数应用程序访问数据库的方式，它通过使用驱动程序来提高数据库的独立性，而驱动程序与具体的数据库有关，它是一个用以支持 ODBC 函数调用的模块（通常是一个 DLL）。应用程序通过调用驱动程序所支持的函数来操作数据库，若想使应用程序操作不同类型的数据库，就要将其动态地连接到不同的驱动程序中。ODBC 具有良好的数据库独立性，它可以避免应用程序对不同类型的数据库使用不同的 API，通过 ODBC 可以使得数据库更改操作变得非常容易，因为对应用程序来说，只需改换驱动程序。JDBC 实际上就是一系列用于特定数据库的 Java 类库，它源于 ODBC 体系结构。

现在，微软又提出了 OLE-DB。OLE-DB 提供了不同数据源的统一的访问点，OLE-DB 的作用是通过提供 OLE Automation 来访问多种数据库，或在应用程序和数据库之间提供一个 COM 层，通过 COM 层的对象访问数据库。

在基于数据库的中间件领域中，目前还产生了应用分割技术，即将用户的一些应用逻辑放到中间层，为客户机“减肥”，这也为 NC（Network Computer）等的引入奠定了基础并增强了应用程序的处理性能、安全性和并发性。目前，很多数据库前端开发工具都支持应用分割技术。

5. 安全机制

一旦 Intranet 连接上了 Internet，其安全性就受到了考验，鉴于网络安全，安全方面的开销可能是接入 Internet 除线路开销以外的最大开销。在 ERP 系统中，系统安全包括两个方面：一方面（主要），企业内部 Server 严禁企业外部网络对其进行有意无意的恶意攻击；另一方面，要限制企业内部的各个部门只能在自己的操作权限下进行操作。

对于前者，可以通过对数据通信链路进行加密、监听或者利用身份验证系统和防火墙等产品来为网络安全与合法使用提供保证。当然，这些产品都只是管理员的工具，对于来自网络的恶意攻击所起到作用是有限的。

对于后者，ERP 系统作为面向用户、开放的操作平台，通常为不同的部门提供不同的权限，具有不同操作权限的部门只能在自己的权限范围内进行操作，比如，对数据进行增、删、改、浏览和打印等，通常 ERP 系统采用多级多元多视图的做法达到这个目的，多级就是超级用户通过为普通用户设置不同的级别使其具有相应的操作权限；多元是指超级用户可以设置更趋个性化的人机界面；多视图是指不同操作级别的人员所操作的人机界面也不一样，因而具有不同的信息访问范围。

7.1.5　国内代表性企业及其相关产品

下面将介绍两个国产软件，从中可以看出经营管理类软件发展状态，以及未来发展趋势。

1. 用友 NC Cloud

用友网络科技股份有限公司诞生于 1988 年，始终坚持“用户之友、专业奋斗、持续创新”的核心价值观。其致力于服务中国及全球企业与公共组织的数字化、智能化发展，推动企业服务产业变革，用创想与技术推动商业和社会进步。

目前，用友公司形成了以用友企业云为核心，云服务、软件、金融服务融合发展的新战略布局。用友企业云定位数字企业智能服务，是中国最大的综合型、融合化、生态式的企业云服务平台，服务于企业的业务、金融和 IT 三位一体的创新发展，为企业提供云计算、平台、应用、数据、业务、知识、信息等多态融合的全新企业服务。用友企业云作为数字商业应用级基础设施，已为超过数百万家企业客户与公共机构用户提供了企业云服务，覆盖大中型企业和小微型企业；同时，用友企业云作为企业服务产业的共创平台，将汇聚超过 10 万家的企业服务提供商，他们将共同服务于千万家企业与公共组织的创新发展，推动中国数字经济与智慧社会的进步与发展。

用友 NC Cloud 可以为企业用户提供全方面服务，覆盖了制造业、消费品行业、建筑业、房地产业、金融保险等 14 个行业大类，68 个细分行业。服务涵盖数字营销、智能制造、财务共享、数字采购等 18 个解决方案，可以帮助企业实现业务创新、管理变革、数字化转型等目标。用友高端 ERP 软件以业务场景为纽带，重构业务流程；采用云原生、中台化的业务架构；支持私有云、公有云、专属云的灵活部署模式，以全面适配华为云，提供完全自主创新的解决方案。

2. 浪潮 GS Cloud

浪潮集团有限公司作为浪潮通用软件有限公司（简称浪潮通软）的母公司，是以服务器、软件为核心产品的国有企业和中国领先的云计算、大数据服务商，迄今有 70 多年历史，始终致力于成为具有先进的信息科技产品和领先的解决方案的服务提供商。2018 年，其位列中国企业 500 强第 207 位，为全球 120 个国家和地区提供产品与服务，拥有计算机信息系统集成特一级资质和 ITSS 一级资质。

浪潮通软公司是中国企业管理软件与云服务厂商，浪潮 ERP 被列入国家 863 计划中的“适合中国国情的 ERP 软件”，浪潮 ERP、SCM、CRM 三个产品的研发工作全部入选国家 863 计划，先后推出大型财务管理软件，并定义“财务云”，软件过程能力通过了 CMMI5 认证。

浪潮通软公司自主研发了适合我国企业管理和业务协作特点的高端 ERP 软件产品 GS Cloud。浪潮通软公司与全球最大的开源 ERP 厂商 Odoo 成立合资公司，研发微服务架构的软件平台，通过开放源代码，共同打造包括用户、伙伴、开发者和厂商在内的完整的生态体系。

浪潮通软公司大型企业数字化平台 GS Cloud 采用云原生、容器化、分布式、微服务的全新架构，支持私有云、公有云、混合云部署，低代码快速开发与定制，以及端到端的业务流程驱动，为企业提供财务共享、电子采购、智能制造、数字营销、管理会计、司库与资金管理、智能决策等核心应用，以及人力云、采购云、协同云、差旅云、税管云等云服务。其支持多组织、跨地域地进行业务运营，在集团层面实现集中管控、服务共享，在产业层面满足数字化和智能化运营管理的需求，在助力企业实现降本增效的同时，有效支撑创新业务模式。

7.2　供应链管理系统

供应链管理（SCM）是基于协同供应链管理的思想，借助 Internet、信息系统和 IT 技术的应用，使企业供应链上下游的各环节无缝链接，形成物流、信息流、单证流、商流和资金流五流合一的模式。SCM 通过利用供应链上的共享信息，加快供应链上物流和资金的流动速度，加强供应链的可视化管理，从而为企业创造更多的价值。本节将对 SCM 进行详细的介绍。

7.2.1　供应链管理系统基本概念

供应链管理不是供应商管理的别称，而是一种新的管理策略。它把不同企业集成起来以增加整个供应链的效率，注重企业之间的合作。供应链管理的研究对象是由一些相互合作的企业所构成的整体，这些企业通过合作实现战略定位，增加运作效率。对于供应链中的各个成员企业而言，供应链关系反映出了一种战略上的选择。供应链战略是建立在相互依存、相互合作的基础之上的渠道安排。这就要求相关企业建立跨部门的管理流程，并使这个流程突破企业组织的界限，与上下游的贸易伙伴和客户相互连接起来。

一般来说，现代社会人们生活所需的产品都要经过最初的原材料生成、零部件加工、产品装配和分销阶段，然后才能进入消费阶段。这个过程中既有物质形态的产品的生产和消费，也有非物质形态的产品（如服务）的生产（提供服务）和消费（享受服务）。产品涉及原材料供应商、产品制造商、产品销售商、运输服务商和最终客户等多个独立的用户及其相互之间的交易，并因此形成物流、服务流、资金流和信息流，最后到达消费者手中。上一个业务流程为下一个业务流程提供物流服务或业务服务，由此形成环环相扣的链条。链条上的每一个企业都构成一个节点，节点企业之间构成工序关系，并形成交易，即上游企业向下游企业提供产品或服务，而下游企业向上游企业提供产品或服务的需求。这种由多个节点构成的企业业务流程网络就称为“供应链”，也称为“供需链”。它既存在于制造业，也存在于服务业，即供应链上传递的既可以是产品，也可以是某种服务。供应链管理软件是伴随供应链的发展应运而生的，由于供应链管理环节众多，目前的供应链管理软件包括供应链执行层面和供应链计划与规划层面两类。

图 7-4 为在供应链中产品从生产到消费的全过程，这是一个非常复杂的网链模式，覆盖了供应、生产、运输、储存和销售等所有环节的整个过程。

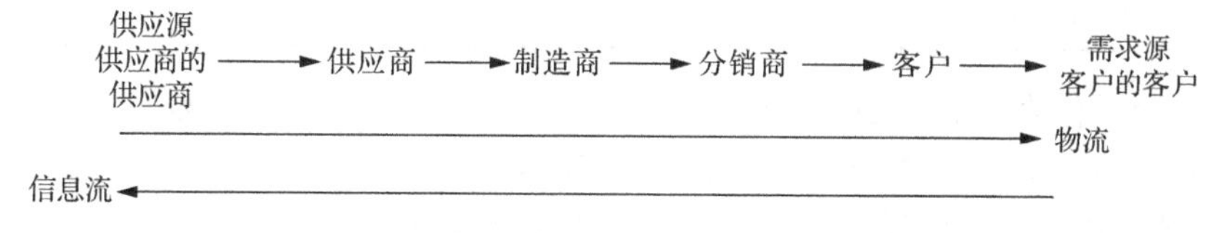

图 7-4　供应链结构模型

供应链管理的目标就是通过调节总成本最低化、总库存最小化、总周期时间最短化，以及物流质量最优化等目标之间的冲突，实现供应链绩效最大化。

7.2.2 供应链管理系统基础数据

供应链执行指的是供应链实际的操作和运营管理，如库存管理、运输管理和配送管理，包括仓储管理系统（WMS）、运输管理系统（TMS）、配送管理系统（DMS）；供应链计划包括供应链网络优化、需求计划、配送计划、制造计划、高级计划与排程等。国际上将供应链管理软件大致分为四类：供应链网络设计（Supply Chain Strategy Design）、供应链计划（Supply Chain Planning）、供应链执行（Supply Chain Execution）、供应链数据整合（Supply Chain Data Integration）。表 7-4 是主要 SCM 软件涵盖的功能。

表 7-4 主要 SCM 软件涵盖的功能

类型		功能模块						
供应链网络设计	供应链网络结构设计	确定组织间供应链网络结构设计	确定核心企业地位	确定供应链网点选址				
供应链计划	供应链绩效评价与智能决策	供应链业务流程评价	供应链成本评价	供应链效率评价	供应链客户服务评价	供应链生产与质量评价	供应链资产管理评价	配送中心与新生产线选址
	供应链计划与优化	需求计划与订单预测	生产计划与延迟制造	排程计划与能力平衡	安全库存管理与库存优化	采购提前期与采购计划	供应链网络优化	配送计划与运输路线优化
供应链执行	订单管理	订单合并与分解	订单可视化					
	分销与配送	调拨控制	信息跟踪					
	运输管理	路线优化与定位	第三方外包管理	支付与结算	保险			
	仓储管理	出入库管理	品项与批次管理	逆向回收管理	货品折损管理	货架与货位管理	周期盘点管理	第三方外包管理
	采购管理	寻源	支付与结算	质量评估	报关			
供应链数据整合	供应商关系管理	供应商信息管理	供应商合同管理	业务流程管理	供应商绩效评估	VMI 管理		
	电子数据交换（EDI）	Web-EDI	Internet EDI	VAN				

供应链管理作为产品流通过程中各种组织协调活动的基础，实现将产品或服务用最低的价格迅速向客户传递的功能，这成为供应链管理竞争战略的中心概念（马士华，2004）。因此，在研发供应链管理软件时，需要重点考虑以下几个方面的内容。

1. 供应链战略管理

供应链管理本身属于企业战略层面的问题，因此，在选择和参与供应链时，必须从企业发展战略的高度考虑问题。它涉及企业经营思想，在企业经营思想指导下的企业文化发展战略、组织战略、技术开发与应用战略、绩效管理战略等，以及这些战略的具体实施。供应链运作方式、参与供应链联盟所必需的信息支持系统、技术开发与应用，以及绩效管理等都必须符合企业经营战略。

2. 信息管理

在现代供应链中，信息是供应链各方的沟通载体，供应链中各个阶段的企业就是通过信息这条纽带集成起来的，绝大多数的企业都会尽力提高可获得的信息的准确性，以为企业决策提供有力支持，从而降低企业运作中的不确定性。这些企业已经不再是为自身的最优化而运行，而是在为供应链的全局最优化而努力。由于信息在供应链管理中的特殊作用，它必定是企业制定供应链战略的重要内容。

信息及对信息的处理质量和处理速度是企业在供应链中获益大小的关键，也是实现供应链整体效益的关键。因此，信息管理是供应链管理的重要方面之一。信息管理的基础是构建信息平台，实现供应链的信息共享，通过 ERP 和 VMI 等系统的应用，将供求信息及时、准确地传递到相关的节点企业，从技术上实现与供应链其他成员的集成化和一体化。

3. 客户管理

传统的卖方市场中，企业的生产和经营活动是以产品为中心的，企业生产和销售什么产品，客户就只能接受什么产品，没有多少挑选余地。而在经济全球化的背景下，买方市场占据了主导地位，客户主导了企业的生产和经营活动，因此客户是核心，也是市场的主要驱动力。客户的需求、消费偏好、购买习惯、意见等是企业谋求竞争优势所必须争取的重要资源。

在供应链管理中，客户管理是供应链管理的起点。如前所述，供应链源于客户需求，同时也终于客户需求，因此供应链管理是以满足客户需求为核心运作的。通过客户管理，详细地管理客户信息，从而预先掌控用户需求，在最大限度地节约资源的同时，为客户提供优质的服务。

4. 库存管理

库存管理是企业管理中最难处理的问题之一，因为库存过多或过少都会带来损失。一方面，为了避免缺货给销售带来的损失，企业不得不持有一定量的库存，以备不时之需；另一方面，库存占用了大量资金，既影响了企业的扩大再生产，又增加了成本，在库存出现积压时还会造成巨大的浪费。因此，一直以来，企业都在为确定适当的库存而苦恼。传统的方法是通过需求猜测来解决这个问题的，然而需求猜测结果与实际情况往往并不一致，因而直接影响了库存决策的制定。如果能够实时地把握客户需求的变化信息，做到在客户需要时再组织生产，那就不需要持有库存，即以信息代替库存，实现库存的“虚拟化”。

因此，供应链管理的一个重要使命就是利用先进的信息技术，收集供应链各方及市场需求方面的信息，减少需求预测的误差，用实时、准确的信息控制物流，减少甚至取消实际库存，从而降低库存的持有风险。

5. 关系管理

传统的供应链成员之间的关系是纯粹的交易关系。各方遵循的都是“单向有利”的原则，所考虑的主要是眼前的既得利益，并不考虑其他成员的利益。这是因为供应链是由一些相对独立的企业所组成的，每个企业分别处于供应链的一个阶段，而每个企业都有自己相对独立的目标。上下游企业的目标往往存在着一些冲突。例如，制造商要求供应商能够根据自己的生产需求，灵活并且充分保证他的物料需求得到满足；供应商则希望制造商能够以相对固定的周期进行大批订购，即有稳定的大量需求。这就是两者之间产生了目标的冲突，这种目标的冲突无疑会大大增加交易成本。同时，社会分工的日益深化使得企业之间的相互依赖关系不断加深，交易也日益频繁。因此，降低交易成本对于企业来说就成为一项具有决定意义的工作。而现代供应链管理理论恰恰提供了提高竞争优势、降低交易成本的有效途径。这种途径就是通过协调供应链各成员之间的关系，加强与合作伙伴的联系。在协调的合作关系的基础上进行交易，可以有效地降低供应链整体的交易成本，从而使供应链各方的利益获得同步的增加。

6. 风险管理

国内外供应链管理的实践证明，能否加强对供应链运行风险的认识和规范是能否取得预期效果的关键。如果认为企业实施了供应链管理模式就能取得预期效果，那就把供应链管理看得太简单了。

供应链上的企业之间的合作会因为信息不对称、信息扭曲、市场不确定性以及其他政治、经济、法律等因素的变化而存在各种风险。为了使供应链上的企业都能从合作中获得满意结果，必须采用一定的措施以尽可能地规避这些风险。例如，通过提高信息透明度和共享性、优化合同模式、建立监督控制机制，以及在供应链节点企业间合作的各个方面、各个阶段建立有效的激励机制，促使节点企业间的诚意合作。

从供应链管理的具体运作来看，供应链管理主要涉及五个领域：供应（Supply）、生产计划（Production Schedule）、物流（Logistics）、需求（Demand）和回流（Return）。如图 7-5 所示，供应链管理是以同步化、集成化生产计划为指导，以各种技术为支持，尤其是以互联网为依托，围绕供应、生产计划、物流、需求和回流来实施的。

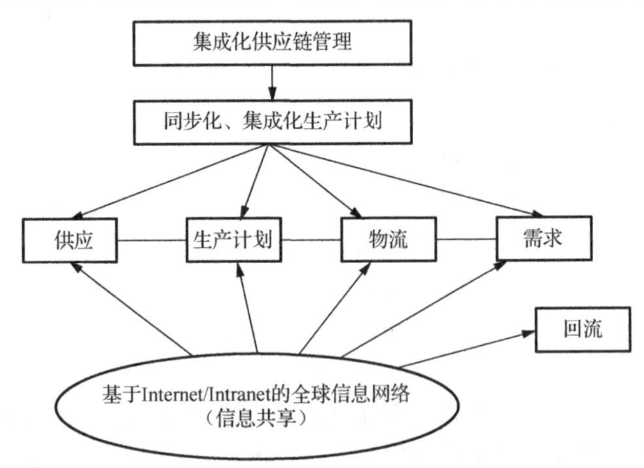

图 7-5　供应链管理涉及的主要领域

在以上五个领域的基础上，可以将供应链管理细分为职能领域和辅助领域。职能领域主要包括产品工程、产品技术保证、采购、生产控制、库存控制、仓储管理、分销管理；而辅助领域主要包括客户服务、制造、设计工程、会计核算、人力资源、市场营销。

由此可见，供应链管理关注的内容并不仅仅是物料实体在供应链中的流动，除了企业内部与企业之间的运输问题和实物分销以外，供应链管理关注的还包括以下主要内容：

（1）战略性供应商和用户的合作关系管理；

（2）供应链产品需求的预测和计划；

（3）供应链的设计（全球节点企业、资源、设备等的评价、选择和定价）；

（4）企业内部与企业之间的物料供应与需求管理；

（5）基于供应链管理的产品设计与制造管理、生产集成化计划、跟踪和控制；

（6）基于供应链的用户服务和物流（运输、库存、包装等）管理；

（7）企业间的资金流管理；

（8）基于互联网的供应链交互信息管理等；

（9）逆向物流管理。

供应链管理注重总的成本（从原材料到最终产品的费用）与用户服务水平之间的关系，为此要把供应链中各个职能部门有机地结合在一起，从而最大限度地发挥出供应链整体的力量，达到供应链企业群体获益的目的。

7.2.3　供应链管理系统设计与构建

供应链管理系统设计就是要建立一个以重要企业为核心、联盟上下游企业的协调系统。要想进行高绩效的供应链管理，前提就是要建立一个优化的供应链管理系统。供应链管理系统的设计是从企业整体的角度去勾画企业蓝图，是扩展的企业模型。它既包括物流系统，也包括信息和组织，以及价值流和相应的服务体系建设。有效的供应链管理系统设计可以使企业获得更多的利益，包括提高用户服务水平、实现成本和服务之间的有效均衡、提高企业竞争力、提高柔性等。但是，不恰当的供应链管理系统设计也可能导致资源浪费甚至研发任务失败，因此正确的供应链管理系统设计是必需的。

1. 供应链管理系统设计的步骤

（1）分析市场竞争环境。

这一步骤的目的在于找到针对哪些产品市场开发供应链才有效，必须知道现在的产品需求，以及产品的类型和特征。在分析市场竞争环境的过程中要向卖主、用户和竞争者进行调查，提出“用户想要什么”和“他们在市场中的分量有多大”之类的问题，以确认用户的需求和由卖主、用户、竞争者产生的压力。这一步骤的输出是每一产品中按重要性排列的市场特征，同时对于市场的不确定性要有分析和评价。

（2）分析、总结企业现状。

在这一步骤中主要分析企业供需管理的现状（如果企业已经有了供应链管理系统，则分析供应链的现状），这一步骤的目的不在于评价供应链管理系统设计策略的重要性和合适性，而在于着重研究供应链管理系统开发的方向，分析、寻找、总结企业存在的问题，以及影响供应链管理系统设计的阻力等因素，最后分析得出供应链管理系统设计的必要性。

（3）提出供应链管理系统设计项目，确立设计目标。

这一步骤的主要目的在于针对存在的问题提出供应链管理系统设计项目，分析其必要性并获得高用户服务水平和低库存投资、低单位成本两个目标之间的平衡（这两个目标之间往往有冲突），同时还应包括以下目标：

① 进入新市场；

② 开发新产品；

③ 开发新分销渠道；

④ 改善售后服务水平；

⑤ 提高用户满意程度；

⑥ 降低成本；

⑦ 通过降低库存提高工作效率。

（4）分析供应链的组成，提出组成供应链的基本框架。

在这一步骤中确定供应链的成员组成，需要分析制造工厂、设备、工艺和供应商、制造商、分销商、零售商及客户的选择和定位，并确定选择标准与选择结果。

（5）分析和评价供应链管理系统设计的技术可行性。

在可行性分析的基础上，结合企业的实际情况为开发供应链管理系统提供技术选择建议和支持。这也是一个决策的过程，如果认为方案可行，就可进行下面的设计；如果不可行，就要重新设计。

（6）设计供应链管理系统。

这一步骤主要解决以下问题：

① 供应链的成员组成（供应商、设备、工厂、分销商的选择与定位、计划与控制等问题）；

② 原材料的来源（供应商、流量、价格、运输等问题）；

③ 生产设计（需求预测、生产什么产品、生产能力、供应给哪些分销商、价格、生产计划、生产作业计划和跟踪控制、库存管理等问题）；

④ 分销任务与能力设计（产品服务于哪些市场、运输、价格等问题）；

⑤ 管理信息系统设计；

⑥ 物流管理系统设计。

在供应链管理系统设计中，要用到许多工具和技术，包括归纳法、集体问题解决、流程图、模拟和设计软件等。

（7）检验供应链管理系统。

供应链管理系统设计完成以后，应通过一定的方法继续进行测试检验或试运行，如果存在问题，则需返回重新进行设计。如果没有什么问题，就可实施供应链管理系统了。

2. 供应链管理系统设计的总体思路

供应链管理系统主要包括 4 个子系统，即采购管理、库存管理、存货核算和销售管理。各子系统之间的业务处理流程如图 7-6 所示。

1）采购管理

采购管理子系统向库存管理子系统传递入库单，追踪存货的入库情况，把握存货的畅滞信息，减少盲目采购，避免库存积压；向应付账款管理子系统传递采购发票，形成企业的应付账款，应付账款管理子系统为采购管理子系统提供采购发票的核销情况。

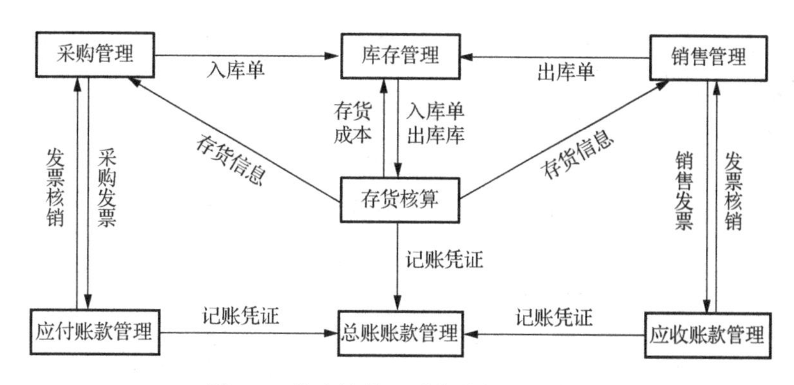

图7-6 供应链管理系统业务处理流程

2）库存管理

库存管理子系统接收在采购和销售管理子系统中填制的各种出入库单；向存货核算子系统传递经审核后的出入库单；接收存货核算子系统传递过来的存货成本信息。

3）存货核算

存货核算子系统接收库存管理子系统中传递的已审核过的出入库单，进行记账，并生成记账凭证；向库存管理子系统传递存货成本信息；向采购管理子系统和销售管理子系统传递存货信息。

4）销售管理

销售管理子系统向库存管理子系统传递出库单，更新库存管理子系统中的货物现存量，同时存货核算子系统向销售管理子系统提供存货信息；向应收账款管理子系统传递销售发票，形成企业的应收账款，应收账款管理子系统为销售管理子系统提供销售发票的核销情况。在总账账款管理子系统中，接收应付账款管理子系统、存货核算子系统及应收账款管理子系统中生成的记账凭证，审核并以记账形式形成企业的总账信息。

7.3 客户关系管理系统

客户关系管理（CRM）是辨识、获取、保持和增加“能够带来利润的客户”的理论、实践和技术手段的总称。CRM通过采用信息技术，使企业市场营销、销售管理、客户服务和支持等经营流程信息化，实现客户资源得到有效利用的管理软件系统。本节将对CRM进行详细的介绍。

7.3.1 客户关系管理系统基本概念

CRM核心思想是“以客户为中心”，提高客户满意度，改善客户关系，从而提高企业的竞争力。随着人工智能及大数据技术的发展，智能CRM越来越受到企业的青睐。真正有意识的CRM理念始于1990年，其发展经历了销售自动化（SFA）、客户服务系统（CSS）和呼叫中心（CC）等形态，逐渐综合了现代市场营销理念——忠诚效应、满意度、客户价值、个性化一对一、大规模定制以及客户化等，利用计算机电话集成（CTI）技术、互联网（Internet）功能以及专门的CRM技术（如数据挖掘、建模、数据仓库、关系技术、事件触发等)，最终形成了今天 CRM 的一个完整轮廓。图 7-7 为 CRM 系统与其他信息系统之间的关系。

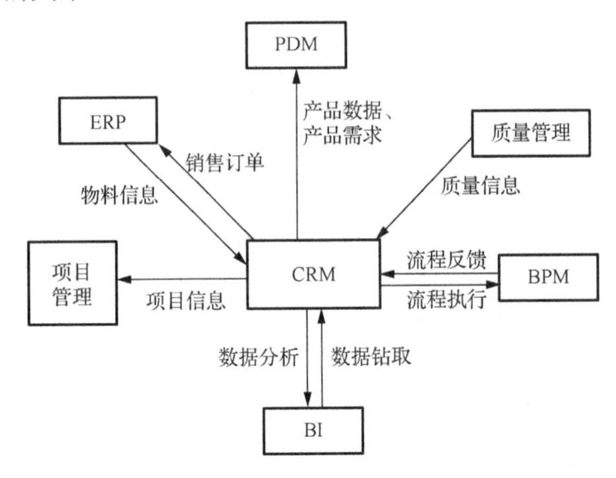

图 7-7　CRM 系统与其他信息系统之间的关系

1. 客户关系管理的产生

进入 21 世纪后，全球的企业都在经历着商业模式的演变和发展。新的企业商业模式对传统的 ERP 系统提出了挑战。企业不仅应该关注其内部的组织流程和结构，更重要的是应该关注其外部的生存和发展环境，这不仅是企业谋求发展的需要，更是企业获得生存所必需的，21 世纪企业的重要特征就是建立快速适应外部环境变化的组织结构。CRM 正是因此而提出的。CRM 产生、发展的原因可归纳为 3 个方面。

1）市场推动

很多企业中随着业务的发展，销售、营销和服务部门需要搜集、分析、处理越来越多的信息，以及时提供服务，满足客户的需要，导致越来越多的企业要求提高销售、营销和服务等日常业务的自动化和科学化。这是 CRM 应运而生的基础。据 Aberdeen Group 调查，西方国家中有 93%的公司的首席执行官认为：CRM 是企业成功和更具有竞争力的重要因素。因此有人把“客户资源”作为 21 世纪极宝贵的资源。

2）技术发展

计算机技术，特别是数据库技术、互联网技术、多媒体技术等的迅猛发展，为企业快速、方便地获取、处理客户的信息提供了强有力的支持。可以想象，没有这些计算机技术的支持，企业对 CRM 的美好设想也只能是海市蜃楼，可望而不可即，CRM 这个概念也不会像今天这样热门。

对企业来说，CRM 由于采用了数据仓库、数据挖掘等数据库技术，以及基于知识的智能分析处理技术，因此可以使企业对大量的数据进行及时的分析处理，以及分析与现有客户和潜在客户相关的需求、模式、机会、风险和成本等，为决策提供依据，也可以使企业更好、更及时地回应客户，最终使企业在整体上获得最大的经济效益。

3）观念更新

互联网的飞速发展使得信息的传播、交流变得前所未有的方便和快捷，信息技术和互联网不仅为人们提供了新的手段，而且引发了企业组织结构、工作流程的重组以及整个社会思想的变革。企业的重点正在经历着从以产品为中心到以客户为中心的转移。“满足客户的需求”已成为企业的共识，新的客户关系管理也就应运而生，使企业在客户服务、市场竞争、销售及支持方面形成彼此协调的全新的关系。

2. CRM 的内涵

CRM 由高德纳公司（Gartner）提出，被定义为企业与客户之间建立的用于管理双方接触活动的信息系统。网络时代的 CRM 应该是利用现代信息技术手段，在企业与客户之间建立的一种数字的、实时的、互动的交流管理系统。到目前为止，CRM 还没有一个统一的定义。总的来说 CRM 具有以下几方面的内涵。

（1）CRM 是一种新的管理理念。

其核心思想是将企业的客户（包括最终客户、分销商和合作伙伴）作为最重要的企业资源，通过完善的客户服务和深入的客户分析来满足客户的需求，保证实现客户的终身价值。

（2）CRM 是一种旨在改善企业与客户之间的关系的新型管理机制。

它实施于企业的营销、服务与技术支持等与客户相关的领域，通过向企业的销售、市场和客户服务专业人员提供全面、个性化的客户资料，并强化跟踪服务、信息分析的能力，使他们能够协同建立和维护一系列与客户和生意伙伴之间卓有成效的“一对一关系”，从而使企业得以提供更快捷和更周到的优质服务，提高客户满意度，吸引和保持更多的客户，进一步增加营业额；通过信息共享和优化商业流程来有效地降低企业经营成本。

（3）CRM 是一种信息技术。

它将数据挖掘、数据仓库、一对一营销、销售自动化以及其他信息技术与最佳的商业实践紧密结合在一起，为企业的销售、客户服务和决策支持等领域提供了一个业务自动化的解决方案，使企业有了一个基于电子商务的面对客户的前沿，从而顺利实现由传统企业模式到以电子商务为基础的现代企业模式的转化。

（4）CRM 是一种实实在在的软件。

CRM 软件体现和融合了 CRM 的思想、观念、技术。

7.3.2　客户关系管理系统体系结构

CRM 系统分为：①与企业业务运营紧密相关的运营型 CRM；②以数据仓库和数据挖掘为基础，实现客户数据分析的分析型 CRM；③基于多媒体客户联系中心，建立在统一接入平台上的协作型 CRM。图 7-8 描述了涵盖这三大类的总的 CRM 体系结构，一个完整 CRM 系统应包括以下四大分系统。

1）客户协作管理分系统

在客户协作管理分系统中，主要实现客户信息的获取、传递、共享和应用；支持呼叫中心、电话交流和网上交流、电子邮件、传真/信件、与客户直接接触等多种联系渠道的紧密集成；支持客户与企业的充分互动。

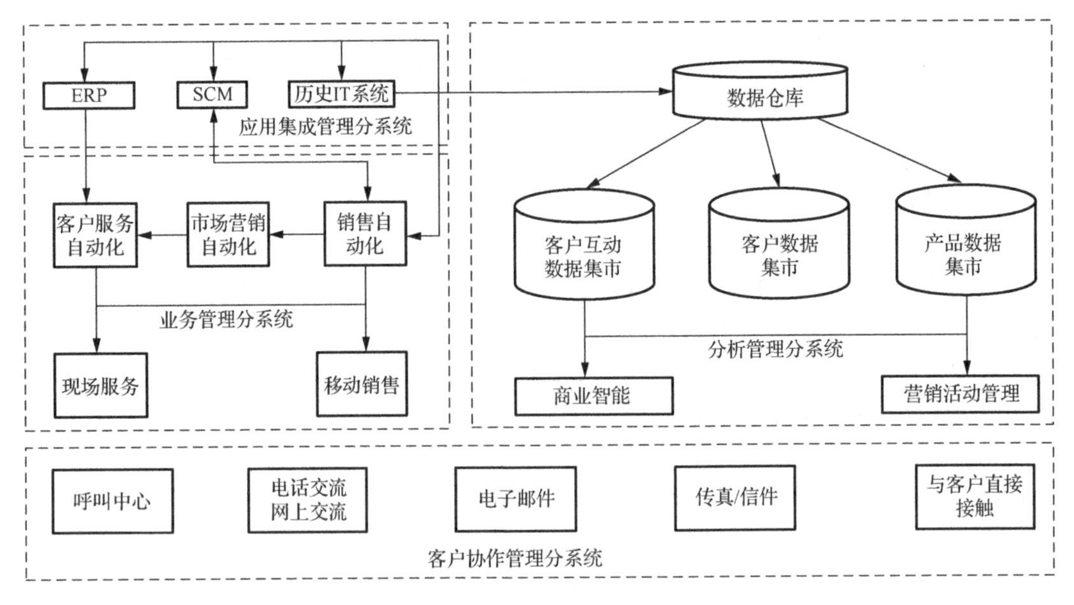

图 7-8　CRM 体系结构

2）业务管理分系统

在业务管理分系统中，主要实现了市场营销、销售、客户服务与支持等三种基本商务活动的优化和自动化，包括市场营销自动化（MA）、销售自动化（SFA）和客户服务自动化（CSA）等三个功能模块。随着移动技术的快速发展，销售自动化可进一步实现移动销售（MS），客户服务自动化则将实现对现场服务（FS）的支持。

3）分析管理分系统

在分析管理分系统中，将完成数据仓库、数据集市、数据挖掘等工作，并在此基础上实现商业智能（BI）和决策分析。

4）应用集成管理分系统

在应用集成管理分系统中，将实现与企业资源计划（ERP）、供应链管理（SCM）等系统的紧密集成，乃至整个企业应用的集成。在上述四大分系统的支持下，CRM 系统应能实现与客户的多渠道紧密联络；实现对客户销售、市场营销、客户服务与支持的全面管理；实现客户基本数据的记录、跟踪；实现客户订单的流程追踪；实现客户市场的划分和趋势研究；实现在线数据联机分析以支持智能决策；实现与企业资源规划、供应链管理、协同办公（OA）等系统的紧密集成。

7.3.3　客户关系管理系统关键技术

客户关系管理系统中常见的功能模块包含了客户管理、营销管理、销售管理、客户服务等，通常情况下，客户关系管理系统采用的关键技术有以下几个。

1. CRM 的基本技术

1）以客户为中心的企业管理技术

以客户为中心的企业管理技术是一种以客户的需求为企业行为指南的管理技术。在这种管理技术中，企业管理的需要以客户的需要为基础，而不是以企业自身的某些要求为基础。这是一种把企业与客户一体化的管理思想付诸实施的管理技术。

2）智能化的客户数据库技术

要实现以客户为中心的企业管理技术，必须有现代信息技术，原因是现代企业所处的是信息时代，以客户为中心的企业管理技术中，智能化的客户数据库技术是所有其他技术的基础。从某种意义上说，智能化的客户数据库是企业发展的基本能源。

3）信息和知识的分析技术

以客户为中心的企业管理技术的实现是建立在现代信息技术之上的，没有现代信息技术，就无法有效地实现以客户为中心的企业管理技术。为了实现这种管理技术，企业必须对智能化的客户数据库进行有效的开发和利用，这种开发和利用的基础与核心技术就是信息和知识的分析处理技术。只有经过分析和处理的信息，才是企业需要的知识，使用 CRM 概念和技术，企业能快速搜集、追踪和分析每一个客户的信息，进而了解整个市场走势，并确切地知道谁是客户、谁是客户的客户、什么是客户的需要、客户需要什么样的产品和服务、如何才能满足客户的要求，以及满足客户要求的一些重要限制因素。CRM 还能观察和分析客户行为对企业收益的影响，使企业与客户的关系及企业盈利都实现最优化。

2. CRM 系统的功能模块

1）销售自动化

销售自动化（Sales Force Automation, SFA）是 CRM 系统中最基本的功能模块。在国外已经有了十几年的发展，近几年在国内也获得长足的发展。在 CRM 系统中，销售自动化主要管理商业机遇、客户数据，以及销售渠道等方面的内容。该模块运用各种 IT 技术把现场销售、电话销售、在线销售、移动销售等所有的销售渠道和销售环节有机地组合起来，帮助企业达到提升销售水平和实现销售过程自动化的目的。这样就在企业的销售部门之间、异地销售部门之间，以及销售部门与市场营销部门之间建立了一条以客户为引导的流畅的工作流程，同时平衡和优化每一个销售环节。销售自动化的主要应用对象是销售人员和销售管理人员。

2）市场营销自动化

市场营销自动化（Marketing Automation, MA）是 CRM 系统中比较新的功能模块，其着眼点在于帮助市场专家对客户和市场信息进行全面分析，从而对市场进行细分，产生高质量的市场策划活动，指导销售队伍更有效地工作。市场营销自动化通过设计、执行和评估市场营销活动和相关活动的全面框架，提高市场营销人员的工作能力，使市场营销人员能够利用 IT 技术计划、执行、监视和分析市场营销活动，并应用工作流技术分析和优化营销流程，并使一些共同的营销任务和过程自动化。市场营销自动化的最终目标是在活动、渠道和媒体间合理分配营销资源以实现收入最大化和客户关系最优化。

3）客户服务自动化

实现客户服务自动化对提高客户满意度、维持客户关系至关重要。客户服务自动化可以帮助企业以更快的速度和更高的效率来满足客户的售后服务要求，以进一步保持和发展客户关系。客户服务自动化可以向服务人员提供完备的工具和信息，支持与客户的多种交流方式；可以帮助客户服务人员更有效率、更快捷、更准确地回复客户的服务咨询，同时根据客户的背景资料和可能的需求向客户提供合适的产品和服务建议。

7.3.4 客户关系管理系统设计与构建

一个内容详尽、功能强大的客户数据仓库对 CRM 系统是不可缺少的。客户数据仓库对于保持良好的客户关系、维系客户忠诚度发挥着不可替代的作用。

1. CRM 系统中客户数据仓库的功能

在客户关系管理环境下，客户数据仓库应当具有如下功能。

1）动态、整合的客户数据管理和查询功能

CRM 的客户数据仓库必须是动态的、整合的数据库系统。动态的要求是数据库能够实时地提供客户的基本资料和历史交易行为等信息，并在客户每次完成交易后，自动补充新信息；整合的要求则是指客户数据仓库与企业其他资源和信息系统的综合、统一。各业务部门及人员可根据职能、权限的不同实施信息查询和更新功能，客户数据仓库与企业的各交易渠道和联络中心紧密结合等。

2）基于数据库支持的客户关系结构和忠诚客户识别功能

实施忠诚客户管理的企业需要制定一套合理的建立和保持客户关系的格式或结构。简单地说，企业要像建立雇员的提升计划一样，建立一套把新客户提升为老客户的计划和方法。例如，航空公司的里程积累计划——客户飞行一定的公里数，便可以获得相应的免费里程，或提升舱位等级等。这种格式或结构建立了一套吸引客户多次消费和提高购买量的计划，在客户发生交易行为时，能及时地识别客户的特殊身份，给予相应的产品和服务，从而有效地吸引客户为获得较高级别的服务而反复消费。

3）基于数据库支持的客户购买行为参考功能

企业运用客户数据仓库可以使每一个服务人员在为客户提供产品和服务的时候明确客户的偏好和习惯购买行为，从而提供更具针对性的个性化服务。例如，现在的读者俱乐部都在进行定制寄送，他们会根据会员最后一次的选择和购买记录，以及他们最近一次与会员交流获得的个人生活信息，向会员推荐不同的书籍。这样做会使客户感到企业尊重、理解他们，知道他们喜欢什么，并且知道他们在什么时候对什么感兴趣。这种个性化的服务对提高客户忠诚度无疑是非常有益的。

4）基于数据库支持的客户流失警示功能

企业的客户数据仓库将通过对客户历史交易行为的观察和分析，发挥警示客户异常购买行为的作用。例如，常客的购买周期延长或购买量减小是潜在的客户流失迹象，客户数据仓库通过自动监视客户的交易资料，对潜在的客户流失迹象做出警示。

5）基于 Web 数据仓库的信息共享功能

Web 数据仓库将成为企业信息共享的基础架构。客户数据仓库应拥有可以通过浏览器使用的接口，以成为支持客户关系管理的基本架构，并且数据仓库要能够通过用户的单击就可以获得分析结果。用户对数据仓库的种种需求正在改变着它的设计和实现方法。新兴的 Web 数据仓库已经不再是被单个用户独享，其在多个用户之间分布已渐成趋势，甚至连企业供应链之中的商业合作伙伴也将 Web 数据仓库当作最适用于信息共享的媒介。CRM 环境下连接分散的数据中心应该实现这样的功能：在 Web 数据仓库的不同部分，为实际数据的描述制定基于空间模型的统一标准结构，在 Web 数据仓库构造之初为其所有部分确立一致数据元，并通过一致数据元实现数据库的总线体系结构。

2. 客户数据仓库的建设

在实施 CRM 系统的过程中，客户数据仓库占有重要的地位。客户数据仓库建设是一项有挑战性的工作。客户数据仓库建设不仅要遵循建设数据库的一般规律，而且要根据 CRM 的特征和要求特别注重以下几个方面。

1）客户数据的搜集和集成

在企业中客户数据可能存在于订单处理、客户支持、营销、查询系统等各个环节或部门，通过客户数据仓库的建设可把这些数据集成起来。为了更进一步地了解客户以及其需求、身份，并且对在一定的时间、地点、价格下他们可能产生的需求做出预测，企业需要花一些精力进行分析，因此产生了数据搜集，成功地使用数据信息进行搜集是 CRM 的重要步骤。

2）确保数据的质量

客户数据的搜集和集成需要对来自不同信息源的客户数据进行匹配、合并和整理，因此是非常困难的工作。但正因如此，客户数据仓库中确保数据的质量才显得越发重要。首先，在建设客户数据仓库时，一定要确认由应用程序所生成的客户编码，要保证它的唯一性。其次，对于与客户匹配和完整准确的客户数据仓库来讲，姓名和地址这两个信息片段是很重要的，一定要进行分解和规范化。最后，对于那些企业想收集但又没有一定结构且信息量比较大的数据（如文本信息），要很慎重。即使各信息源的信息都是完整准确的，但由于各信息源的数据格式可能并不相同，也需要对这些信息进行清理。

3）按规则更新客户数据

为了保持对已有客户的统一看法，客户数据仓库的维护是逐渐更新，而不是一次性完全更新。这主要是由于客户数据仓库所利用的信息源中的历史数据经过一段时间后可能被擦掉，而如果每次更新客户数据都重新进行客户记录匹配和重新建设客户数据仓库，工作量太大，这就要求按照一定规则进行客户数据的更新，同时保持对已有客户的统一看法。客户数据更新要求同步化是客户数据仓库的特点之一。

4）客户数据仓库统一共享

为了发挥客户数据仓库的最大效益，需要将统一共享的客户相关信息联结起来，包括销售部门、市场营销部门和客户服务等。横跨整个企业集成客户互动信息，会使企业从部门化的客户联络转向所有的客户互动行为都协调一致。如果一个企业的信息的来源相互独立，那么这些信息可能会重复、互相冲突，并且可能会是过时的，这对企业的整体运作效率将产生负面影响。为了使企业业务的运作保持协调一致，需要建立客户数据仓库，并确保各类人员能够访问到相关数据。

3. 知识数据仓库的建设

数据仓库在 CRM 中的应用还体现在知识数据仓库的建设上。知识数据仓库是指为实现知识的有序化，加快知识的生成、交流、积累和应用速度，通过数据仓库鉴定、编选和组合、增添知识，以及利用组织的内部网络和服务软件，提供员工或客户所需要的知识服务。知识数据仓库是 CRM 系统中管理信息系统（MIS）和商业智能（Business Intelligence, BI）的基础之一。因此对于有效实施 CRM 的企业来说，知识数据仓库的建设也是一项具有重要意义的工作。CRM 系统中建设知识数据仓库的主要工作如下。

1）知识的挖掘

为了尽可能地挖掘知识，需要组织企业内部的各个部门和员工积极贡献自己的资料和数据。

2）知识的鉴定和编码

通过组建专门的项目小组，进行知识的鉴定和编码，确保知识数据仓库中的信息的准确和有序。

3）知识分类和使用方法

软件开发中，首先要对知识进行科学、系统的分类，设置方便有效的使用知识的方法、途径；然后开发相应的知识管理系统和应用软件，以提供所需要的阅读、查询服务，以及基本的安全措施和网络权限控制功能，保证组织成员可以在虚拟的交流园地实时沟通。

4）硬件资源的配置

知识数据仓库一般架构在企业的内部网络上，由安装系统的服务器、服务终端、安全设施等构成。企业内部网络的开通是使企业的知识数据仓库得以充分利用的基础条件，但对于软、硬件都需要投入大量的资金、人力和物力。

5）相应的组织设置和员工培训

对于知识数据仓库的建设，需要做大量的组织协调工作，因此要求企业设置相应的组织部门负责相应工作，如建立知识规划部门，负责配合开发部门完成此项工作。此外，员工的培训也是必不可少的。在工作中一定要做好周密的筹划和准备，以避免浪费或令人失望的利用程度等后果发生。此外，知识数据仓库的建设是一个长期的过程，不仅需要持续投资于基础设施，而且只有当数据仓库积累到一定阶段时才可能获得长远的收益。与客户数据仓库的建设一样，知识数据仓库的建设也需要组织各方面的支持，尤其是需要管理层的肯定和鼓励。

7.4 本章小结

本章从企业资源计划开始讲解经营管理类软件，重点为读者介绍了三种经营管理类软件，包括企业资源计划、供应链管理和客户关系管理，介绍了每一种软件的基本概念和基础数据。之后介绍了每种软件的设计流程以及主要模块或子系统应具有的功能。在工业软件国产化的时代背景下，自主研发的国产经营管理类软件作为主流产品，需要设计人员掌握更多的关键技术和工业领域理论知识，由于篇幅有限，更多的理论请读者自行查阅相关资料。

第 8 章　运维服务类软件

本章学习目标：

（1）了解运维服务类软件；

（2）了解机械状态监测与故障诊断设计流程和关键技术；

（3）了解智能预测性维护设计流程和关键技术。

本章重点介绍了运维服务类软件中的机械状态监测与故障诊断，以及智能预测性维护，并对各种运维服务类软件的设计流程和关键技术进行了阐述。让读者能够快速地了解运维服务类软件提供的功能，以及研发此类软件所需要关注的领域。

8.1　维护维修运营管理软件概述

维护维修运营（Maintenance, Repair and Operations, MRO）管理软件指工厂或企业对生产和工作设施、设备进行保养、维修，保证生产运行所需要的非生产性物料，这些物料可能是用于设备保养、维修的备品备件，也可能是保证企业正常运行的相关设备、耗材等物资。

国际大型的科技或信息企业由于业务开展广泛，因此都研发设计自己的 MRO 产品，同时 MRO 相关产品在航空、能源、工程机械等领域也得到了广泛的应用，这些产品主要包括 Oracle 公司的综合维护、维修和大修管理系统（Complex MRO），SAP 公司的 SAP MRO，西门子的 Teamcenter® MRO，IBM 公司的 Maximo 和 AuRA 等。国内的 MRO 相关产品主要有北京博华信智科技股份有限公司基于设备故障机理、CPS、大数据分析、RCM 等技术研发的设备全生命周期管理平台，安徽容知日新科技股份有限公司（简称容知日新）的 iEAM 系统，北京神农氏软件有限公司开发的 SmartEAM 设备管理系统等。

机械状态监测与故障诊断技术起源于美国和欧洲等工业发达国家与地区。早在 20 世纪 60 年代末，美国国家航空航天局（NASA）就创立了美国机械故障预防组（Machinery Fault Prevention Group, MFPG），A-7E 飞机的发动机使用了发动机管理系统（Engine Management System, EMS），成为故障预测与健康管理（Prognostics and Health Management, PHM）的早期经典案例。1971 年，美国麻省理工学院的 Beard 在博士论文中首先提出用解析冗余代替硬件冗余，标志着基于解析冗余的故障诊断技术的诞生。

随着智能制造的发展，我国专门用于运维服务的工业软件开始兴起，运维工业软件市场空间正在逐步打开，由于本地服务的优势，国产运维工业软件相比国外运维产品甚至更有竞争力。我国机械状态监测与故障诊断主要应用于风电、石化、冶金等领域，这些领域中设备投资大，对设备运行连续性和稳定性要求高，这些领域将会对智能运维产生较大需求。根据 IoT Analytics 数据，2026 年全球预测性维护市场规模有望达到 282 亿美元。根据世界银行数据，2020 年中国制造业增加值的全球占比约 30%，假设占比保持不变，则 2026 年中国预测性维护市场规模可以达到 84.6 亿美元。

8.2　机械状态监测与故障诊断

机械状态监测与故障诊断是借助机械、力学、电子、计算机、信号处理和人工智能等学科方面的技术对连续运行的机械设备的状态和故障进行监测、诊断的一门现代科学技术，并且已迅速发展成为一门新兴学科。

8.2.1　机械状态监测

机械状态监测（Condition Monitoring）是对运行中的设备整体或设备零部件的运行状态进行检查鉴定，以判断其运行是否正常，以及有无异常与劣化征兆，或对异常情况进行追踪，以预测其劣化趋势，确定其劣化及磨损程度等活动。机械状态监测的目的在于掌握设备发生故障之前的异常征兆与劣化信息，以便事前采取针对性措施来控制和防止故障的发生，从而减少设备故障停机时间与停机损失，降低维修费用和提高设备有效利用率。对在运行状态下的设备进行不停机或在线监测，能够确切掌握设备的实际特性，有助于判定需要修复或更换的零部件和元器件，充分利用设备和零件的潜力，避免过剩维修，节约维修费用，减少停机损失。特别是对自动线程式、流水式生产线或复杂的关键设备来说，其意义更为突出。机械状态监测是机械故障诊断技术的具体实施，是一种掌握设备动态特性的检查技术。它包括了各种主要的非破坏性检查技术，如振动理论、噪声控制、振动监测、应力监测、腐蚀监测、泄漏监测、温度监测。图 8-1 展示了国内机械状态监测与故障诊断技术发展的各个阶段，该技术由原来的人工感官经验判断不断演变到智能化在线状态监测。

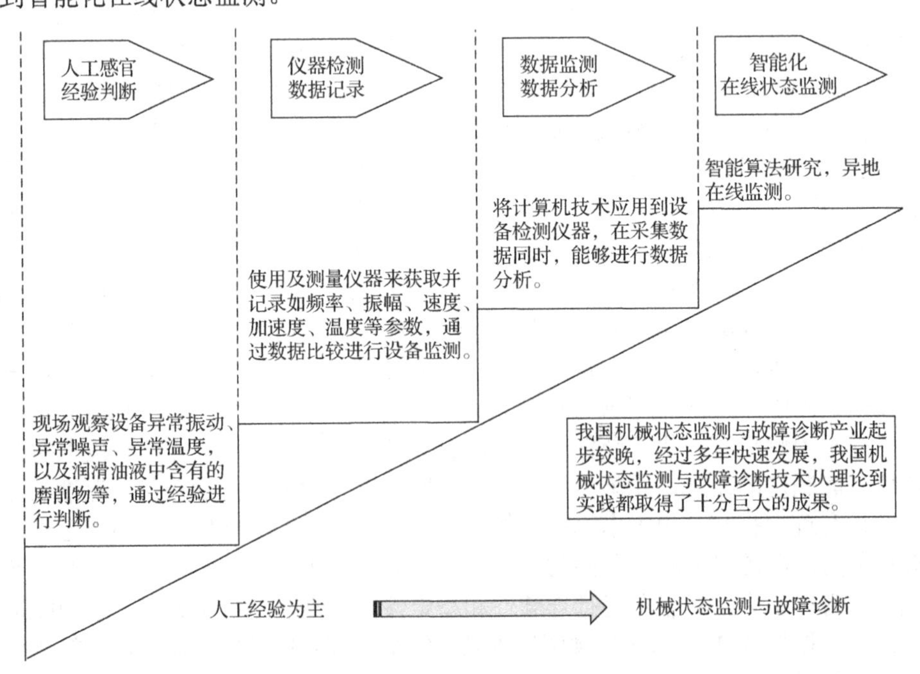

图 8-1　国内机械状态监测与故障诊断技术发展阶段

机械状态监测按其监测的对象和状态量划分，可分为机械设备的状态监测和生产过程的状态监测。机械设备的状态监测是指监测设备的运行状态，例如，监测设备的振动、温度、油压、油质劣化、泄漏等情况。生产过程的状态监测是指监测由几个因素构成的生产过程的状态，例如，监测产品质量、流量成分、温度或工艺参数量等。上述两方面的状态监测是相互关联的，例如，若生产过程发生异常，将会出现设备的运行状态异常或导致设备运行状态异常；反之，若设备出现异常，将导致生产过程状态也发生异常。

机械状态监测按监测手段划分，可分为主观型状态监测和客观型状态监测。主观型状态监测即由机械设备检测维修人员凭主观感觉和技术经验对设备的运行状态进行判断。这是目前在设备状态监测中使用较为普及的一种监测方法。由于这种方法依靠的是人的主观感觉和技术经验，而要准确地做出判断，难度较大，因此必须重视对检测维修人员进行技术培训，编制各种检查指导书，绘制不同状态的比较图，以提高主观型状态监测的可靠程度。客观型状态监测即由设备检测维修人员利用各种监测器械和仪表，直接对设备的关键部位进行定期、间断或连续监测，以获得设备运行状态（如磨损、温度、振动、噪声、压力等）变化的图像、参数等确切信息。这是一种能精确测定劣化数据和故障信息的方法。当系统地实施状态监测时，应尽可能采用客观型状态监测。在一般情况下，使用一些简易方法是可以达到客观型状态监测效果的（陈雪峰，2018）。

8.2.2　机械故障诊断

机械故障诊断研究的是机器或机组运行状态的变化在诊断信息中的反映，其相关内涵为智能故障诊断，是人工智能和故障诊断相结合的产物，主要体现在诊断过程中的领域专家知识和人工智能技术的运用。它是一个由人（尤其是领域专家）和能模拟脑功能的硬件及必要的外部设备、物理器件以及支持这些硬件的软件所组成的系统。

机械故障诊断由数据采集、特征提取、模式识别和故障预知组成。除了这四点之外，故障机理表现了数据和特征之间的联系，因此故障诊断的相关内涵又可分为数据采集与传感技术、故障机理与表征、信号处理与特征提取，以及识别分类与智能决策四个方面。

（1）数据采集与传感技术。

可靠的数据采集与先进的传感技术是机械故障诊断的前提。例如，在设备上安装传感器，能实时采集设备的振动信号并分析其振动情况，判断故障与否。

（2）故障机理与表征。

研究故障机理与表征之间的关系是为了掌握故障的形成和发展过程，了解机械设备故障的内在本质及特征，建立合理的故障模式，其是机械故障诊断的基础。确定故障机理与表征，如转子裂纹、磨碰、轴系扭振，以及现代大型复杂机电系统耦合机理问题，主要依赖于机械振动力学等相关的基础学科。建立相应的动力学模型，进行计算机仿真计算，是机械状态监测与故障诊断的基础。

（3）信号处理与特征提取。

在机械故障诊断的实际应用中，信号处理的目的是去伪存真，提取与设备运行状态有关的特征信息，通过各种分析手段使状态数据的特性凸显出来，从而提高状态识别和故障诊断的准确率。

（4）识别分类与智能决策。

智能故障诊断就是模拟人类思考的过程，即通过有效地获取、传递和处理诊断信息，模拟人类专家，以灵活的策略对监测对象的运行状态和故障做出准确的状态分类判断、故障诊断和最佳的应对决策。智能故障诊断具有学习、自动获取诊断信息、对故障进行实时诊断的能力，故成为实现机械故障诊断的关键应用技术。

8.2.3 机械状态监测与故障诊断设计流程

大数据时代的来临，使得机械状态监测和故障诊断设计随之变化。以工业大数据（详见第 9 章）驱动下的智能故障诊断系统为例，设计这种类型的软件系统需要考虑以下 4 个方面：大数据获取、大数据质量改善、大数据健康监测，以及大数据智能诊断，如图 8-2 所示。

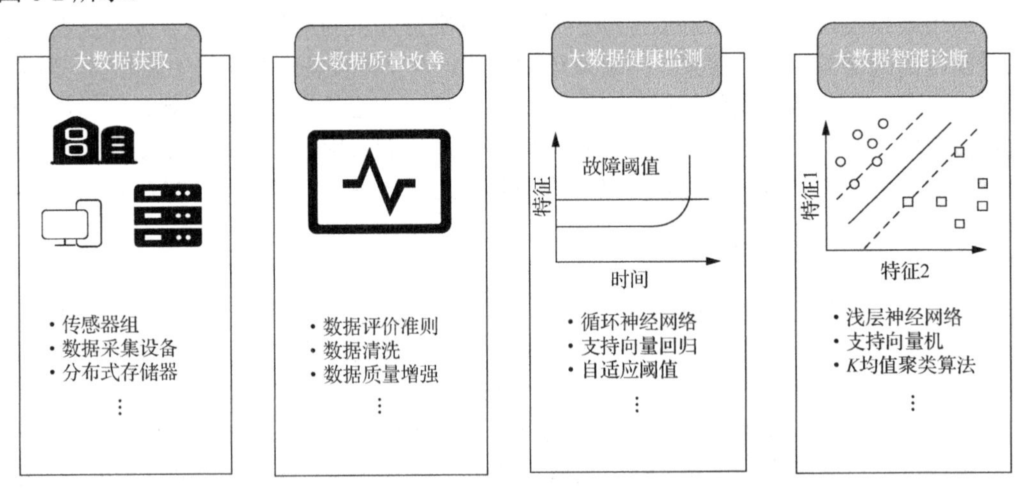

图 8-2　工业大数据驱动下的智能故障诊断设计流程

（1）大数据获取，是指在企业中通过各种传感器采集数据。由于在采集过程中存在不同传感器的数据格式相异、数据不连续等情况，全部数据交由大数据质量改善阶段处理。

（2）大数据质量改善，是指由于机械设备数据源分散、规模庞大、采集形式多样，数据呈现出多元化、碎片化，要想在此数据基础上做出设备状态智能故障诊断，就需要针对此类数据进行质量改善，即依据一定的性能标准对数据进行筛选，提高机械设备数据的正确性和可靠性。

（3）在大数据健康监测方面，通过各种数据分析方法（如时域分析、频域分析或时频域分析），提取监测信号的多域特征，表征监测设备的健康状态信息。结合历史健康状态信息，设置特征值的自适应故障阈值，实现对机械设备健康状态的判定，或者通过智能模拟方式，对提取的多域特征进行融合映射，实现设备健康状态的定量评估。

（4）大数据智能诊断，是指将分类、聚类等人工智能算法引入机械设备的故障诊断中，对设备故障信息进行知识挖掘，获得与故障有关的诊断规则，准确识别设备的故障状态，以便制定维修策略，保障设备健康运行。

在机械状态监测与故障诊断设计过程中，开发人员除了需要了解设计流程之外，还需要了解智能故障诊断系统的基本结构，如图 8-3 所示。

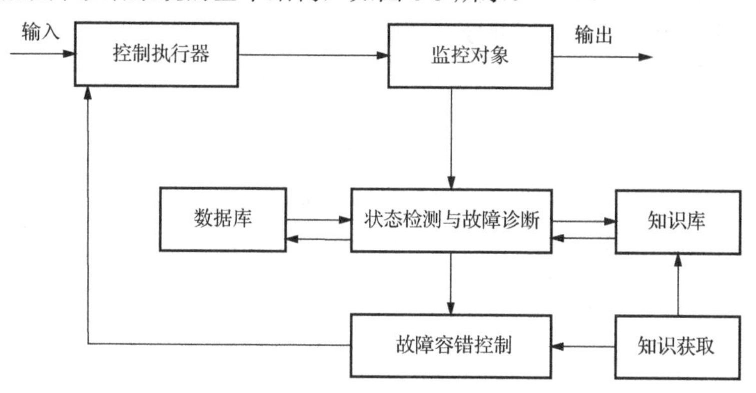

图 8-3 智能故障诊断系统结构图

在进行智能故障诊断的时候，需要针对一些特定情况进行控制策略的实施，举例如下。

1. 瞬时故障消除策略

（1）循环采样技术：将信号的一次采样改为循环采样，通过对采集数据的类比分析，消除瞬时故障。

（2）自动补偿技术：采用特殊结构和特殊装置组成补偿器，以消除瞬时故障，如温度补偿器。

（3）自动切换技术：设备运行过程中出现瞬时过载等不安全情况时，使设备有关部分或整台设备停止运行，以消除瞬时故障和保护设备，如切换开关、熔断器的合理使用。

（4）阻尼技术：设备运行过程中出现过载物理量时，对其加以限制或衰减，以消除瞬时故障，如电感器抑制过电压、减振器吸收振动冲击等。

（5）旁路技术：把瞬时过载能量或不需要的能量从旁路泄走，例如，低阻通路将瞬时过载电能旁路到大地，过流阀旁路掉液压或气动系统能量等。

（6）屏蔽技术：把瞬时故障的效应屏蔽起来，以消除瞬时故障，如碳纤维或形状记忆合金等。

（7）隔离技术：通过设计瞬时故障隔离器来消除瞬时故障，如电磁隔离等。

2. 多模块并行诊断策略

多模块并行诊断策略是针对同一种故障信息，用不同的诊断模块进行识别，若结果相同或基本相同，则认为诊断成功，并根据故障性质和故障特征，调用相应的容错模块对故障进行容错控制；若诊断结果差异较大，则可采用表决方法对结果做出判断。

（1）单输出对象：模型区域划分、模型切换、避免切换振荡。

① 模型区域划分：仅根据控制器输出所在的一维区域，将模型区域划分为有代表性的不同工作区域。

② 模型切换：根据期望、控制器输出判断下一时刻系统处在哪个子模型控制器的控制域内，以此切换模型。

③ 避免切换振荡：扩大训练域冗余，使相邻训练域相互重叠；在总的工作范围内离线训练一个网络模型，作为过渡过程使用。

（2）多输出对象：模型区域划分、模型切换。

① 模型区域划分：不能仅根据控制器输出所在的一维区域进行划分，还要通过聚类方法划分样本空间进行子模型训练。

② 模型切换：选择包括当前系统状态的子模型作为控制器；将当前输入与各子模型工作空间的隶属度作为权重，各子模型都对输出进行加权贡献。

智能故障诊断的流程可以归纳为以下几个阶段，如图 8-4 所示。

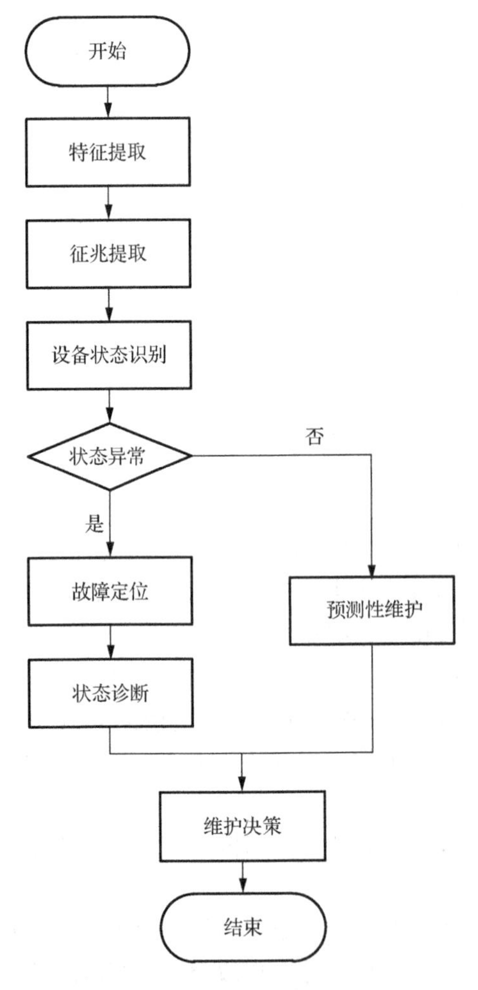

图 8-4　智能故障诊断流程图

（1）故障特征识别：正确提取与设备状态有关的特征。特征是指与设备功能紧密相关的、最有用的、能代表设备运行状态的信息。应根据不同的监控对象，提取最能反映其运行状态的那部分信息作为特征。提取特征时通常考虑经济性好、信息量大、敏感度高等因素。

（2）正确地从特征中提取征兆：对特征进行处理，提取出与设备状态相关的、能直接用于诊断的征兆。

（3）正确地根据征兆对设备进行状态识别：征兆是故障诊断的基本信息，需采用合适的故障诊断理论与方法对征兆加以处理，并对不同的设备状态进行模式识别。

（4）正确地根据识别结果对设备进行状态诊断：若状态异常，则分析故障的位置、类型、性质、原因与趋势。若状态无异常，则分析状态趋势，预计未来情况，根据设备状态退化情况，进行故障预测。

（5）正确地根据状态诊断对设备进行维护决策：干预设备及其工作进程，保证设备安全可靠高效运行。

8.2.4　机械状态监测与故障诊断关键技术

PHM 较为典型的体系结构是 OSA-CBM（Open System Architecture for Condition-Based Maintenance）系统，它是美国国防部组织相关研究机构和大学建立的一套开放式 PHM 体系结构，该体系结构是 PHM 研究领域内的重要参考。OSA-CBM 体系结构如图 8-5 所示，该体系结构将 PHM 功能划分为七个模块，主要包括数据获取、特征提取、状态监测、健康评估、故障预测、维护决策和人机接口。

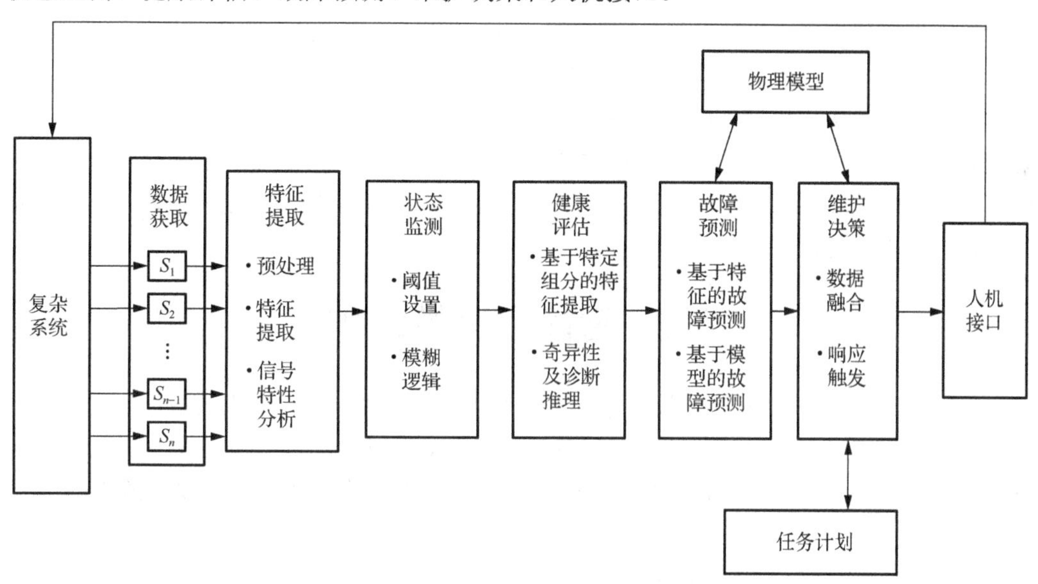

图 8-5　OSA-CBM 体系结构

以动力装备机械设备为例，PHM 系统中每项功能模块的内涵设计如下，各个功能模块之间的数据流向基本遵循图 8-5 中描述的顺序，其中任意一个功能模块都具备从其他六个功能模块获得所需数据的能力。

（1）数据获取：分析 PHM 的数据需求，选择合适的传感器在恰当的位置测量所需的物理量（如压力、温度和电流），并按照定义的数字信号格式输出数据。本模块涉及的关键技术是数据格式转换。

（2）特征提取：对单/多维度信号提取特征，主要涉及滤波、求均值、谱分析、主分量分析和线性判别分析等常规信号处理、降维方法，旨在获得能表征被管理设备性能的特征。

（3）状态监测：将实际提取的特征与不同运行条件下的先验特征进行比对，对超出了预先设定的阈值的特征进行提取，产生报警信号。本模块涉及阈值设备、模糊逻辑等方法。

（4）健康评估：判定设备当前的状态是否发生退化现象。若发生了退化现象，则需要生成新的监测条件和阈值。健康评估需要考虑设备的健康历史、运行状态和负载情况等。本模块涉及数据层、特征层、模型层融合等方法。

（5）故障预测：在考虑未来负载的情况下，根据当前设备的健康状态推测未来，进而预测未来某时刻设备的健康状态，或者在给定负载曲线的条件下，预测设备的剩余使用寿命，这可以看作对未来状态的评估。本模块涉及跟踪算法、一定置信区间下的 RUL 预测算法。

（6）维护决策：根据健康评估和故障预测提供的信息，以任务完成、费用最小等为目标，对维修时间、空间做出优化决策，进而制定出维护计划、修理计划、更换保障需求计划。该模块需要考虑设备运行历史、维修历史，以及当前任务曲线、关键部件状态、资源等约束，涉及多目标优化算法、分配算法和动态规划等方法。

（7）人机接口：集成状态监测、健康评估、故障预测和维护决策等功能模块产生的信息并将其可视化，以及产生报警信息后控制设备停机；根据健康评估和故障预测的结果调节动力装备控制参数。该功能模块通常和 PHM 其他的功能模块之间存在数据交互接口。该功能模块需要考虑的问题有：是单机实施还是组网协同；是基于 Windows 还是嵌入式；是串行处理还是并行处理等。

8.3 智能预测性维护

在设备维护领域，基于可靠性的传统预防性维护策略逐渐转变为大数据驱动的智能预测性维护策略。智能预测性维护通过建模分析与设备维护、维修和运营有关的数据信息，实现面向设备运维网络的故障预测、寿命预计、维护优化与决策等智能服务（刘敏等，2020）。

8.3.1 预测性维护的概念

故障既是状态又是过程，设备在从状态萌生异常到发生状态退化的全过程中经历了多种状态，状态之间的转移具有随机性的特点。复杂环境会导致设备状态转移情况的发生，其机理建模比较困难；而状态转移是有条件的，条件是随着时间变化的，这种变化会体现在数据之中。这种变化也是设备状态退化过程的本质。基于数据的多状态退化过程建模，可以实现设备健康状态评估和性能衰退预测，进而预测出设备可持续的剩余使用寿命。故障预测与故障诊断相比，具有评估设备当前健康状态的功能，可提供设备维护之前的“维护前期准备”时间，如图 8-6 所示。评估的当前健康状态是及时调整控制器参数的依据，是规划中期任务的重要参考；而根据预计的时间段，可以进行远期维护时机和维护地点的优化决策，以更科学合理地制定维护计划，为保障备件的调度调配提供充足的时间，避免了维修前期准备这一较长的停机时间。

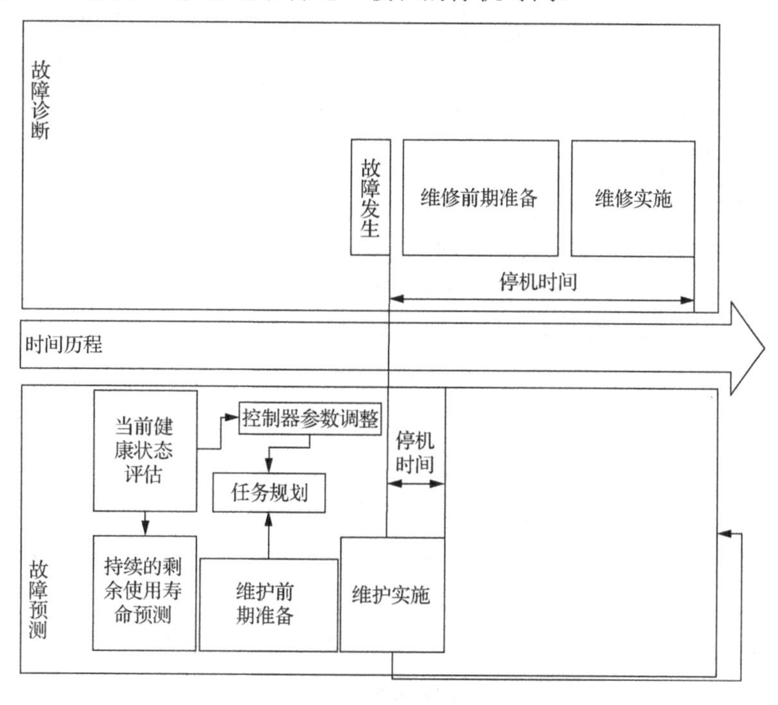

图 8-6　故障预测与故障诊断的比较

传统的预防性维护（Preventive Maintenance, PM）主要是指在机械设备没有发生故障或尚未损坏的前提下展开一系列维护方式，通过对产品的系统性检查、设备测试和更换，来防止功能故障发生，使其保持在规定状态下所进行的全部活动。它可以包括调整、润滑、定期检查等，主要用于发生故障后会危及安全和影响任务的完成，或导致较大的经济损失的产品。预防性维护的目的是降低产品失效的概率或防止产品功能退化。它按预定的时间间隔或规定的准则实施，通常包括保养、操作人员监控、使用检查功能检测、定时拆修和定时报废等维护工作类型。在新设备研制的初期，就应考虑预防性维护问题，提出便于预防性维护的设计要求；应进行可靠的维护分析，应用逻辑判断的方法确定设备的预防性维护要求，制定设备预防性维护大纲，包括规定设备需要进行预防性维护的部件产品、维护工作类型、维护时间间隔和进行维护工作的维护级别等相关内容，确保以最少的维护资源消耗，保持设备固有可靠性和安全性水平。

智能预测性维护（Intelligent Predictive Maintenance, IPdM）是在智能制造时代，通过对设备运行状态、历史维护信息等数据进行分析和挖掘，可以了解设备故障产生的过程、造成的影响和解决的方式，这些信息被抽象化建模后转化成知识，再利用这些知识去预测故障和执行维护决策，实现了设备的自省和智能化，使得设备全生命周期的信息能被高效和自发地产生和利用。

8.3.2 预测性维护技术体系

预测性维护（PdM）是一种在 OSA-CBM 的基础上发展而来的预防性维护。当机器或设备运行时，对它的主要部件进行周期性或连续性（实时）的状态监测和故障预测，来判定设备所处的状态，以此预测设备状态未来的发展趋势，并且依据设备状态的发展趋势和可能的故障模式，预先制订预测性维护计划，确定维护机器或设备的时间、内容、方式、方法、必需的技术服务和物资支持。

预测性维护集设备状态监测、故障诊断、故障（状态）预测、维护决策和维护活动于一体。预测性维护有狭义和广义两种概念。狭义的概念立足于“状态监测（状态维护）”，强调的是“故障诊断”，是指不定期或连续地对设备进行状态监测，根据其结果，查明设备有无状态异常或故障趋势，再适时地安排维护任务。狭义的预测性维护不固定维护周期，仅仅通过监测和诊断的结果来适时地安排维护任务，强调的是监测、诊断和维护三位一体的过程，这种思想广泛适用于流程工业和大规模生产方式。广义的预测性维护将状态监测、故障诊断、状态预测和维护决策合并在一起，状态监测和故障诊断是基础，状态预测是重点，维护决策给出最终的维护活动要求。广义的概念是一个系统过程，将维护管理纳入了预测性维护范畴，考虑整个维护过程以及与维护活动相关的内容。

预测性维护是在一个预定的时间点执行维护任务，这个时间点设定在一个阈值内，即在设备失去性能之前且维护活动最具有成本效益的时候。发展到现在，预测性维护基本上形成了如图 8-7 所示的技术体系。当前阶段，除了预防性维护技术以外，以可靠性为中心的维护更强调使用预测性维护技术。

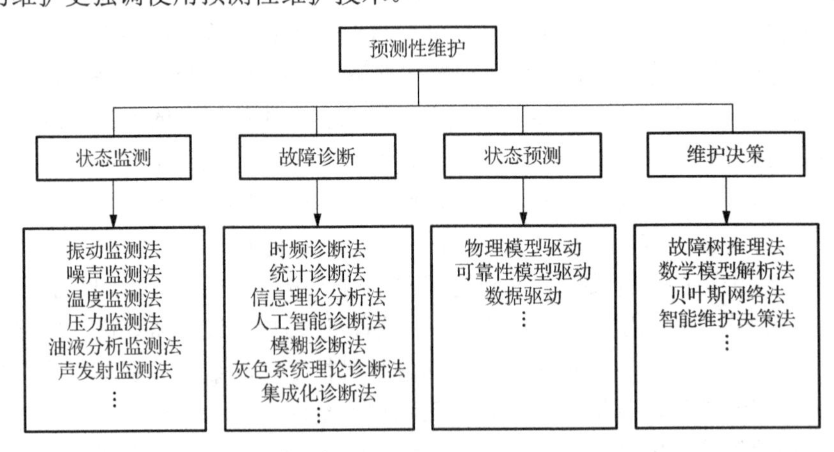

图 8-7 预测性维护技术体系

1）状态监测

从状态监测发展到现在，各工程领域都形成了各自的监测方法，状态监测的方法依据状态监测手段的不同而分成许多种，常用的包括振动监测法、噪声监测法、温度监测法、压力监测法、油液分析监测法、声发射监测法等。

2）故障诊断

故障诊断在连续生产系统中有着非常重要的意义。按照诊断的原理，故障诊断方法可分为时频诊断法、统计诊断法、信息理论分析法、人工智能诊断法（专家系统诊断法、人工神经网络诊断法等）、模糊诊断法、灰色系统理论诊断法，以及集成化诊断法（如模糊专家系统故障诊断法、神经网络专家系统故障诊断法、模糊神经网络诊断法等）。

3）状态预测

状态预测就是根据设备的运行信息，评估设备当前状态并预计其未来的状态，常用的方法有累计损伤模型预测法、随机退化模型预测法、时序模型预测法、灰色模型预测法、粒子滤波预测法和神经网络预测法等。就状态预测方法的分类而言，对于故障预测的方法，一般有物理模型驱动、可靠性模型驱动和数据驱动三种基本方式。在实际应用中，也可将三种途径综合在一起，形成一种基于信息融合模型的故障分析与预测方法，并能够进行数字信息和符号信息的混合型故障预测，对于实现预测性维护更为有效。

4）维护决策

维护决策是从人员、资源、时间、费用、效益等多方面和多角度出发，根据状态监测、故障诊断和状态预测的结果，结合生成计划和备件库存进行维护的可行性分析，制定出维护计划，确定维护保障资源，给出维护活动的时间、地点、人员和内容等。维护决策的制定方法一般有故障树推理法、数学模型解析法、贝叶斯网络法（适用于表达和分析不正确和概率性事物）和智能维护决策法等。

智能预测性维护是在预测性维护的基础上，先通过大数据分析技术实现传感器信号的预处理、特征提取、故障诊断、故障预测等功能；然后，根据故障诊断和预测的结果进行维护性能指标评估和维护优化决策；最后，根据优化决策的结果实现制造系统的错误修正、补偿和控制。互联网、大数据和人工智能技术的加入使得设备 MRO 服务从单一智能车间或工厂延伸到 MRO 网络的多协作主体，是未来研究的重点方向。

8.3.3　预测性维护设计流程

预测性维护包括三种维护方式，分别是定期维护、状态维护和主动维护。定期维护是传统的预防性维护，状态维护则可在一定程度上称为预知性维护。以下将针对这三种维护方式进行介绍。

定期维护是在对系统设备的故障规律充分了解的前提下，根据规定的维护时间间隔或者系统设备的工作时间，按照已经安排好的时间来开展计划内的维护工作，而不去考虑系统设备当时所处的运行状态。定期维护是一种以时间为基准的维护方式，其适用于停机影响较大而劣化规律随时间变化较为明显的设备。对于定期维护，需根据设备磨损规律提前确定维护时机，时机一到，不管设备运行状况如何，都需进行相应维护。这种方式下，能够有计划地安排维护工作，适时组织设备停机，合理分配备件和人员，从而保证较高的维护质量，减少故障对生产活动的不良影响。然而，其劣势在于可能导致设备并没有发生故障就进行了维护，而产生维护过剩、失修等问题。

状态维护是对系统设备采取一些状态监测技术，如振动监测技术、滑油技术和孔探技术等，并对系统设备中可能发生功能故障的各种物理信息进行周期性检测、分析、诊断，推断出系统设备当前所处的运行状态，以系统设备的运行状态的发展情况为依据，安排必要的预防性维护计划。由上可知状态维护是一种利用传感器、监测技术和故障诊断技术来分析、评估设备运行情况，并判断设备维护需求的维护方式。状态维护有两种方式：点检状态维护和远程监测状态维护。前者指由检测人员利用简易检测设备进行定期检查，后者指依靠在设备中嵌入监测系统来自动采集设备运行数据并对故障趋势进行分析。状态维护的要点在于状态监测和故障识别，因此，其对设备的监测和诊断技术有较高要求。

主动维护是寻求系统设备故障产生的根源，例如，对润滑介质理化性能的降低，油液污染度变大及环境温度的变化等进行识别，主动采取一些事前的维护工作，将这些导致故障的因素控制在一个合理的水平或者强度范围内，来预防系统设备发生故障或者失效。

以上预防性维护都是在设备未发生故障且不确定何时发生故障时进行的，在传统的机械状态监测和故障诊断系统中较为常见。目前，一般采用数据驱动性预测维护代替预防性维护。智能制造装备的预测性维护系统的功能模型如图 8-8 所示。完整的智能制造装备预测性维护流程包括数据获取和处理、状态识别、故障判别和定位、健康度预测、维护管理和维护执行等阶段。其中，数据获取和处理阶段的输出为状态表征数据，其用于在状态识别阶段判断装备状态是否发生异常，若未发生异常，则直接进入健康度预测阶段，若发生异常，则进入故障判别和定位阶段以判断是否发生故障，并将故障定位等信息作为健康度预测阶段的输入。

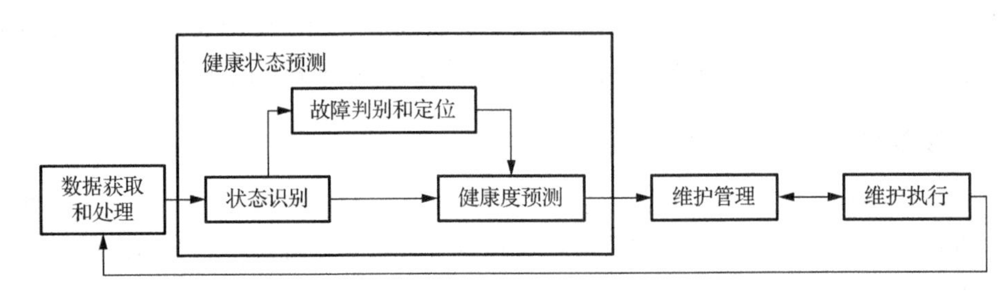

图 8-8 预测性维护系统功能模型

数据驱动的预测性维护是在已知产品在各种故障状态下的特征值的基本前提下，在监测到故障征兆时，将产品实际运行状态的特征值与已知的故障状态特征值进行分析和比较，以判别产品当前的健康度，再通过将其与已知的故障发展规律相对应的特征值进行比较来推断产品未来的健康状态，或预测产品剩余寿命。

智能制造装备预测性维护的应用实施应着重于发现和避免系统失效，其设计流程如图 8-9 所示。

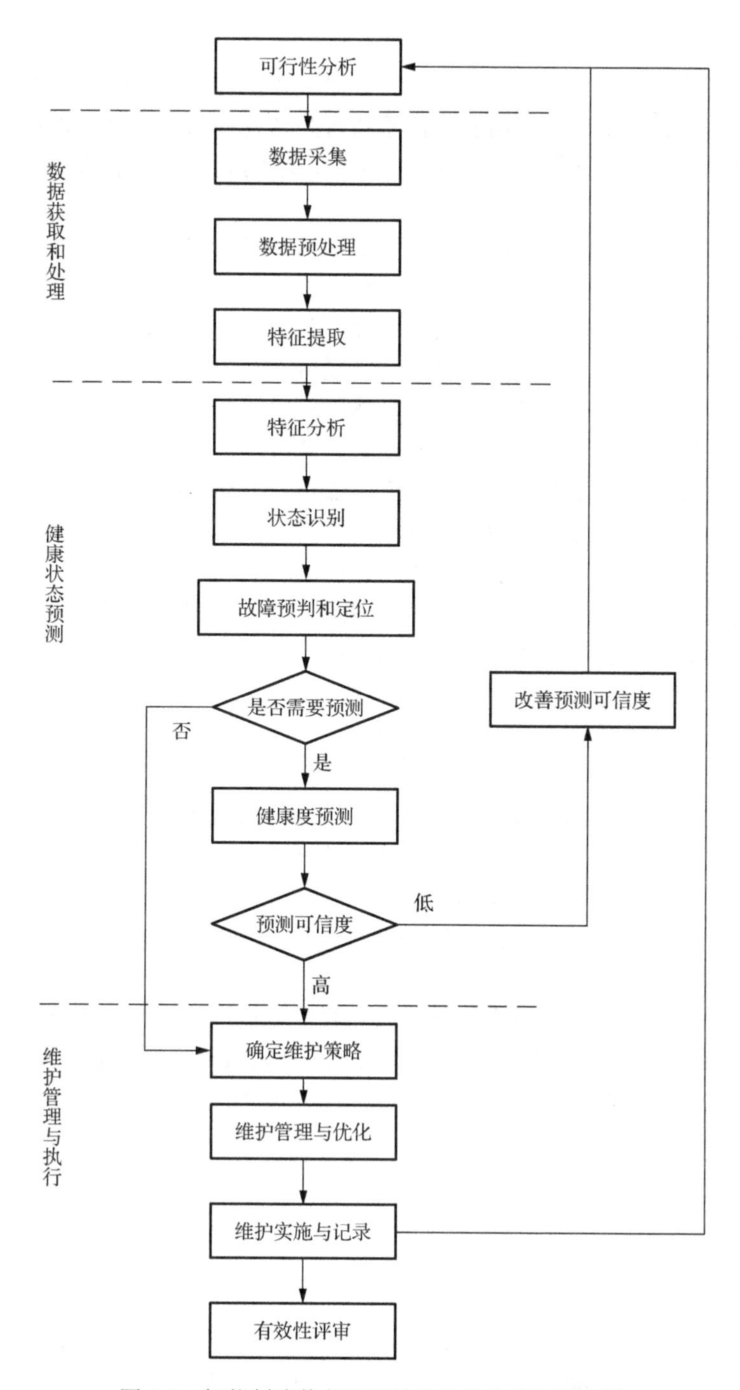

图 8-9　智能制造装备预测性维护设计流程示意图

8.3.4　预测性维护关键技术

在前面介绍了智能制造装备预测性维护设计流程，本节针对流程中各个步骤所采用的关键技术进行逐一介绍，为运维服务类软件的研发人员提供设计思路和技术储备。

1）数据获取和处理

数据获取和处理的核心装备由传感器、数据采集器组成。传感器主要用来采集装备及相关联环境的状态信息与过程信息，传感器可为装备内部传感器，也可为依据用户需求加装的外部传感器。数据采集器主要提供生产现场的装备过程信息。

2）特征分析

装备结构与功能是开展预测性维护的关键输入。在智能制造装备预测性维护过程中，需分析的特征包括但不限于：

（1）装备运行环境，如建筑物、安装条件、共振、材料等；

（2）管网与辅助系统，如进口、出口、冷凝器、阀门等；

（3）润滑方式，如油类、脂类、液压液体、粉类等；

（4）控制系统，如机械式、电气、气动式、液压式、DCS 等；

（5）性能，如速度、压力、负载、温度、噪声、振动等；

（6）装备输入，如电源、水力、空气等；

（7）装备输出，如功率、牵引力、压力等；

（8）结构/基础，如位置、材料、刚度、柔性、疲劳、热膨胀等；

（9）耦合，如不同装备之间的相互影响等；

（10）环境，如水、风、温度、高度、湿度等；

（11）保护系统，如超速、电流、电压等；

（12）人员，如操作人员、维护人员等；

（13）监测技术，如精度、采样频率、视觉检测、热成像等；

（14）成本，如装备改造、生产停产、装备维护等；

（15）系统，如机器或装备的功能等；

（16）装备和系统的工况及其变化范围等。

3）状态识别

状态识别是指通过特征分析等手段对状态表征数据进行聚合、阈值判断后得到装备的当前状态。识别的装备状态作为状态预测的输入，为故障诊断或健康度预测提供基础。

状态识别的本质是对状态表征数据进行特征分析和识别，以获得装备状态。识别方法包括但不限于：

（1）统计分析；

（2）聚合；

（3）阈值判断；

（4）聚类。

数据按表现形式可分为开关量（如机床冷却时间、泵起停状态、防护罩开闭状态等）、模拟量（如机床温度、振动幅度等）、数字量（如机床主轴转速、工作台位置等）；数据按性质可分为静态数据（如机床温度、油箱液位等）、动态数据（如机床功率、振动等）。

4）故障判别和定位

故障判别和定位的主要方法如下。

（1）基于机理模型的方法。

基于机理模型的方法即基于装备本身的机械及电路原理，建立仿真模型。装备发生故障时的输出与装备正常情况下的输出对比所产生的残差值用来判断不同的故障模式及故障等级。

（2）基于数据驱动的方法。

基于数据驱动的方法不需要明确了解装备内部结构，只需要使用当系统在真实环境中运行时采集的输入/输出数据作为建模的依据，并使用统计、分类、机器学习、模式识别等方法模型建立输入/输出之间的线性或非线性关系。在装备发生故障时，在上述模型中根据输入数据即可辨别装备异常的状态。

5）健康度预测

健康度预测是利用状态参数及特征信号，基于不同的分析方法与预测模型来评估装备的健康状态和其未来的变化趋势，在故障发生之前对故障趋势和健康度进行预测。健康度通常采用百分比的方式表达，在已知装备未来工作状态的前提下，可以将其转换为剩余使用寿命。

对于开展装备健康度预测，除装备运行状态监测和故障诊断的必备数据外，还需要收集以下数据，如未来运行和维修的环境、要求和计划表，现有失效模式的识别，失效建模程序，报警限值和跳车（停机）限值，损伤起始数据和损伤进展数据等。

常用的健康度预测分析方法主要有：

（1）多参数分析，即分析一个系统里的多个参数及其关系；

（2）趋势分析，即通过分析重要参数的运行状态，进而分析参数的发展趋势和速度；

（3）对比分析，即把两个相互联系的指标数据进行比较，从数量上展示和说明研究对象规模的大小、水平的高低、速度的快慢，以及各种关系是否协调。

为了提高健康度预测可信度，在上述分析方法的基础上，还可采用基于机理模型的方法、基于数据驱动的方法和二者混合的方法，建立预测模型并优化预测过程。

6）维护管理与执行

智能制造装备的维护管理是在充分考虑安全和成本的基础上，将健康状态预测的输出结果与企业装备管理相结合，制定相应的维护策略，也可借助企业的管理信息系统，如 MES、ERP 等，实现维护管理的优化。维护管理与执行可采取的方式如下。

（1）应急响应：应依据健康度预测结果，结合生产实际情况，建立应急响应机制。

（2）维护执行：应依据健康度预测结果，在确定维护方案后，及时执行可采取的措施，包括在备件更换、保养、非停机状态下调整装备运行参数等。

（3）策略优化：通过与企业信息系统集成，可实现维护与管理的优化，如基于虚拟维修的维修可行性优化，备品备件、维修人员的资源调度优化，基于智能排程的生产优化等。

（4）可视化：应满足可视化要求，可采取的方法有可视化的图、表，特定的性能曲线或三维视图等。

8.4　国内运维服务类产品

随着工业自动化、智能化水平不断提升，工业设备的状态监测与故障诊断成为智能制造的发展方向之一，工业设备的现代化运维管理已经成为工业数字化转型必不可少的部分。我国的代表性运维服务类产品如下。

1. 广州赛宝腾睿信息科技有限公司

广州赛宝腾睿信息科技有限公司专业从事装备综合保障研究，以及保障信息系统开发与服务，致力于研发装备全寿命综合保障技术。该公司主要从事装备综合保障领域的相关综合保障工作，以及方案规划、咨询、培训、软件研发和生产、系统集成和运维及现场技术服务等业务，通过多个国家重大型号工程的成功实施，以及与相关工业部门大型研制厂所、部队的密切合作，在装备保障领域积累了丰富的行业知识和工程经验。其合作客户覆盖航空、航天、船舶、电子、轨道交通、汽车等领域的300多家单位。该公司以国际先进的综合保障理论为基础，在国内外的先进标准的基础上，围绕装备综合保障要素，自主研发出了一系列的综合保障软件平台产品，包括交互式电子技术手册（IETM）编制软件、训练保障系统（TSS）、故障预测与健康管理（PHM）软件、维修保障系统（MSS）、保障效能仿真与评估系统（LSEES）、供应保障系统（SSS），以及便携式维修辅助（PMA）设备等。

故障预测与健康管理（PHM）软件是广州赛宝腾睿信息科技有限公司自主研发的软件平台。PHM软件包括敏感参数分析、扩展故障模式与影响分析、失效物理模型构建、数据驱动、故障诊断、特征提取、模式识别、故障预测、健康管理、信息融合等关键技术。该平台全面支持装备数据采集、数据处理、故障诊断、健康评估、故障预测和维护决策等功能，在增强装备故障预警能力，提高装备保障的经济性、精确性、高效性，提升装备的可靠性和安全性等方面发挥重要作用。

2. 金航数码科技有限责任公司

金航数码科技有限责任公司（航空工业信息技术中心）是中国航空工业集团有限公司信息化专业支撑机构，总部设立在北京，在上海、西安、成都、沈阳、南昌等地设有分支机构，人员共1000余人。该公司的市场定位为“源自航空工业，面向高端制造业，对接中国高端制造业创新发展”。其在管理与IT咨询、系统工程、综合管理、生产制造、客户服务、IT基础设施与信息安全等业务领域为客户提供覆盖系统全生命周期、全业务管理流程、产业全价值链的“三全”解决方案。

金航复杂装备MRO系统以信息化、自动化等手段，支持航空装备保障的长期规划，以及航空装备维修计划的制定和执行，并帮助延长这些装备的使用寿命；可帮助航空装备制造业企业和专业的航空装备维修企业全面控制维修活动，并管理装备全生命周期中产品配置的变化；利用系统积累的数据，可以增强库存管理，实现物力和人力资源利用最大化；可支持维修方案快速制定、维修引导的可视化和装备卷宗、履历的电子化。基于协同维修、过程控制的复杂装备 MRO 系统的实时应用，使维修企业的各项工作基于数字化的协同平台开展，从而使其工作效率得以提高，维修周期得以缩短，维修能力得以提高，生产成本得以降低，利润得以最大化；同时，维修过程实现了引导操作和可视化操作，降低了维修错误的可能性，保证了维修质量；并且，在引导操作的过程中便捷地记录了操作、检验等信息，使维修过程可以追溯，从技术上保证了维修质量，保证了交付产品的可靠性，也使部队具备持续可靠的状态。

3. 安徽容知日新科技股份有限公司

安徽容知日新科技股份有限公司成立于2007年，是一家工业互联网领域的高新技术企业，在业内率先运用物联网、大数据、人工智能技术，提供了智能设备资产管理平台和设备预测性维护服务，拥有从硬件到软硬件一体的解决方案，产品性能不断提升，满足了客户智能化运维需求。容知日新成立之初，以机械状态监测与故障诊断系统的生产和销售为主，结构较为单一。2008 年，该公司自主研发的有线系统产品正式上线。2010 年，该公司自主研发的无线系统产品正式上线。随后，该公司构建了以智能算法为核心，以大数据平台为架构的云诊断中心。2016 年，该公司的远程诊断中心通过 DNVGL 认证。

截至 2021 年 7 月 20 日，该公司累计远程监测的设备已超过 40000 台，监测设备的类型超过百种，各行业故障案例超过 4500 例，与风电、石化、冶金等行业的多个大型知名企业合作。目前，容知日新专注于工业设备预测性维护及智能设备资产管理平台领域十余年，掌握了设备预测性维护及智能设备资产管理平台各环节的核心技术，拥有此领域的多项发明专利、软件著作权等高新技术成果。

该公司的主营业务包括智能设备资产管理平台（MRO）、工业大数据平台、智能传感器、智能诊断服务、在线（无线）监测站、手持分析仪器等系列的装备智能服务产品。

容知 MRO 包括大屏应用与指标系统、设备运维系统、工程管理子系统、设备在线监测子系统、云诊断应用等 5 大应用模块：①大屏应用与指标系统包括设备综合指标、成本指标、点检指标、运行指标、检修指标、物料指标、绩效指标、大屏可视化等；②设备运维系统包括基础数据、资产管理、标准管理、点检管理、状态管理、运行管理、预防维护管理、检修管理、物料管理、专项管理、安全管理、知识库管理、系统集成管理、绩效管理、BI 统计分析等；③工程管理子系统涉及基建资产、设备资产的前期投资管理；④设备在线监测子系统和云诊断应用提供在线监测物联技术、云数据中心、云智能诊断服务、专家诊断系统应用。

该公司的主要产品为机械状态监测与故障诊断硬件系统和其自主开发的 iEAM 软件。该公司的机械状态监测与故障诊断硬件系统主要分为有线系统、无线系统和手持系统三个系列，其中有采集站、各种类型的传感器、传感器信号线缆、数据传输光缆、系统服务器等硬件组件。iEAM 软件用于大型工业企业的智能设备全生命周期管理，具有图形化、数字化、移动化、智能化等技术。

8.5 本章小结

本章从国内运维服务类软件发展现状开始讲解运维服务类软件，重点为读者介绍了机械状态监测与故障诊断系统，包括状态监测、智能故障诊断和智能预测性维护等内容，并介绍了相应的基本概念、设计流程，以及关键技术。在工业软件国产化的时代背景下，自主研发的国产运维服务类软件成为主流产品，设计人员需要掌握更多的关键技术和工业领域理论知识，由于篇幅有限，更多的理论请读者自行查阅相关资料。

高　级　篇

第 9 章　工业大数据

本章学习目标：

（1）了解工业大数据概念；

（2）了解工业大数据技术架构实现；

（3）了解国内大数据现状与发展前景。

本章先对与工业大数据相关的一些基本概念，以及工业大数据技术、产业发展现状进行阐述，而后从技术架构的角度分析工业大数据的发展态势，帮助读者对工业大数据领域有一个整体了解。

9.1　工业大数据概述

工业大数据是指在工业领域中，围绕典型智能制造模式，从客户需求到销售、订单、计划、研发、设计、工艺、制造、采购、供应、库存、发货和交付、售后服务、运维、报废或回收再制造等整个产品全生命周期各个环节所产生的各类数据及相关技术和应用的总称。

9.1.1　工业大数据的内涵

工业大数据具备双重属性：价值属性和产权属性。一方面，通过工业大数据分析等关键技术，能够实现设计、工艺、生产、管理、服务等各个环节智能化水平的提升，满足用户定制化需求，提高生产效率并降低生产成本，为企业创造可量化的价值；另一方面，这些数据具有明确的权属关系和资产价值，企业能够决定数据的具体使用方式和边界，数据产权属性明显。工业大数据的价值属性实质上是基于工业大数据采集、存储、分析等关键技术，对工业生产、运维、服务过程中的数据实现价值的提升或变现；工业大数据的产权属性则偏重于通过管理机制和管理方法帮助工业企业明晰数据资产目录与数据资源分布，并确定所有权边界，为其价值的深入挖掘提供支撑（刘怀兰等，2019）。

9.1.2　工业大数据的边界

工业大数据的边界可以从数据源、工业大数据的应用场景两大维度进行明确。从数据的来源看，工业大数据主要包括三类。

第一类是与企业运营管理相关的业务数据，主要来自传统企业信息化范围，存储在企业信息系统内部，包括传统工业设计和制造类软件、企业资源计划、产品生命周期管理、供应链管理、客户关系管理和能源管理系统等数据，此类数据是工业企业传统意义上的数据资产。

第二类是制造过程数据，主要是指在工业生产过程中，装备、物料及产品加工过程的工况状态参数、环境参数等生产情况数据，通过制造执行系统实时传递。目前，在智能制造装备大量应用的情况下，此类数据的数量增长最快。

第三类是企业外部数据，包括工业企业产品售出之后的使用、运营情况数据，同时还包括大量客户名单、供应商名单、外部的互联网等数据。

工业大数据技术包括数据采集、预处理、数据存储、数据分析、可视化以及智能控制等。这些技术与传统的数据挖掘过程相似，即从大量的、不完全的、有噪声的、随机的数据中提取有用的信息和知识。但在大数据背景下，各种技术由于数据量的巨大变化而不得不做出新的调整。

工业大数据应用是指对于特定的工业大数据集，集成应用工业大数据技术，以获得有价值的信息的过程，如智能化设计、智能化生产、网络协同制造、智能化服务以及个性化定制等。工业大数据应用的目标是从复杂的数据集中发现新的模式与知识，挖掘得到有价值的信息，从而促进工业企业的产品创新、运营提质和管理增效。

9.1.3　工业大数据与智能制造

智能制造是工业大数据的载体和产生来源，其各生产阶段中的信息化、自动化系统所产生的数据构成了工业大数据的主体。另外，智能制造又是工业大数据形成的数据产品最终的应用场景和目标。工业大数据描述了智能制造各生产阶段的真实情况，为人类读懂、分析和优化制造提供了宝贵的数据资源，是实现智能制造的智能来源。新一代智能制造，即数字化、网络化、智能化制造，由新一代人工智能技术和先进制造技术深度融合而成。

以机床为例，传统机床需要手工对刀、加工、变速等，尽管机床辅助人力实现了工件加工，但许多步骤还需要人为控制，使得加工精度和效率较低；数控机床则通过数控编程与控制技术有效地改善了上述情况，但工件的上下料、加工轨迹的制定等某些环节仍旧依赖于人力；而新一代智能制造下的智能机床不仅能通过智能机器人实现物料储运，还能在省去人力编程的同时，通过学习认知优化加工，实现更高质、高效的制造。根据《国家智能制造标准体系建设指南（2021 版）》，工业大数据标准属于智能制造标准体系中的部分，工业大数据定位为智能制造智能赋能技术的核心技术，如图 9-1 所示。

具体来说，工业大数据为智能制造提供技术和数据支撑，智能制造标准体系中对工业大数据标准给出了描述，其主要包括：平台建设的要求、运维和检测评估等工业大数据平台标准；工业大数据采集、预处理、分析、可视化和访问等数据处理标准；数据质量、数据管理能力等数据管理标准；工厂内部数据共享、工厂外部数据交换等数据流通标准。智能赋能技术标准主要用于典型智能制造模式中，以提高产品全生命周期中各个环节所产生的各类数据的处理和应用水平，如图 9-2 所示。

工业大数据驱动智能制造实践，从数据采集开始，生产阶段工业大数据的驱动力体现在数据关联分析和数据反馈指导生产，形成了智能设计、智能生产工艺优化和质量管理、智能计划调度和生产流程管理优化、智能能耗管理、智能运行维护、网络化协同制造、智能化服务和个性化定制等一系列应用。

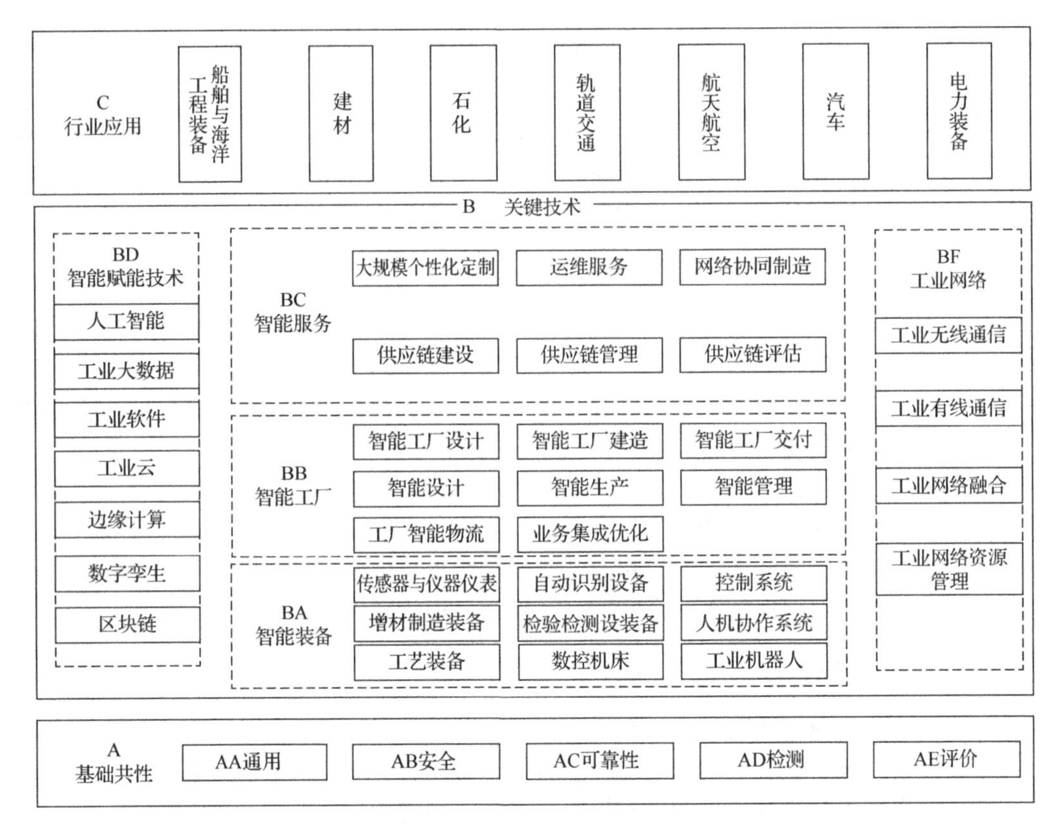

图 9-1　工业大数据标准在智能制造标准体系中的定位

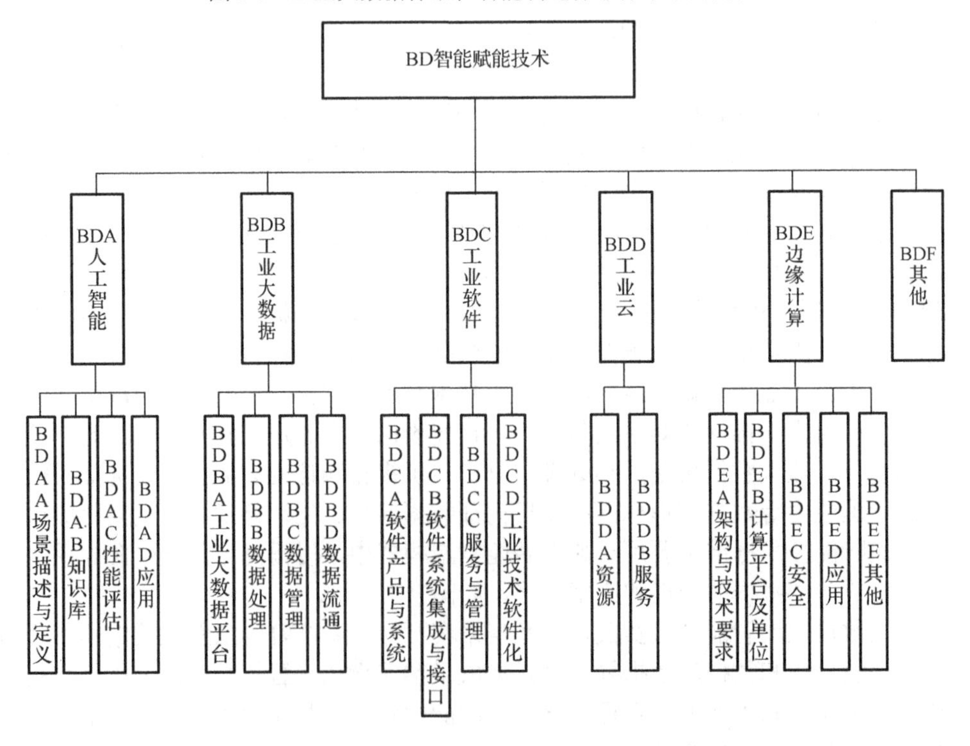

图 9-2　智能制造标准体系——智能赋能技术标准

9.1.4　国内工业大数据现状与前景分析

目前工业大数据的发展态势有 3 个。

一是从理念转向实践。例如，唐山钢铁集团有限责任公司通过引入国际最先进的生产线，已实现数据实时采集，并与深圳市爱施德股份有限公司等企业合作，深度挖掘工业大数据的价值。二是工业大数据成为云计算的价值体现。由于工业大数据的体量大，云计算是最好的解决方案。三是工业大数据孕育着丰富的工业应用生态。工业大数据挖掘和分析的结果可广泛应用于企业研发设计、生产制造、管理服务和供应链等各个环节。

工业大数据的发展也面临如下问题。第一，工业大数据标准的缺乏。第二，工业大数据中的数据安全问题。工业大数据涵盖设备、产品、运营、用户等方方面面的数据。一方面，市面上缺乏针对工业大数据采集、传输、存储等方面的安全措施。另一方面，工业大数据在个性化定制、服务化延伸方面的应用必然会涉及用户的隐私信息，而这些信息在工业大数据环境下更容易泄露。

适合当前中国工业大数据发展和研究的方向是：第一，加强产学研各界合作攻关，布局工业大数据标准；第二，加强工业大数据安全体系建设，保障工业大数据安全发展。

我国工业体系门类齐全、工业设备与用户数量众多、工业大数据资源丰富，国内企业在云计算、大数据、人工智能、物联网等信息技术方面的发展也已形成一定基础，为发展工业大数据创造了良好环境。工业大数据当前的应用场景以电网和离散型制造业为主，如设备故障预测与健康管理、综合能耗管理、智能排程、库存管理和供应链协同等。然而，工业大数据解决方案的高成本、工业企业的数据意识不强，以及工业互联网营利模式的模糊，制约了工业大数据应用的快速拓展。未来，工业大数据将围绕“小场景”从“项目”走向“产品”。小场景由于投入相对少，需求更精准，有助于在短期内取得成效，培育企业的数字化认知也便于供应商积累行业数据和经验，降低实施成本，推动从项目到标准产品的转变。通过以龙头企业和行业特色企业为引领，加速布局一批小场景，持续推进工业设备数据化和应用产品化，使工业大数据有望加速落地。

9.2　工业大数据技术架构

本章中描述的工业大数据的功能架构可以总结为数据采集与交换、数据集成与处理、数据建模与分析和数据驱动下的决策与控制应用四个层次，功能架构如图 9-3 所示。

功能架构再对应到具体的技术实现时可以参考图 9-4 中的技术架构。

图 9-3　工业大数据功能架构

图 9-4　工业大数据技术架构

9.2.1　数据采集与交换

数据采集与交换主要指从传感器、SCADA、MES、ERP 等内部系统，以及企业外部数据源获取数据，并实现在不同系统之间数据的交互。

将工业互联网中各组件、各层级的数据汇聚在一起，是大数据应用的前提。要实现数据从底层向上层的汇集，以及在同层的不同系统间传递，需要完善的数据采集与交换技术支持。由于工业大数据分散在不同的物理位置和采集系统中，一般采取消息中间件（Message-Oriented Middleware, MOM）技术来实现。如图 9-5 所示，消息中间件的主要功能是实现消息传输管理、队列管理、协议转换等功能。

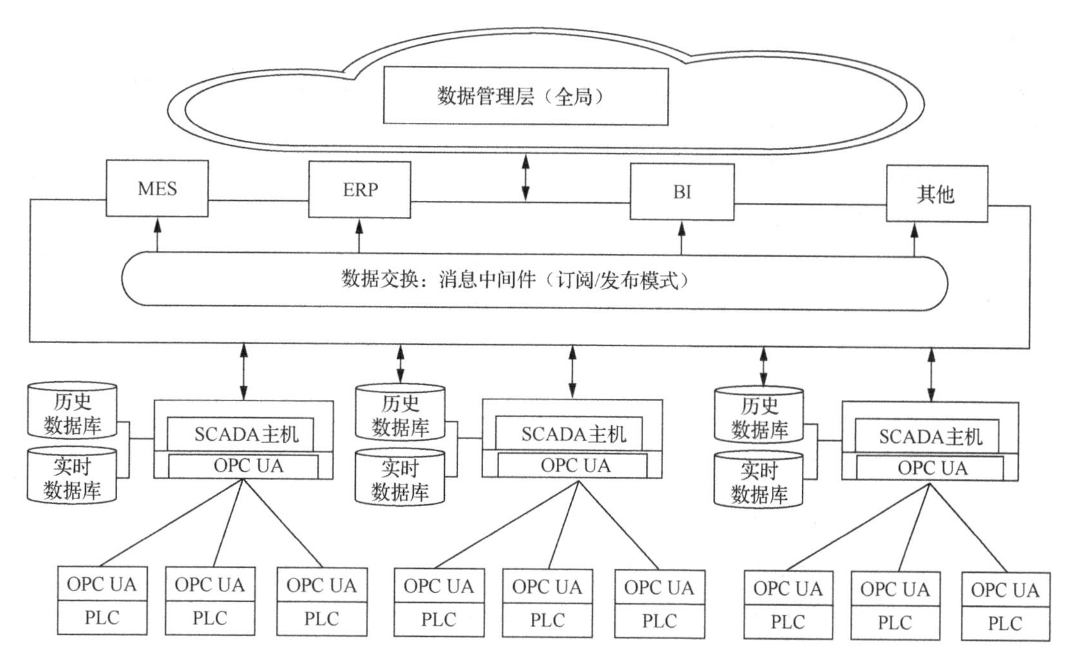

图 9-5　工业大数据采集与交换层技术

数据采集是对来自不同传感器的各种信息进行适当转换，如采样、量化、编码、传输。数据采集系统一般包括数据采集器、微机接口电路、数/模转换器。

数据交换是指工业大数据应用所需的数据在不同应用系统之间的传输与共享，通过建立数据交换规范，开发通用的数据交换接口，实现数据在不同系统与应用之间的交换与共享，消除数据孤岛，并确保数据交换的一致性。

数据采集与交换是工业系统运作的基底。在工业系统中，从微观层每一个零部件信息到宏观层整个生产流水线信息，基于各种网络链接实现数据从微观层到宏观层的流动，形成各个层、全方位的数据链条，并保证多源数据在语义层面能够互通，降低数据交换的时延，以实现有效数据交换，在技术上是一个比较大的挑战。

9.2.2　数据集成与处理

数据集成与处理从功能上主要是将物理系统的实体抽象和虚拟化，建立产品、产线、供应链等各种主题数据库，将清洗转换后的数据与虚拟制造中的产品、设备、产线等实体相互关联起来；从技术上主要是实现原始数据的清洗转换和存储/管理，提供计算引擎服务，完成海量数据的交互查询、批量计算、流式计算和机器学习等任务，并对上层建模工具提供数据访问和计算接口。

工业大数据集成就是将工业产品全生命周期中形成的许多个分散的工业大数据源中的数据逻辑地或物理地集成到统一的工业大数据集合中。工业大数据集成的核心是要将互相关联的分布式异构工业大数据集成到一起，使用户能够以透明的方式访问这些工业大数据源，达到保持工业大数据源整体上的数据一致性、提高信息共享与利用效率的目的。

工业大数据处理是利用数据库技术、数据清洗转换加载等多种工业大数据处理技术，将集成的工业大数据集合中大量的、杂乱无章的、难以理解的数据进行分析和加工，形成有价值、有意义的数据。

工业大数据集成处理框架主要涉及数据的抽取转换加载（ETL）技术、数据存储/管理技术、数据查询/计算技术，以及相应的数据安全管理和数据质量管理等支撑技术。其中，ETL、数据查询/计算等技术与互联网大数据技术相似，而基于开源的 Hadoop 等技术将成为未来技术的发展趋势，具体如图 9-6 所示。

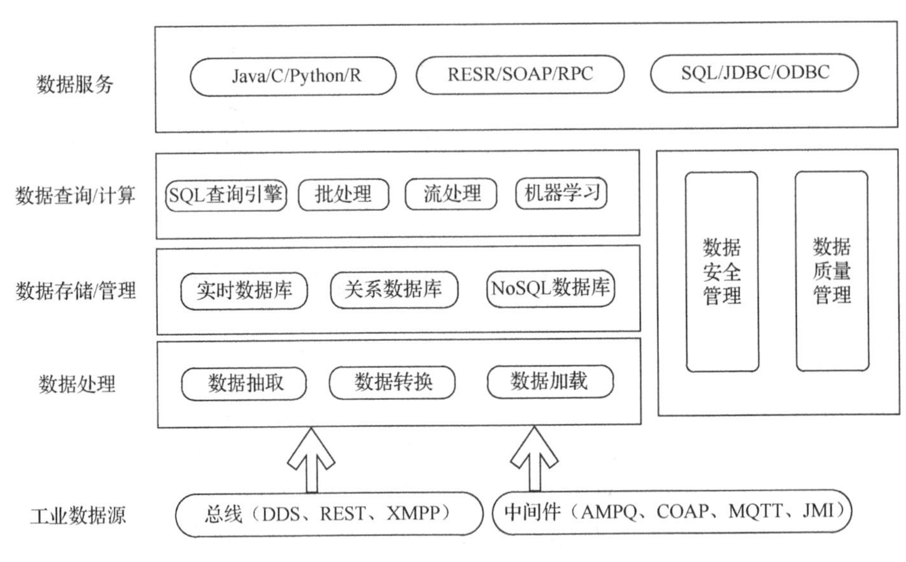

图 9-6　工业大数据集成处理框架

9.2.3　数据建模与分析

数据建模与分析从功能上主要是在虚拟化的实体之上构建仿真测试、流程分析、运营分析等模型，用于在原始数据中提取特定的模式和知识，为各类决策的产生提供支持；从技术上主要是提供数据报表、可视化、知识库等数据分析工具。

数据建模是根据工业实际元素与业务流程，在设备物联、生产经营过程、外部互联网等相关数据的基础上，构建供应商、用户、设备、产品、产线、工厂、工艺等数字模型，其结合数据分析，提供数据报表、可视化、知识库等数据分析工具及数据开放功能，为各类决策提供支持。工业大数据建模与分析技术已经形成了一些比较成熟稳定的模型算法，从大的方面可以将其分为基于知识驱动的方法和基于数据驱动的方法。有时候数据可视化技术本身也称为一种数据分析方法。工业大数据建模与分析技术体系如图 9-7 所示。

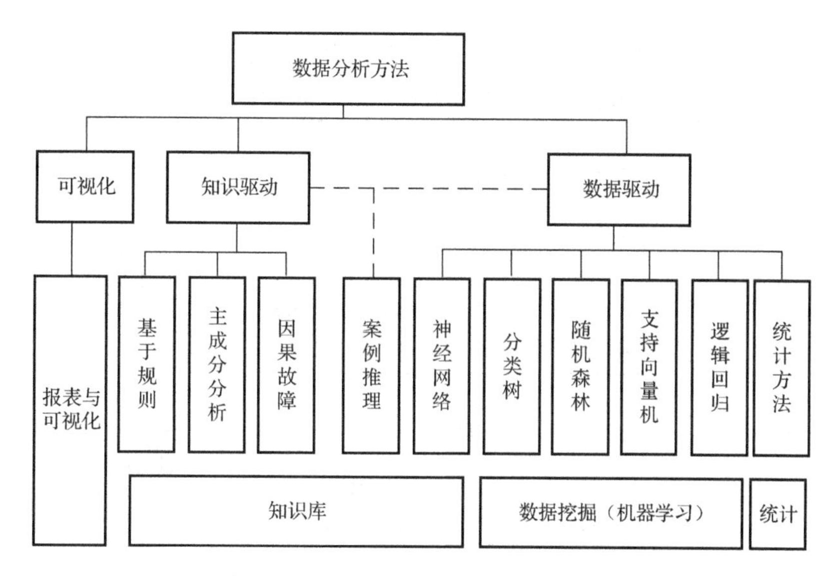

图 9-7　工业大数据建模与分析技术体系

9.2.4　决策与控制应用

基于数据分析结果，生产描述、诊断、预测、决策、控制等不同应用，形成优化决策建议或产生直接控制指令，从而对工业系统施加影响，实现个性化定制、智能化生产、协同化组织和服务化制造等创新模式，最终构成从数据采集到设备、生产现场及企业运营管理优化的闭环。

根据数据分析的结果产生决策，从而指导工业系统采取行动，是工业大数据应用的最终目的。工业大数据应用可以分为以下 5 大类。

（1）描述（Descriptive）类应用：主要利用报表、可视化等技术，汇总展现工业互联网各个子系统的状态，使得操作管理人员可以在一个仪表盘上总览全局状态。此类应用一般不给出明确的决策建议，完全依靠人来做出决策。

（2）诊断（Diagnostic）类应用：通过采集与工业生产过程相关的设备物理参数、工作状态数据、性能数据及其环境数据等，评估工业系统生产设备等的运行状态并预测其未来的健康状况，主要是利用规则引擎、归因分析等，对工业系统中的故障给出告警并提示故障可能的原因，辅助人工决策。

（3）预测（Predictive）类应用：通过对系统历史数据的分析挖掘，预测系统的未来行为，主要是利用逻辑回归、决策树等，预测未来系统状态，并给出建议。

（4）决策（Deceive）类应用：通过对影响决策的数据进行分析与挖掘，发现和决策相关的结构与规律，主要是利用随机森林、决策树等方法，提出生产调度、经营管理与优化方面的决策建议。

（5）控制类应用：根据高度确定的规则，直接通过数据分析产生行动指令，控制生产系统采取行动。

工业大数据决策与控制应用技术的框架如图 9-8 所示。

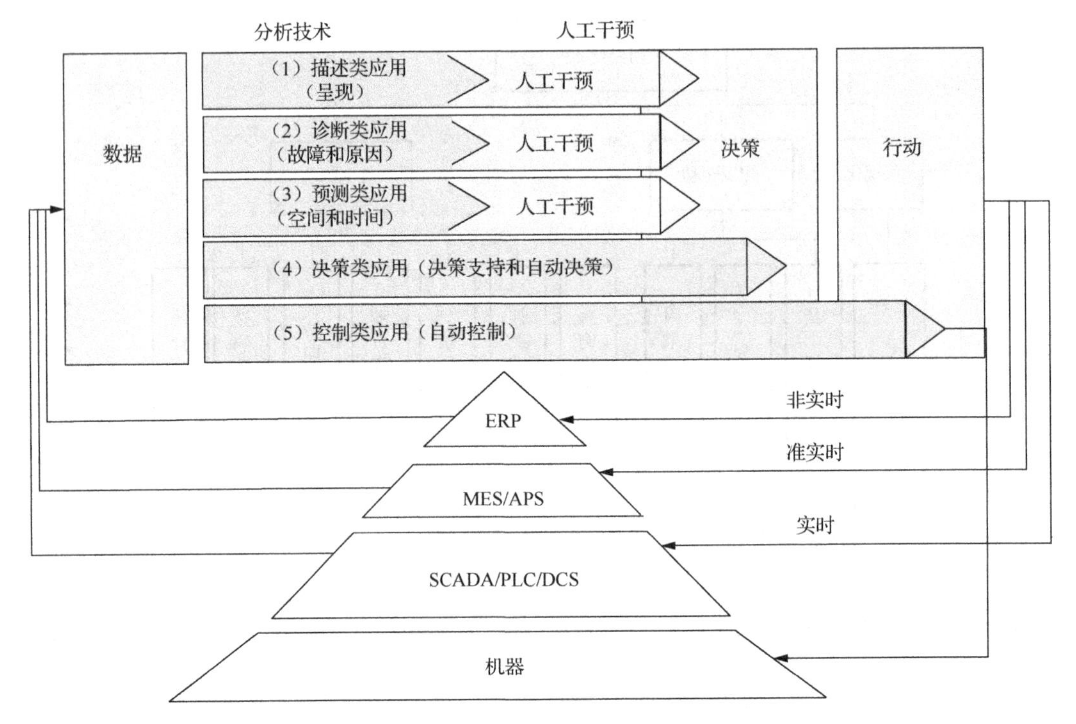

图 9-8　工业大数据决策与控制应用技术框架

9.3　工业大数据技术架构实现

工业大数据的来源主要包括管理系统、生产系统、外部系统三大方面。从数据采集的全面性上看，工业大数据源不仅要涵盖基础的结构化交易数据，还要逐步包括半结构化的用户行为数据、网状的社交关系数据、文本或音视频类型的用户意见和反馈数据、设备和传感器采集的周期性数据，以及未来越来越多有潜在意义的各类数据（王建民，2017）。表 9-1 整理出了一些工业大数据系统中常见的数据源及其数据特点，以供参考。

表 9-1　常见工业大数据源分类

分类	系统类型	典型系统	数据结构	数据特点	实时性
管理系统	设计资料	产品模型、图纸、电子文档	半结构化/非结构化	类型各异，更新不频繁，包含企业核心数据	批量导入
	价值链管理系统	SCM 系统、CRM 系统	结构化/半结构化	没有严格的时效性要求，需要定期同步	批量导入
	资源管理系统	ERP 系统、MES、PLM 系统、环境管理系统、仓库管理系统、能源管理系统	结构化	没有严格的时效性要求，需要定期同步	批量导入
生产系统	工业控制系统	DSC、PLC	结构化	需要实时监控，实时反馈控制	实时采集

续表

分类	系统类型	典型系统	数据结构	数据特点	实时性
生产系统	生产监控系统	SCADA 系统	结构化	包含实时数据和历史数据	实时采集/批量导入
	各类传感器	外挂式传感器、条码、射频识别	结构化	单条数据量小，传输并发度大，结合 IOT 网关	实时采集
	其他外部设备	视频摄像头	非结构化	数据量大，传输需要较大网络带宽和时延	实时采集
外部系统	其他外部系统	相关行业、法规、市场、竞品、环境	非结构化	数据相对静止，变化较小，定期更新	批量导入

9.3.1　数据采集

1. 管理系统数据采集

管理系统数据主要来自工业产品的设计资料、价值链管理系统及生产过程中的资源管理系统。

（1）设计资料：大多来源于传统工业设计和制造类软件，如 CAD、CAM、CAE、CAPP、PDM 等。设计资料数据主要来源于各类产品模型，以及相关的图纸或电子文档，大多数为非结构化数据。这类数据的采集对时效性要求不高，只需定期批量导入大数据系统。

（2）价值链管理系统：价值链管理系统数据主要指企业生产活动中上下游的信息流数据，主要来源于供应链管理（SCM）系统、客户关系管理（CRM）系统等。这类数据主要包含供应链信息和客户信息，通常是规范的结构化数据，采集时对时效性要求不高，只需按业务分析要求的更新周期定期批量导入大数据系统。

（3）资源管理系统：资源管理系统数据的来源主要是生产环节中的各类管理系统，包括企业资源计划（ERP）系统、制造执行系统（MES）、产品生命周期管理（PLM）系统、环境管理系统（EMS）、仓库管理系统（WMS）、能源管理系统等。这类数据主要描述了生产过程中的订单数据、排程数据、生产数据等，大多数为标准的结构化数据，采集时对时效性要求不高，只需按业务分析要求的更新周期定期批量导入大数据系统。

2. 生产系统数据采集

生产系统数据主要来自工业控制系统、生产监控系统、各类传感器以及其他外部设备。

（1）工业控制系统：工业控制系统数据的来源主要包括分布式控制系统（DCS），以及可编程逻辑控制器（PLC）。通常 DCS 与 PLC 共同组成本地化的控制系统，主要关注控制消息管理、设备诊断、数据传递方式、工厂结构，以及设备逻辑控制和报警管理等数据的收集。此类数据通常为结构化数据，且数据的应用通常对时效性要求较高，需要数据能及时地上报到上层的处理系统中。

（2）生产监控系统：生产监控系统数据主要来源于以 SCADA 系统为代表的监视控制系统。SCADA 系统的设计用来收集现场信息，将这些信息传输到计算机系统，并且用图像或文本的形式显示这些信息。这类数据也是规范的结构化数据，但相对 DCS 和 PLC 来说，SCADA 系统可以提供实时的数据，同时也能提供历史数据。因此在考虑数据的采集策略时，需要根据上报数据的类型来选择是实时采集还是批量导入。

（3）各类传感器：生产车间中的很多生产设备并不能进行生产数据的采集，因此需要通过外接一套额外的传感器来完成生产数据的采集。外挂式传感器主要用在无生产数据采集功能的设备或者数据采集不全面的设备上，以及工厂环境数据的采集。同时，外挂式传感器根据使用现场的需求，可以分为接触式的传感器和非接触式的传感器。此类系统所生成的数据的特点是单条数据量通常都非常小，但是通信总接入数非常高，即数据传输并发度大，同时对传输的实时性要求较高。

（4）其他外部设备：以视频摄像头为例，其数据主要来源于产品的质量监控照片、视频，或者工厂内的监控视频等。此类数据的特点是数据量大，传输的持续时间长，需要有高带宽、低时延的通信网络才能满足数据的上传需求。对于其他不同于视频数据的外部设备数据，需要针对数据的特性进行采集机制的选择。

3. 外部系统数据采集

外部系统数据主要来源于相关行业、评价企业环境绩效的环境法规、预测产品市场的宏观社会经济数据（如市场、竞品、环境等），此类数据主要用于评估产品的后续生产趋势、产品改进等方面，与管理系统的数据采集类似，可以通过标准的 RJ45 接口进行数据的传输。通常此类数据相对静止，变化较小，因此数据的上传频次较低。

综合上述多类数据源的采集场景和要求，系统的集成导入应同时具备实时采集（如工业控制系统数据、生产监控系统数据、各类传感器数据）和批量导入（如管理系统数据、外部系统数据）的能力，并能根据需要提供可定制化的 IoT 接入平台。

具体建设要求如下。

（1）对于需要实时监控、实时反向控制的数据，可通过实时消息管道发送，必须要支持实时接入，如工业控制系统数据、生产监控系统数据等。建议采用如 Kafka、Fluentd 或 Flume 等技术，这类技术使用分布式架构，具备数据至少传输一次的机制，并为不同生成频率的数据提供缓冲层，避免重要数据的丢失。

（2）对于非实时处理的数据，可定时批量地从外部系统离线导入，必须要支持海量多源异构数据的导入，如资源管理系统数据、价值链管理系统数据、设计资料数据等。建议采用 Sqoop 等数据交换技术，实现 Hadoop 与传统数据库（MySQL、Oracle、Postgres 等）间大批量数据的双向传递。

（3）当系统中有大量设备需要并发且多协议接入时，如各类传感器，可部署专业 IoT 接入网关，接入时，其需具备同时支持 TCP、UDP、MQTT、CoAP、LWM2M 等多种通信协议的能力。在面对各类传感器的数据采集时，可以结合 RFID、条码扫描器、生产和监测设备、PDA、人机交互、智能终端等手段采集制造领域的多源、异构数据信息，并通过互联网或现场总线等技术实现源数据的实时准确传输。有线接入技术主要以 PLC、以太网为主。无线接入技术种类众多，包括条形码、PDA、RFID、ZigBee、Wi-Fi、蓝牙、Z-Wave 等短距离通信技术和长距无线通信技术。

9.3.2　数据存储

工业大数据系统接入的数据源数量大、类型多，需要支持 TB 到 PB 级多种类型的数据的存储，包括关系表、网页、文本、JSON、XML、图像等数据库，应具备尽可能多样化的存储方式来适应各类存储分析场景，总结如表 9-2 所示。

表 9-2　各类存储方式及其适用场景

类型	典型介质	应用场景
海量低成本存储	对象存储、云盘	海量历史数据的归档和备份
分布式文件系统	HDFS、Hive	海量数据的离线分析
数据仓库	MPP、Cassandra	报表综合分析、多维随机分析等各类报表文档，适用于简单对点查询场景
NoSQL 数据库	HBase、MongoDB	各类报表文档，适用于简单对点查询及交互查询场景
关系数据库	MySQL、SQLServer、Oracle、PostgreSQL	交互查询场景
时序数据库	InfluxDB、Kdb+、RRDtool	依据时间顺序分析历史趋势、周期规律、异常性等场景
内存数据库	Redis、Memcached、Ignite	数据量不大且要求快速实时查询的场景
图数据库	Neo4j	具有明显点边分析的场景
文本数据索引	Solr、Elasticsearch	文本/全文检索

在不同的工业大数据应用场景中，数据存储的介质选择十分重要，下面列举一些经典的使用场景来介绍如何选择存储介质：

（1）实时监控数据展示：通常情况下，实时采集的监控数据在进行轻度的清洗和汇总后会结合 Web UI 技术实时展现生产线的最新动态。这类具有实时性、互动性的数据一般使用内存方式进行存储，如 Redis、Ignite 等技术，可以快速响应实时的查询需求。

（2）产线异常的分析与预测：使用机器学习技术对产线数据进行深入挖掘并分析运行规律，可以有效地对产线的异常进行分析和预测，进而改善进程，减少损失，降低成本及人为误判的可能性。这类用于分析的历史数据一般选择使用 HDFS、Cassandra 等进行分布式储存，适用于海量数据的探索和挖掘分析。同时，对于这类与时间顺序强相关的分析场景，数据的存储可以选择 InfluxDB 这类时序数据库，以极大地提高时间相关数据的处理能力，在一定程度上节省存储空间并极大地提高查询效率。

（3）商业智能：如果需要整合多种数据来制作商业策略性报表，则适合使用结构化存储，如传统的关系数据库 MySQL、Oracle 等。如果需要考虑性能和及时性，可以考虑将数据分类存储至 NoSQL 数据库，如 Cassandra、HBase 与 Redis 等。

9.3.3　数据计算

大数据系统通常需要能够支持多种任务，包括处理结构化表的 SQL 引擎、计算关系的图计算引擎和进行数据挖掘的机器学习引擎，其中面向 SQL 的分析主要有交互查询、报表、复杂查询、多维分析等。表 9-3 为各类计算引擎可以适用的场景描述。

表 9-3　各类计算引擎及其适用场景

类型	典型介质	适用场景
实时计算引擎	Storm、Spark Streaming、Flink	设备监控、实时诊断等对时效性要求较高的场景
离线计算引擎	MapReduce、Spark、Hive	大数据量的、周期性的数据分析，如阶段性的营销分析或生产能耗分析等
图计算引擎	Graphlab、GraphX	事件及人之间的关联分析，比如，建立用户画像进行个性化定制或营销
数据综合分析 OLAP	MPP	产线或销售环节的综合报表分析
业务交互查询 OLTP	MySQL、SQLServer、Oracle	交互查询场景
分布式数据库中间件	Cobar、TTDL、MyCAT	海量数据高并发时的弹性扩容解决方案
数据挖掘能力	Spark、TensorFlow	需要迭代优化的数据挖掘场景，如故障预测、用户需求挖掘等

9.4　本章小结

本章从工业大数据的内涵及边界开始介绍，结合工业大数据的应用，介绍了工业大数据与智能制造的关系，之后对国内工业大数据的前景进行展望分析。在工业大数据的时代背景下，工业网络为整个系统提供了采集与汇聚渠道，是推动智能制造发展的关键基础设施。最后本章介绍了工业大数据技术架构，并给出了其实现过程中的具体要求，为构建工业大数据系统提供参考思路。

第 10 章　工业知识图谱

本章学习目标：

（1）简要了解知识图谱的相关概念以及技术流程；

（2）熟练掌握知识图谱中的知识表示、知识抽取、知识存储以及知识推理的不同方法；

（3）了解知识图谱在当今工业上的主要应用。

本章将着重介绍知识图谱的相关技术，并通过介绍知识图谱在工业领域和通用领域的典型案例，力求全面地为读者概述与工业知识图谱相关的知识。

10.1　知识图谱概述

10.1.1　知识图谱的概念

“知识图谱”一词在提出之初特指谷歌公司为了支撑其语义搜索而建立的知识库。随着知识图谱技术的深化，知识图谱已经成为大数据时代最为重要的知识表示形式。作为一种知识表示形式，知识图谱是一种大规模语义网络，包含实体、概念及其之间的语义关系。图 10-1 是知识图谱的片段，由图可知，张明是一个实体，他是篮球运动员，身高为 2.1m。

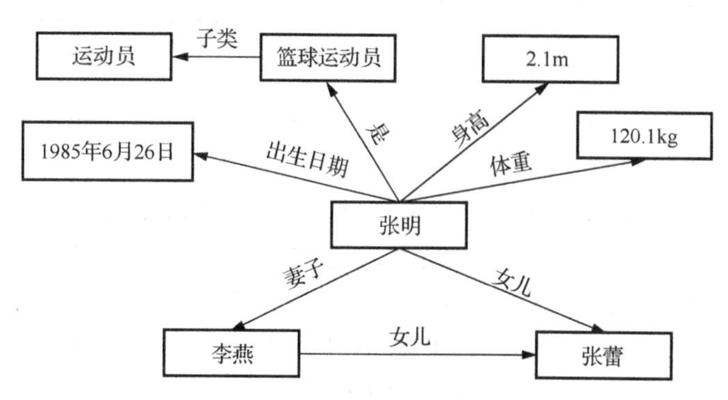

图 10-1　关于张明的知识图谱片段

语义网络是一种以图形化的形式通过点和边来表达知识的方式，其基本组成元素是点和边。图 10-1 也是一个典型的语义网络。语义网络中的点可以是实体、概念和值。其中，实体又称为对象或者实例，通常指具体的人名、组织机构名、地名等。概念又称为类或者类别，比如，“运动员”不是指某个特定的人，而是指一类人，这一类人有相同的描述模板，抽象成了一个类或者概念。每一个实体都有一定的属性值，其表现形式可以是常见的数值类型、日期类型或者文本类型。例如，张明身高为 2.1m，这是数值类型；张明出生日期是“1985 年 6 月 26 日”，这是日期类型。

语义网络的边可以分为属性和关系两类。属性描述实体某方面的特性，如人的出生日期、身高、体重等。属性是人们认知世界、描述世界的基础。关系则是一类特殊的属性，当实体的某个属性值也是一个实体时，这个属性称为关系。比如，某个实体的儿子是另一个特定实体，因此“儿子”可以被认为是一个关系（肖仰华等，2020）。

10.1.2 知识图谱的发展史

知识图谱并非突然出现的新技术，而是历史上很多相关技术相互影响和继承发展的结果，包括语义网络、知识表示、本体论、Semantic Web 和自然语言处理等技术，有着来自 Web、人工智能和自然语言处理等多方面的技术基因。从早期的人工智能发展历史来看，Semantic Web 是传统人工智能与 Web 融合发展的结果，是知识表示与推理在 Web 中的应用。资源描述框架（Resource Description Framework, RDF）和网络本体语言（Web Ontology Language, OWL）都是面向 Web 设计实现的标准化的知识表示语言，而知识图谱则可以看作 Semantic Web 的一种简化后的商业实现。知识图谱的发展史如表 10-1 所示。

表 10-1 知识图谱的发展史

年份	发展
1960	Semantic Networks（语义网络）：语义网络作为知识表示的一种方法被提出，主要用于自然语言理解领域
1980	Ontology（本体）：哲学概念“本体”被引入人工智能领域用来刻画知识
1989	Web（网络）：Tim Berners-Lee 在欧洲高能物理研究中心发明了万维网
1998	The Semantic Web（语义互联网）：Tim Berners-Lee 提出了语义互联网的概念
2006	Linked Data（链接数据）：Tim Berners-Lee 定义了在互联网上链接数据的四条原则
2012	Knowledge Graph（知识图谱）：谷歌公司发布了其基于知识图谱的搜索引擎产品
…	…

随着硬件技术的不断发展和互联网的兴起，互联网上的数据量如井喷般增长，传统的知识工程越来越难以满足互联网时代大规模开放应用（如搜索功能等）的需求。对此，谷歌公司在 2012 年提出知识图谱，其初衷是改善谷歌搜索引擎的性能，以提升用户搜索体验。得益于强大的语义表达存储和推理能力，知识图谱不仅仅可以用于搜索业务，还可以为互联网时代的数据知识化组织和智能应用提供有效的解决方案。时至今日，知识图谱已经广泛应用于医药、制造业等诸多领域。

10.1.3 知识图谱的技术流程

知识图谱用于表达更加规范的高质量数据。一方面，知识图谱采用更加规范而标准的概念模型、本体术语和语法格式来建模和描述数据；另一方面，知识图谱通过语义链接增强数据之间的关联。这种表达规范且关联性强的数据在改善搜索性能、提升问答体验、辅助决策分析和支持推理等多个方面都能发挥重要的作用。

知识图谱方法论涉及知识表示、知识抽取、知识处理和知识利用多个方面。其一般技术流程为：首先确定知识表示模型，然后根据知识来源选择不同的知识抽取手段导入知识以初步构建图谱，接着综合利用知识推理、知识融合、知识挖掘等技术对构建的知识图谱进行质量提升，最后根据场景需求设计不同的知识访问与呈现方法，如语义搜索、问答交互和图谱可视化分析等场景。下面简要概述这些技术流程的核心技术要素。

1. 知识来源

可以从多种来源获取知识图谱数据，包括文本、结构化数据、多媒体数据、传感器数据和人工众包等。每一种数据源的知识化都需要综合各种不同的技术手段。例如，对于文本，需要综合实体抽取、实体链接、关系抽取和事件抽取等多种自然语言处理技术，来实现从文本中获取知识。

人工众包是抽取高质量知识图谱的重要手段。Wikidata 和 Schema.org 都是较为典型的知识众包技术手段。此外，还可以开发针对文本、图像等多种媒体数据的语义标注工具，辅助人工进行知识抽取。

2. 知识表示与 Schema 工程

知识表示是指用计算机符号描述和表示人脑中的知识，以支持机器模拟人的心智进行推理的方法与技术。知识表示决定了图谱构建的产出目标，即知识图谱的语义描述框架（Description Framework）、Schema 与本体。

语义描述框架用来定义知识图谱的基本数据模型和逻辑结构，最典型的语义描述框架是万维网联盟（World Wide Web Consortium, W3C）推出的 RDF。而 Schema 与本体用来定义知识图谱的类集、属性集、关系集和词汇集。

按知识类型的不同，知识图谱包括词、实体、关系、事件（Event）等。词一级的知识以词为中心，并定义词与词之间的关系，如 WordNet、ConceptNet 等。实体一级的知识以实体为中心，并定义实体之间的关系、描述实体的术语体系等。事件则是一种复合的实体。

W3C 的 RDF 把三元组作为基本的数据模型，其基本的逻辑结构包含主语、谓词、宾语三个部分。虽然不同知识库的描述框架的表述有所不同，但本质上都包含实体、实体的属性和实体之间的关系这几个要素。

3. 知识抽取

知识抽取按任务可以分为概念抽取、实体抽取、关系抽取、事件抽取和规则抽取等。传统专家系统时代的知识主要依靠专家手工录入，难以扩大知识图谱规模。现代知识图谱的构建通常大多依靠已有的结构化数据资源进行转化，形成基础数据集，再依靠自动化知识抽取和知识图谱补全技术，从多种数据源进一步扩展知识图谱，并通过人工众包进一步提升知识图谱的质量。

4. 知识融合

在构建知识图谱时，可以从第三方知识库产品或已有结构化数据中获取知识输入。例如，关联开放数据（Linked Open Data）项目会定期发布其积累和整理的语义知识数据，其中既包括通用知识库 DBpedia 和 Yago，也包括面向特定领域的知识库，如 MusicBrainz 和 DrugBank 等。当多个知识图谱进行融合或者将外部关系数据库合并到本体知识库时，需要处理两个层面的问题：一是通过模式层的融合将新得到的本体融入已有的本体库中以及新旧本体的融合；二是数据层的融合（包括实体的指称、属性、关系以及所属类别等），主要的问题是如何避免实例以及关系的冲突，防止造成不必要的冗余。

5. 知识图谱补全与推理

常用的知识图谱补全方法包括三类。

一类是基于本体推理的方法，它基于描述逻辑的推理以及相关的推理机实现，如RDFox、Pellet、RACER、HermiT、TrOWL等。这类推理主要针对TBox，即概念层，也可以用来对实体级的关系进行补全。

另一类是基于图结构和关系路径特征的方法，如基于随机游走获取路径特征的PRA算法、基于子图结构的SFE算法和基于层次化随机游走模型的PRA算法。这类方法的共同特点是通过两个实体节点之间的路径以及节点周围图的结构提取特征，并通过随机游走等算法降低特征抽取的复杂度，最后叠加线性的学习模型进行关系的预测。这类方法依赖于图结构和路径的丰富程度。

更为常见的补全方法是基于表示学习和知识图谱嵌入的链接预测模型，如最基本的翻译模型、组合模型和神经元模型等。这类简单的嵌入模型一般只能实现单步的推理。对于更为复杂的模型，可以在向量空间中使用随机游走模型，即在同一个向量空间中将路径与实体和关系一起表示出来再进行补全的模型。

6. 知识检索与知识分析

基于知识图谱的知识检索的实现形式主要包括语义搜索和智能问答。传统搜索引擎依靠网页之间的超链接实现网页的搜索，而语义搜索是直接对事物进行搜索，如人物、机构、地点等。这些事物可能来自文本、图片、视频、音频和IT设备等各种信息资源。而知识图谱和语义技术提供了关于这些事物的分类、属性和关系的描述，使得搜索引擎可以直接对事物进行索引和搜索。

知识图谱和语义技术也用来辅助数据分析与决策。例如，大数据公司Plantir基于本体融合和集成多种来源的数据，通过知识图谱和语义技术增强数据之间的关联，使得用户可以用更加直观的图谱方式对数据进行关联挖掘与分析。近年来，描述性数据分析（Declarative Data Analysis）越来越受到重视。描述性数据分析是指依赖数据本身的语义描述实现数据分析的方法。不同于计算性数据分析以建立各种数据分析模型（如深度神经网络）为主，描述性数据分析突出预先抽取的数据的语义，建立数据之间的逻辑，并依靠逻辑推理的方法（如Datalog）实现数据分析。

10.1.4　知识图谱在工业上的应用

在实际的工业控制系统中，人员、物料、装置和设备、能量流等生产要素和它们之间的关联关系包含了系统正常运行所依赖的知识。知识图谱作为一种关系型知识的有力表达形式，有望提升控制系统的知识自动化的程度。一方面，知识图谱可作为信息集成平台，对各生产要素及其关系进行统一的表达，从而成为解决生产过程中的信息感知集成和人机物协同问题的基础资源之一；另一方面，知识图谱能够实现知识存储、知识检索和知识推理，可以为操作人员提供知识查询服务，还可以为生产指标预测、运行状态检测和故障诊断提供支持，从而实现信息物理系统的自感知（牟天昊等，2022）。

10.2 知识表示

10.2.1 知识表示概念及方法

知识表示（Knowledge Representation）把知识客体中的知识因子与知识关联起来，便于人们识别和理解知识。知识表示是知识组织的前提和基础，任何知识组织方法都需要建立在知识表示的基础上。知识表示可分为主观知识表示和客观知识表示两类。经常用的知识表示方法主要有逻辑表示法、产生式表示法、框架表示法、面向对象的表示法、语义网表示法和本体表示法等。

知识表示的完整过程如图 10-2 所示。其中的“知识 1”是指隐性知识或者使用其他知识表示方法表示的显性知识，“知识 2”是指使用知识表示方法表示后的显性知识。“知识 1”与“知识 2”的深层结构一致，只是表示形式不同。因此，知识表示的过程就是把隐性知识转化为显性知识的过程，或者是把知识由一种表示形式转化成另一种表示形式的过程。

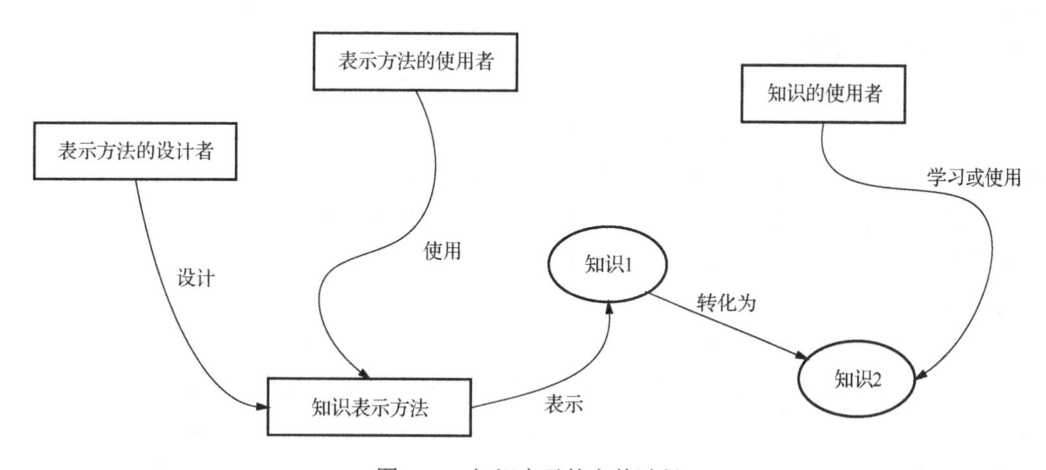

图 10-2　知识表示的完整过程

知识表示方法主要分为利用符号逻辑进行知识表示和利用语义网络进行知识表示两种。目前对于知识图谱，一般而言采用第二种方法里的 RDF 描述知识，形式上将有效信息表示为（主-谓-宾）三元组的结构，由于 RDF 具有完善的数据描述体系，不必再进行消歧，有利于实现不同知识的互通性及标准化；而第一种方法在面对规模庞大的领域知识库建设、具有挑战性的制造设计数据和装置数据时，仅作为辅助形式存在。航空制造实体中的语义信息可以以符号的形式存储，以便在知识抽取、融合、推理过程中发挥作用，这对于航空制造知识库的构建流程有重大意义。

RDF 描述歼 20 及其关系的形式如图 10-3 所示，不仅包含了由字符串构成的符号，还包含了语义信息，阐明了主体与客体之间的关系（邱凌等，2022）。

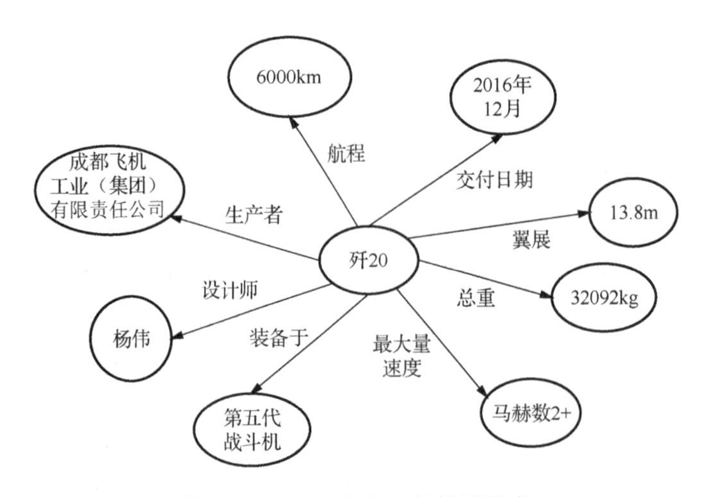

图 10-3　RDF 对歼 20 的描述形式

10.2.2　复杂关系建模

复杂关系建模是针对现有知识表示学习方法无法有效地处理知识图谱中的复杂关系而提出的一种技术。按照知识库中关系两端连接的实体的数目，可以将关系划分为 1-1、1-*N*、*N*-1 和 *N*-*N* 四种类型。其中，1-*N*、*N*-1 和 *N*-*N* 存在一对多或者多对多的关系，称为复杂关系。各种知识抽取算法在处理这四种类型的关系时性能差异较大，处理复杂关系时性能显著降低。如何实现表示学习对复杂关系的建模成为知识表示学习的一个难点，比较经典的模型有 TransE、TransH、TransR、TransD 等。

TransE 通过将关系解释为对实体的低维嵌入进行操作的转换来对关系进行建模，采用基于翻译的思想，使用三元组格式（h, r, t）表示从头实体 h 到尾实体 t 利用关系 r 所进行的翻译。

该模型结构简单，可以应用于大规模知识图谱。但是，TransE 难以表示关系建模中的深层的结构信息，这导致它在处理前面提到的知识库的复杂关系时捉襟见肘。例如，假如知识库中有两个三元组，分别是（美国，总统，奥巴马）和（美国，总统，布什），如果使用 TransE 同时对这两个三元组学习低维嵌入表示，将会使得奥巴马和布什的低维嵌入表示相同。

TransH 模型提出一个实体在不同的关系下拥有不同的表示，来避免 TransE 模型在处理 1-*N*、*N*-1、*N*-*N* 复杂关系时的局限性。

TransR 则假设实体有多个方面，各种关系可能关注实体的不同方面，在不同的关系下实体可能扮演不同的角色。实体嵌入是指实体首先通过关系特定的投影矩阵从实体空间投影到对应的关系空间，然后通过平移向量连接。但是，由于使用投影矩阵进行运算，该模型具有较高的空间复杂度和时间复杂度，无法应用于大规模知识图谱。

TransD 模型对 TransR 模型中的投影矩阵进行了进一步的优化，大大减少了参数量和所需的计算资源。它使用实体投影向量和关系投影向量动态构造映射矩阵，使得映射矩阵得到简化。然而，人们已经证明这种基于投影的 TransE 变体不能对反转和组合模式进行建模。

在相关数据集合上的实验表明，模型 TranH、TranR、TranD 均较 TransE 有显著的性能提升，验证了这些模型的有效性。

10.2.3　多元信息融合

知识表示学习面临的另一个重要挑战是如何实现多元信息融合。现有的知识表示学习模型仅利用知识图谱的三元组结构信息进行表示学习，尚有大量与知识有关的其他信息没有得到有效利用，合理地使用多元信息融合技术有助于解决数据稀疏问题。多元信息包含如下种类：

（1）知识库中的其他信息，如实体和关系的描述信息、类别信息等；

（2）知识库外的海量信息，如互联网文本蕴含的大量与知识库实体和关系有关的信息。

在多元信息融合领域，已有一些学者进行了相关的研究，但总体来讲研究仍处于起步状态，这里简单介绍最经典的 DKRL 模型。DKRL 模型将 Freebase 等知识库中提供的实体描述信息融入知识表示学习中。在如何应用文本表示方面，DKRL 有了两种解决方案：一种是 CBOW（词袋模型），将文本中的词向量简单相加作为文本表示；另一种是卷积神经网络，能够考虑文本中的词序信息。DKRL 的优势在于，除了能够提升实体表示的区分能力外，还能实现对新实体的表示。当出现一个未曾在知识库中的实体时，DKRL 可以根据它的简短描述产生它的实体表示，用于知识图谱补全等任务。

10.2.4　关系路径建模

在知识图谱中，多步的关系路径也能够反映实体之间的语义关系。为了突破 TransE 等模型孤立学习每个三元组的局限性，清华大学刘知远团队提出将关系路径融入知识表示学习方法中，以 TransE 作为扩展基础，提出 Path-Based TransE（PTransE）模型。

PTransE 将两个关系路径信息融合为一个低维的嵌入向量 r，利用 TransE 的思想，通过将头实体对应的低维嵌入向量 h 与 r 相加，来预测尾实体 t。

10.3　知 识 抽 取

知识抽取是自动化构建大规模知识图谱的重要环节，对于知识图谱的构建及应用具有重要的意义。

10.3.1　知识抽取任务概念

知识抽取的目的在于从不同来源、不同结构的数据中进行知识抽取并将知识存入知识图谱中。数据源可以是结构化数据（如链接数据、数据库中数据）、半结构化数据（如网页中的表格、列表）或者非结构化数据（即纯文本数据）。不同数据源涉及的关键技术和需要解决的技术难点也不同。

知识抽取的概念最早于 20 世纪 70 年代后期出现在自然语言处理领域，它是指自动化地从文本中发现和抽取相关信息，并将多个文本碎片中的信息进行合并，将非结构化数据转换为结构化数据，包括某一特定领域的模式、实体关系或 RDF 三元组。

具体地，知识抽取包括以下子任务。

1）实体抽取

实体抽取又名命名实体识别，指从文本中检测出具有特定意义或指代性强的实体，并将其分类到预定义的类别中（人物、组织、地点、时间等）。在一般情况下，命名实体识别是知识抽取中其他任务的基础。

2）关系抽取

关系抽取指从文本中识别实体及实体之间的关系。例如，从句子“[哈尔滨工程大学]位于[哈尔滨]”中识别出实体“[哈尔滨工程大学]”和“[哈尔滨]”之间具有“位于”关系。

3）事件抽取

事件抽取指识别文本中关于事件的信息，并将其以结构化的形式呈现。例如，从恐怖袭击事件的新闻报道中识别袭击发生的地点、时间，以及袭击目标和受害人等信息。

10.3.2 实体抽取

实体抽取与链接是知识图谱构建、补全与应用的核心技术。实体抽取技术可以检测文本中的新实体，并将其加入到现有知识库中。实体链接技术通过发现现有实体在知识图谱中的不同出现，可以针对性地发现关于特定实体的新知识。借助实体抽取与链接可以在已有知识图谱的基础上扩展新知识。

1. 基于统计模型的方法

自 20 世纪 90 年代以来，统计模型就一直是实体抽取的主流方法。基于统计模型的方法通常将实体抽取任务形式化为从文本输入到特定目标结构的预测，使用统计模型来建模输入与输出之间的关联，并使用机器学习方法来学习模型的参数。例如，最大熵分类模型将命名实体抽取转换为子字符串的分类任务，条件随机场（CRF）模型则将实体抽取问题转化为序列标注问题。对于工业级的复杂数据，为在保证抽取的知识的质量的同时降低对人工标注语料的依赖，需要利用不同数据源之间的较难知识冗余，使用较易抽取的知识（结构化数据库中的信息）来辅助抽取较难抽取的知识（文本信息抽取）。

以上方法的主要缺点在于需要大量的标注语料来进行学习，这导致构建开放域或 Web 环境下的知识抽取系统时往往会遇到标注语料瓶颈。

2. 基于机器学习的方法

随着语料复杂度的提升，尤其是新实体的不断涌现以及不同语境下实体的歧义等问题，传统的基于统计模型的方法已经不能满足实体抽取的需求。传统的基于机器学习的实体链接方法需要完整而标注准确的数据集，然而人工标注的数据集（尤其是中文和其他语言的权威数据集）较为缺乏。词向量模型的出现在一定程度上有效地解决了这一问题，该模型采用无标注的文本为输入数据，将词表征为低维向量。但是，传统的词向量模型不能有效地表示上下文语义信息，其语义表示能力还需要提高。同时，有些带标签的数据集仅能在有限的领域使用，可能导致过拟合问题。机器学习技术可以从海量数据中学习出某种特定模式，或者说从中发现某些特定的规律，这恰好可以解决目前实体抽取所面临的困难，所以涌现出了很多基于机器学习的实体抽取方法。基于机器学习的方法将实体抽取等价于一个序列标记问题，然后用给定输入的最佳标签序列来识别实体，常见的方法有隐马尔可夫模型（Hidden Markov Model, HMM）、支持向量机（Support Vector Machine, SVM）和条件随机场（Condition Random Field, CRF）等。这些方法的局限性在于其非常依赖于预先定义的特征集的质量。

3. 基于深度学习的方法

基于深度学习的方法［如基于循环神经网络（Recurrent Neural Network, RNN）的方法］则可以突破以上局限性，较好地处理实体抽取问题，比如，Liu 等结合 *K* 近邻方法和 CRF，针对推特文本进行了实体抽取。

在医疗、农业和管理等领域都有众多基于深度学习的知识抽取案例。在线医疗实体抽取是在线医疗信息抽取的基础，针对人工抽取效率低的缺点，陈德鑫等将在线医疗文本中的实体抽取任务看作序列标注问题，通过对卷积神经网络（Converlutional Neural Network, CNN）模型和双向长短期记忆网络（Bi-Direction Long Short-Term Memory, BiLSTM）模型的结合实现对医疗实体的抽取。曹凯迪等将电子病历作为命名实体标注语料库，并设计了实体标注体系，通过构建 CRF 的命名实体模型来进行命名实体抽取，取得了不错的效果。赖英旭等采用 CRF 技术对水稻育种专利文本进行了命名实体抽取，完成了实例的自动化抽取和添加。王红等针对民航突发事件实体自动抽取问题，提出了将双向长短期记忆网络与条件随机场结合的方法，明显提高了实体抽取的准确率（付雷杰等，2021）。

10.3.3　关系抽取

关系被定义为两个或多个实体之间的某种联系，实体关系学习就是自动从文本中检测和识别出实体之间具有的某种语义关系，也称为关系抽取。

关系抽取在实体抽取之后进行，关系抽取的结果是得到一个包含两个实体以及实体之间关系的三元组，其目的是识别实体之间的关系。关系抽取在文本摘要、自动问答系统、搜索引擎、机器翻译和知识图谱中得到了广泛的应用。随着研究的深入，研究人员注意到实体和关系之间是存在关联关系的，传统的将实体和关系分开处理的方式存在着不足，因此实体关系联合抽取成为当前研究的热点。下面的论述中，关系抽取和实体关系联合抽取将不再进行区分。

在实际的处理对象中，实体的种类和数量是有限的，但是实体间的关系种类和数量是远超实体的，因此关系抽取远比实体抽取更复杂。根据所抽取领域的划分，关系抽取可以分为限定域关系抽取和开放域关系抽取。按照方法关系抽取可以分为传统方法的关系抽取和基于机器学习的关系抽取，传统的关系抽取方法包括基于规则的关系抽取、基于词典驱动的关系抽取、基于本体的关系抽取等。需要注意的是，传统方法的关系抽取都有较为明显的技术缺陷，需要大量人工干预、抽取效率低，所以目前的研究热点是基于机器学习的关系抽取。

1. 限定域关系抽取和开放域关系抽取

限定域关系抽取指在一个或者多个限定的领域内判定文本中所出现的实体之间是何种语义关系，且待判定的语义关系是预定义的。

华盛顿大学的人工智能研究组最早提出开放域信息抽取的概念，并在这方面做了大量有代表性的工作。Banko 等在 2007 年首先提出了开放域关系抽取并开发出一个完整的系统 Text Runner，它能够直接从网页纯文本中抽取实体关系。Text Runner 先通过一些简单的启发式规则自动从库里面抽取实体关系三元组的正负样本，再根据它们的一些浅层句法特征训练一个分类器来判断两个实体间是否存在语义关系，然后将网络文本进行一定的处理后作为候选句子，提取其浅层句法特征并利用分类器判断所抽取的关系三元组是否可信，最后利用网络数据的冗余信息对初步认定可信的关系三元组进行评估。对于关系名称的抽取，Text Runner 把动词作为关系名称，通过动词链接两个实体，从而挖掘实体之间的关系。

2. 传统方法的关系抽取和基于机器学习的关系抽取

基于规则的关系抽取和基于词典驱动的关系抽取依靠通晓语言学知识的专家根据抽取任务的要求设计出一系列匹配规则，然后在文本分析的过程中寻找与这些规则相匹配的实例，耗时耗力，而且可移植性较差。基于本体的方法构造比较复杂，尚不成熟。

基于机器学习的关系抽取本质上是将抽取任务看作一个分类问题，通过构造分类器等方法抽取出实体间存在的关系。典型的基于机器学习的关系抽取分为无监督抽取、有监督抽取和半监督抽取。

无监督抽取无须预先设定好训练集等数据，可以避免遗漏训练集中不存在的关系，对不同领域的适应性也较高。无监督抽取主要包括获取实体及上下文、对实体进行聚类和选取词汇来标注关系三个步骤。其缺点是得到的结果准确率较低。有监督抽取是基于训练数据集中已有的关系类型对未知数据中的关系进行抽取和标注。从语句处理方法的角度来看，有监督抽取可以分为基于特征向量和基于核函数两种类型。相比于无监督抽取，其取得了更好的抽取效果，但是由于其需要费时费力地进行人工标注，因此难以扩展到大规模的场景下。

为了充分利用无监督抽取和有监督抽取的优点，人们提出了半监督抽取的概念，即采用少量的标注语料作为种子数据集，利用大规模的未标注语料作为训练集来获取较好的抽取效果。早期的研究集中在启发式方法上，即利用少量已知的关系进行反复迭代，最终扩展出新的关系，但是这种方法可能会出现错误积累的问题，影响最终的抽取效果。后续的研究则集中在如何避免类似问题上，如标注传播算法等。对于半监督抽取，种子数据集的选取和抽取过程中的误差控制问题始终没有得到很好的解决，这也限制了该抽取方法的性能。

随着深度学习的发展，基于深度学习的关系抽取可以避免传统的抽取方法中的人工干预问题，还可以减少抽取中的错误积累问题，所以基于深度学习的关系抽取已经成为新的研究热点，在关系抽取的精度上已经超过了传统的抽取方法。根据实体抽取与关系分类两个任务的完成顺序不同，抽取方法可以分为流水线方法和联合方法，目前这两种方法均得到了广泛的研究。

10.3.4　事件抽取

事件的概念起源于认知科学，广泛应用于哲学、语言学、计算机等领域。事件知识图谱相关的研究主要聚焦在事件抽取、事件推理和事理图谱。事件抽取包括触发词检测、触发词事件分类、事件元素识别和事件元素角色识别。事件推理主要包括事件因果关系推理、脚本事件推理、常识级别事件产生的意图和反映推理以及周期性事件时间推理等。事理图谱是一个事理逻辑知识库，描述事件之间的演化规律和模式，在结构上是一个有向有环图，其中，节点代表事件，边代表事件之间的关系（顺承、因果等）。事件知识学习隶属于知识表示学习的范畴，但是又不同于传统的知识表示学习方法，事件信息蕴含着丰富的语义信息。

1. 事件识别和抽取

随着信息抽取技术的不断发展，事件识别和抽取也受到越来越多的关注。根据抽取方法，事件抽取可以分为基于模式匹配的事件抽取和基于机器学习的事件抽取。

1）基于模式匹配的事件抽取

基于模式匹配的事件抽取是指对某种类型的事件的识别和抽取是在一些模式的指导下进行的，模式匹配的过程就是事件识别和抽取的过程。采用模式匹配的方法进行事件抽取的过程一般可以分为两个步骤：模式获取和模式匹配。模式准确性是影响整个方法性能的重要因素，按照模式构建过程中所需训练数据的来源可将其细分为基于人工标注语料的方法和弱监督的方法。

（1）基于人工标注语料的方法。

顾名思义，此类方法的模式获取完全基于人工标注的语料，学习效果高度依赖于人工标注质量。Kim 和 Moldovan 开发的 PALKA 假设特定领域中高频出现的语言表示方式是可数的，他们提出用语义框架和短语模式结构来表示特定领域中的模式，用语义树来表示语义框架，用短语链模型来表示短语模式。通过融入 WordNet 的语义信息，PALKA 在特定领域可取得接近纯人工抽取的效果。

（2）弱监督的方法。

这类方法不需要对语料进行完全标注，只需人工对语料进行一定的预分类或制定种子模式，由机器根据预分类语料或者种子模式自动进行模式学习。Yangarber 等研发的 ExDisco 通过匹配优质模式获取与待抽取事件相关的语料，利用人工制定的种子模式和经过一定预处理的语料进行迭代来寻找新的匹配模式，省去了对语料进行人工标注或者预分类的工作，只需提供少量的模式种子，大大减少了工作量。

总体而言，基于模式匹配的事件抽取在特定领域中性能较好，知识表示简洁，便于理解和后续应用，但对于语言、领域和文档形式等均有不同程度的依赖，覆盖度和可移植性较差。

2）基于机器学习的事件抽取

基于机器学习的事件抽取建立在统计模型基础上，一般将事件抽取建模成多分类的问题，因此研究的重点在于特征和分类器的选择。根据利用的信息不同可以将其分为基于特征、基于结构和基于神经网络三类主要方法。

基于特征的方法的研究重点在于如何提取和集成具有区分性的特征，从而产生描述事件实例的各种局部和全局特征，并将其作为特征向量输入分类器。该类方法多用于阶段性的管道抽取，即顺序执行事件触发词识别和元素抽取。

基于结构的方法将事件结构看作依存关系树，抽取任务则相应地转化为依存关系树结构预测问题，触发词识别和元素抽取可以同时完成。

2015 年起，如何利用神经网络直接从文本中获取特征进而完成事件抽取成为研究热点。Nguyen 等将联合抽取模型与 RNN 相结合，利用带记忆的双向 RNN 抽取文本中的特征，联合预测事件触发词和事件元素，能够更好地捕捉特征，进一步提升了抽取效果。

2. 事件检测和追踪

事件检测和追踪的主流方法包括基于相似度聚类和基于概率统计两类。

（1）基于相似度聚类的方法。

基于相似度聚类的方法首先需要定义相似度度量，而后基于此进行聚类。Yang 等提出在 TDT 中用向量空间模型对文档进行表示，并提出了组平均聚类（Group Average Clustering, GAC）和单一通过算法（Single Pass Algorithm, SPA）两种聚类算法。GAC 只适用于历史事件发现，它利用分治策略进行聚类。Kumaran 等提出使用制定规则的方法为文档打分，其复杂度要小于分别计算文档向量，所以速度较快。对于语法规则的规范文档的处理方面，上述算法已经可以取得比较不错的效果，但现实情况是很多文本是由大量普通用户创造的，文本长短不一，且内容、格式和语法等方面均不规范。

（2）基于概率统计的方法。

基于概率统计的方法通常使用生成模型，由于需要大量数据的支持，所以这种方法更加适用于历史事件检测。对比基于相似度聚类的方法，这类方法虽然复杂，但当数据量充足时，通常可以取得更高的准确率。基于概率统计的方法是目前 TDT 中的研究热点，主要分成两个方向，一个针对新闻等比较正式的规范文档，另一个针对不规则或没有规律的非规范文档。对于新闻等规范文档，一般包含完整的时间、地点、人物等要素，找出这些要素可以帮助建立新闻之间的关联。

3. 事件知识库构建

已有知识图谱（DBpedia、Yago 和 Wikidata 等）均侧重于实体的客观属性及实体间的静态关联，缺乏结构化的事件数据。事件知识学习的最终目的就是从非结构化的文本数据中抽取结构化的事件表示，构建事件知识库以解决现有知识图谱的动态事件信息缺失问题。目前事件知识库构建的研究处于起步阶段，其主要用于句子级的事件抽取。

10.4　知 识 存 储

知识图谱是以图的方式来展现实体、实体属性，以及实体之间的关系。目前，知识图谱普遍采用了语义网络框架中的 RDF（资源描述框架）模型来表示数据。现实中的任何实体都可以表示成 RDF 模型中的资源，如图书的标题、作者、修改日期、内容以及版权信息。资源以唯一的统一资源标识（Uniform Resource Identifiers, URI）来表示，不同的资源拥有不同的 URI。这些资源可以用来作为知识图谱中对客观世界的概念、实体和事件的抽象。

10.4.1　基于关系数据模型的 RDF 数据存储

在数据管理方面，关系数据模型自提出以来就取得了巨大成功。RDF 数据的三元组模型可以很容易完成对关系模型的映射，因此不少研究者都尝试使用关系数据模型来设计 RDF 数据存储方法。RDF 数据存储方法按策略分为如下几类。

1）简单三列表方法

现在已经有不少比较成熟的系统利用关系数据库进行数据管理，这些系统通过维护一张巨大的三元组表来管理 RDF 数据。这张三元组表包含三列，分别对应存储主体、谓词和客体（或者主体、属性和属性值）。当系统接收到用户输入的 SPARQL 查询时，先将 SPARQL 查询转化为 SQL 查询，再根据所得 SQL 查询对三元组表执行多次自连接操作，以得到最终解。

2）垂直划分方法

针对属性表的问题，人们根据垂直划分提出将 RDF 数据按照谓词（或属性）分割成若干表的方法。具体而言，垂直划分方法是指将 RDF 三元组按照谓词（或属性）的不同分成不同的表，每张表能保存在谓词（或属性）上相同的三元组。

3）全索引方法

为了解决简单的三列表存储自连接次数较多造成的查询效率问题，人们提出了一种目前被普遍认可的方法，即全索引。Hexastore 为了加快 RDF 三元组在 SPARQL 查询处理过程中的连接操作速度，将三元组在主体、属性、客体之间的各种排列下能形成的各种形态构建都枚举出来，然后为它们构建索引。

10.4.2　基于图模型的 RDF 数据存储

将 RDF 三元组看作带标签的边，RDF 数据自然地符合图模型结构。因此很多研究者从 RDF 图模型结构的角度看待 RDF 数据。RDF 数据的图模型可以最大限度地保持 RDF 数据的语义信息，也有利于对语义信息的查询。

常用的知识图谱存储方式包括以 Jena 和 3store 为代表的 RDF 表数据库和以 Neo4j 为代表的图数据库。这里展示田纳西-伊斯曼（Tennessee-Eastman, TE）化工过程控制系统信息物理资产知识图谱的一部分，如图 10-4 所示，其中包含操纵变量、测量变量、反应装置、传感器、监控算法 5 类实体，该知识图谱存储于 Neo4j 图数据库。

针对 RDF 数据的 SPARQL 查询，已经有一些基于图模型的查询处理系统，如 gStore 和 TurboHOM++，它们都是利用 RDF 数据图的特点来构建索引。

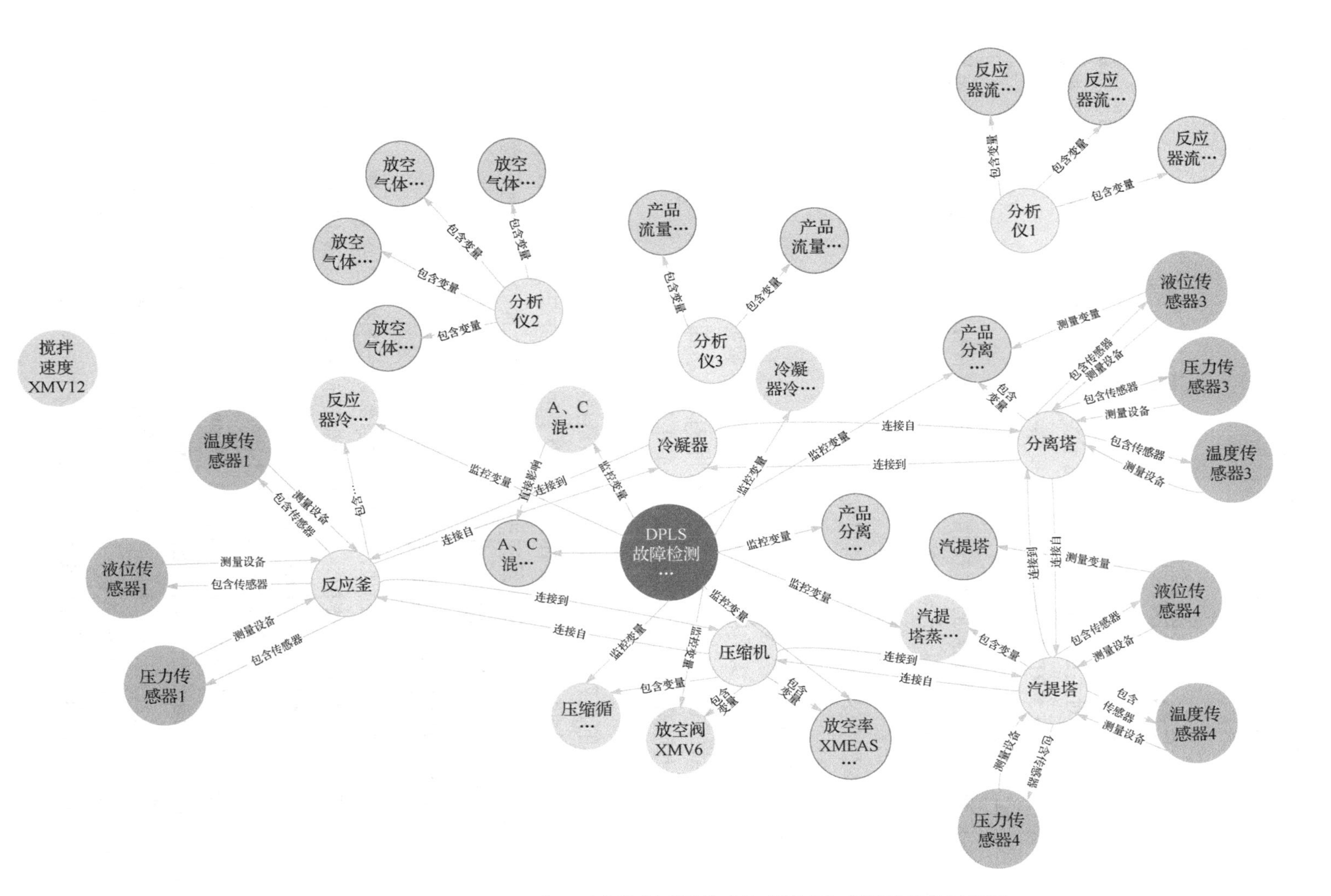

图 10-4　Tennessee-Eastman 化工过程控制系统信息物理资产知识图谱部分示意图

10.5 知 识 推 理

知识图谱的推理指的是从给定的知识图谱推导出新的实体与实体之间的关系，包括基于符号的并行推理、实体关系学习方法和模式归纳方法等。

10.5.1 基于符号的并行推理

基于符号的知识图谱推理一般是将推理规则应用到知识图谱上，通过触发规则的前件来推导出新的实体关系。这里的推理规则可能是知识表示语言所有的，也可能是人工设定或者通过机器学习技术获取的。基于符号的知识图谱推理虽然可以使用各种优化方法来提高推理效率，但是当数据规模大到目前基于内存的服务器无法处理时，问题就变得复杂。为了解决这一问题，研究人员开始考虑通过并行推理来提升推理的效率和可扩展性，并行推理工作所借助的并行技术分为以下两类。

（1）单机环境下的多核、多处理器技术（如多线程、GPU 技术等）和单机环境下的并行技术，以共享内存模型为特点，侧重于提高本体推理的时间效率。

（2）多机环境下基于网络通信的分布式技术，如 Map Reduce 计算框架、Peer-to-Peer 网络框架等。

尽管单机环境下的并行技术可以满足高推理性能的需求，但是由于计算资源有限（如内存、存储容量），其可伸缩性受到不同程度的限制。

10.5.2 实体关系学习方法

实体关系学习是通过统计方法或者神经网络方法学习知识图谱中实体之间的关系。这方面的工作非常多，也是最近几年知识图谱的一个热门研究方向。相关学习方法大体可以分为两类：基于表示学习的方法和基于图特征的方法。

（1）基于表示学习的方法。

基于表示学习的方法旨在将知识图谱中的实体与关系统一映射至低维连续的向量空间，以刻画它们的潜在语义特征。通过比较实体与关系在该向量空间中的分布式表示，可以推断出实体和实体之间的潜在关系。

（2）基于图特征的方法。

基于图特征的方法借助从知识图谱中抽取出的图特征来预测两个实体间能存在的不同类型的边（关系）。早在 20 世纪 90 年代初期，Quinlan 就提出了著名的 FOIL 算法，采用序贯覆盖框架自顶向下地从关系数据库中自动归纳一阶规则（First-Order Rules），并将这些规则应用到数据库上，推出新的关系实例。

对于具有复杂时间特征的企业动态风险知识图谱推理，采用基于多关系循环事件的动态知识图谱推理（Dynamic Knowledge Graph Inference Based on Multiple Relation Cyclic Events, Multi-Net）方法对知识图谱进行补全和完善，Multi-Net 模型主体包括多关系邻近聚合器和时序事件编码器，其具体结构如图 10-5 所示。

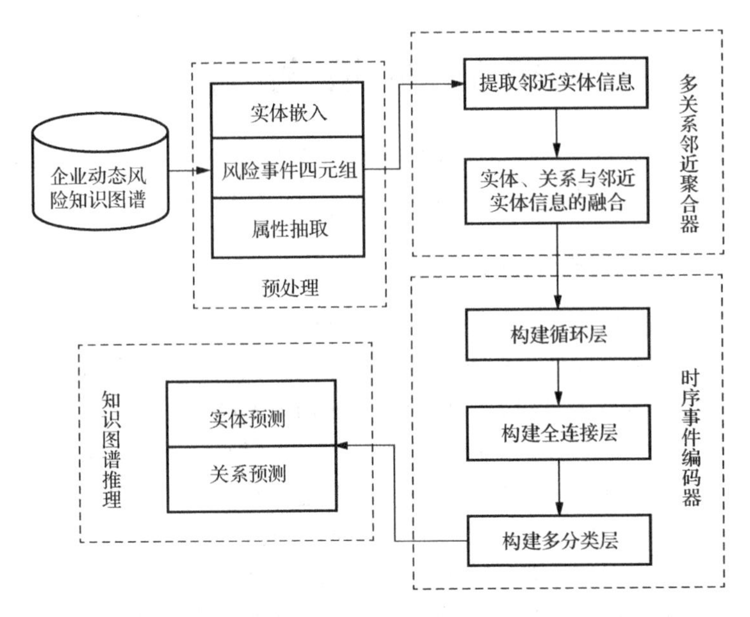

图 10-5　基于 Multi-Net 模型的企业动态风险知识图谱推理

10.5.3　模式归纳方法

模式归纳方法是从知识图谱中学习本体的模式层信息或丰富已有本体。知识图谱的迅猛增长为人们提供了日益丰富的相互关联的可用数据。但是，这些数据大都处于实例层，描述了个体及个体之间的关系，缺少用于约束个体的模式层信息，如概念或属性的层次关系、约束公理等。模式层信息的缺少给知识图谱的整合、查询和维护等关键任务带来了重重困难。因此，研究人员针对这些问题提出了不少模式归纳方法，并基于知识图谱进行各种各样的模式层公理的学习。模式归纳方法大致分为以下三类。

（1）基于归纳逻辑编程（ILP）进行模式归纳。这类方法结合了机器学习和逻辑编程技术，从实例和背景知识中获得逻辑结论，并构建本体。

（2）基于关联规则挖掘进行模式归纳。这类方法常常首先从知识图谱中收集所需信息，然后将其用事务表表示出来，再利用传统的关联规则挖掘方法找出规则，而这些规则往往可直接转换成本体中的公理。

（3）基于机器学习进行模式归纳。这类方法使用一些机器学习的方法，如贝叶斯网络和聚类，将本体学习转换成一个机器学习的问题，对知识图谱用采纳的学习模型进行表示、建模和推理，以获得新的公理。

10.6　本章小结

本章以知识图谱为研究对象，重点介绍工业知识图谱构建及应用技术，包括知识表示、知识抽取、知识存储以及知识推理。

知识图谱在工业领域有很多应用前景，包括智能问答系统、智能推荐系统、质量控制和检测系统、自动化决策支持系统等。智能问答系统可以帮助工人和工程师解决各种技术问题。知识图谱可以帮助构建一个包含行业知识和信息的大型知识库，使得机器人可以快速准确地回答用户的问题。智能推荐系统可以帮助企业和工人推荐最适合他们的工具和设备。知识图谱可以帮助梳理复杂的技术信息和工具类型，从而为用户提供更好的推荐结果。质量控制和检测系统能够精确地控制和检测产品质量，确保工艺流程的稳定性。自动化决策支持系统的能力已经大大超越人工决策和传统决策，为解决工业生产决策问题提供了新途径。

第 11 章　工业互联网

本章学习目标：

（1）简要了解工业互联网的概念和发展历程；

（2）熟练掌握工业互联网的网络体系、平台体系、数据体系、安全体系；

（3）了解工业互联网安全领域存在的问题。

本章首先简要叙述了工业互联网的概念以及发展历程，然后在网络体系结构、数据体系结构和安全体系结构三个方面对工业互联网进行了分析，包括网络体系结构中的网络互联体系和标识解析体系、数据体系结构中的数据功能架构和应用场景、工业互联网的安全体系结构及安全领域的普遍问题。

11.1　工业互联网概述

工业互联网被许多人称为下一次工业革命，工业将最大限度地从这次技术革命中获益。随着技术以前所未有的速度不断发展，工业互联网已经成为可预见的未来，然而工业互联网并非一蹴而就，是在漫长的演进中成型的。

11.1.1　工业互联网的概念及产生背景

为应对风起云涌的“第四次工业革命”浪潮，GE 于 2011 年发布了《工业互联网：打破智慧与机器的边界》白皮书，首次提出了工业互联网概念，将工业互联网定义为一个开放、全球化的，将人、数据和机器连接起来的网络。其核心三要素包括智能设备、先进的数据分析工具以及人与设备的交互接口。

工业互联网产业联盟（Alliance of Industrial Internet, AII）定义“工业互联网”是新一代信息技术与工业系统全方位深度融合所形成的产业和应用生态，是工业智能化发展的关键综合信息基础设施。其本质是以机器、原材料、控制系统、信息系统、产品以及人之间的网络互联为基础，通过对工业大数据的全面深度感知、实时传输交换、快速计算处理和高级建模分析，实现智能控制、运营优化和生产组织变革。网络、数据及安全构成了工业互联网三大体系，其中网络是基础，数据是核心，安全是保障。

工业互联网（Industrial Internet）是新一代信息通信技术与工业经济深度融合的新型基础设施、应用模式和工业生态，通过对人、机、物、系统等的全面连接，构建起覆盖全产业链、全价值链的全新制造和服务体系，为工业乃至产业数字化、网络化和智能化发展提供了实现途径，也是第四次工业革命的重要基石。

工业互联网不是互联网在工业上的简单应用，而是具有更为丰富的内涵和宽广的外延。它以网络为基础，以平台为中枢，以数据为要素，以安全为保障，既是工业数字化、网络化、智能化转型的基础设施，也是互联网、大数据、人工智能与实体经济深度融合的应用模式，同时也是一种新业态、新产业，将重塑企业形态、供应链和产业链。

11.1.2　工业互联网发展历程

工业互联网最开始由美国提出，随着工业互联网产业发展，以及美国将制造业作为长远发展战略并出台了一系列支持政策，2013 年，GE 宣布在未来 3 年投入 15 亿美元开发工业互联网。2014 年 3 月，GE 跨界联合了 IBM、思科系统公司、英特尔和 AT&T 等 IT 公司，成立了美国工业互联网联盟（Industrial Internet Consortium, IIC），以推动相关标准的制定及试点。因此美国引领了全球工业互联网行业的发展方向，其市场规模也领先其他国家。

欧洲工业互联网市场也快速崛起，德国、法国、英国等国家纷纷出台了一系列相关支持政策或变革规划来带动行业发展，例如，德国政府基于机械、电子、自动控制和工业管理软件等方面的优势，推出“工业 4.0”国家计划等。欧洲工业互联网市场规模仅次于北美地区。

亚太地区工业互联网市场发展迅速。目前，日本、韩国的工业互联网市场规模较为稳定，印度和东南亚成为市场增长点。而我国工业互联网市场虽然起步时间较晚，但是近年来在国家政策的支持下也迅速发展，比如，2018 年，工业和信息化部成立了工业互联网专项工作组，部长苗圩担任组长，启动实施了工业互联网的三年（2018～2020 年）行动计划，未来市场潜力较大。

随着工业互联网的快速发展，其应用范围已经不再局限于制造业，逐步延伸到建筑、医疗服务、能源和交通等领域，并不断向第一、二和三产业的其他领域扩展。2019 年，工业互联网在三个产业中的渗透比例分别为 0.27%、2.76%、0.94%。

经过多年的发展，工业互联网多层次系统化的平台体系框架已经形成。从这个层面来看，截至目前，我国具有一定行业和区域影响力的平台已经超过百家，重点工业互联网平台沉淀的工业模型的数量也已经超过 60 万个，工业微服务的数量接近 30 万个，工业 App 的数量也超过 20 万个，连接工业设备的数量超过 7000 万台（套）。未来，在政策的支持下，多层次系统化的平台体系将进一步完善[①]。

11.2　工业互联网网络体系

网络体系是工业互联网的基础。工业互联网包括网络互联、数据互通、系统互操作三大功能。工业互联网网络体系将连接对象延伸到工业全系统、全产业链、全价值链，可实现人、物品、机器、车间、企业等全要素，以及设计、研发、生产、管理、服务等各环节的泛在深度互联。

11.2.1　网络互联体系

工业互联网网络根据技术通用与否分为通用网络和工业特定的网络，根据网络地域

① 肖鹏，2021，工业互联网白皮书。

范围分为局域网和广域网，根据网络实施分为工厂内网和工厂外网，根据层级结构分为物理层、数据链路层、网络层、应用层等（按照 OSI 模型可分为七层），根据使用的通信介质分为有线网络和无线网络。一般来讲，工厂边缘侧以外的网络采用通用的网络即可，无须特殊考虑。工业互联网的整体网络结构如图 11-1 所示。

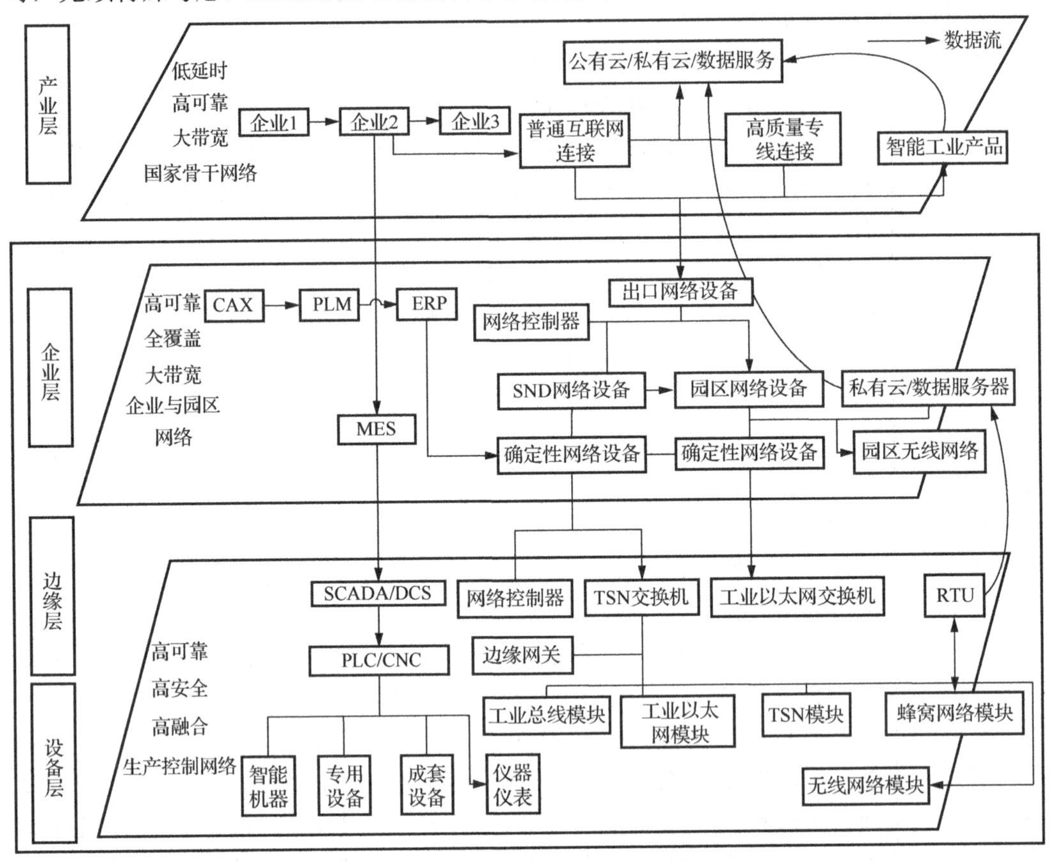

图 11-1　工业互联网的整体网络结构图

有别于现在的消费互联网能实现人机交互和人机协同，工业互联网需要把 OT 层（操作层）和 IT 层打通，与此对应的工厂内网主要分为 OT 层的网络和 IT 层的网络。由于工业领域的特殊性，需要定义和开发工业网络标准及产品来进行支持，尤其是在 OT 层的网络。OT 层网络主要用于把现场的控制器（PLC、DCS、FCS 等）、传感器、服务器、监控器等连接起来，主要实现技术分为现场总线和工业以太网。在工业以太网的物理层，目前有线传输大多采用 PON 和 EPON 技术，无线传输采用 WIA-PA、WirelessHART、ISA100.11a、5G 等技术。为了满足工业场景对高可靠性、低时延的要求，工业以太网在标准以太网的基础上对数据链路层进行了改进，因此出现了 EtherCAT、PROFINET、POWERLINK 和 CC-Link 等协议，但这些协议在易用性和互操作性方面有不足，因此 IEEE 802 工作委员会改进了 MAC 层协议，推出了 TSN（时间敏感网络）。工业互联网的 IT 层网络还是采用通用的组网方式和技术。典型的工厂“两层三级”组网模式如图 11-2 所示。

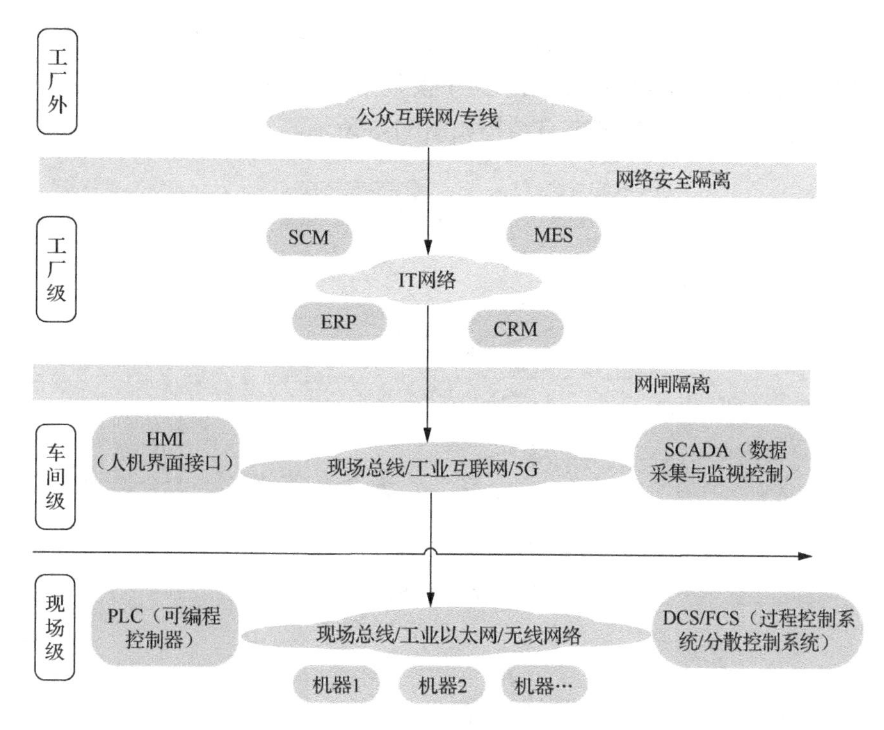

图 11-2　典型的工厂“两层三级”组网模式图

当前主流的工业互联网网络通信技术主要分为 3 类：现场总线技术、工业以太网技术和工业无线网络技术。

现场总线是连接智能现场设备和自动化系统的数字式、双向传输、多分支结构的通信网络，主要包括 Modbus、CAN、Profibus 等。

工业以太网是基于载波监听多路访问/冲突检测技术机制的广播型网络，主要应用于工业系统的控制层及以上，主要包括 Ethernet/IP、PROFINET、Modbus TCP、Powerlink、EtherCAT 等。基于以太网技术演进的时间敏感网络（Time Sensitive Networking, TSN）是当前的探索热点。

工业无线网络主要用于在工厂内移动的设备，以及线缆连接实现困难的场合，主要包括 Wi-Fi、蓝牙、无线 HART、WIA-PA/FA 等，5G 技术的发展为工业无线通信场景带来了更多解决方案。

11.2.2　标识解析体系

现有的消费互联网通过 DNS 来标识解析互联网上的计算机，为了实现工业互联网中的设备、物品等关键信息的识别，同样需要一套标准和系统来进行标识解析。工业互联网标识解析总体分为两大流派：一是基于 DNS 改进的体系；二是全新的体系。基于 DNS 改进的体系中，美国 GS1/EPC Global 组织针对 EPC 编码提出的 ONS 方案、中国科学院计算机网络信息中心物联网异构标识解析 NIOT 方案及中国信息通信研究院的 CID 编码体系都比较成熟。全新体系区别于 DNS 解析体系，主要是数字对象名称管理机构提出的

Handle 方案。它采用平行根技术，实现各国共同管理和维护根区文件。现已经在 ITU（国际电信联盟）、德国、美国及中国设立了四个根服务器，既独立于 DNS，又可以和 DNS 兼容。中国国家标识解析服务器节点结构如图 11-3 所示。

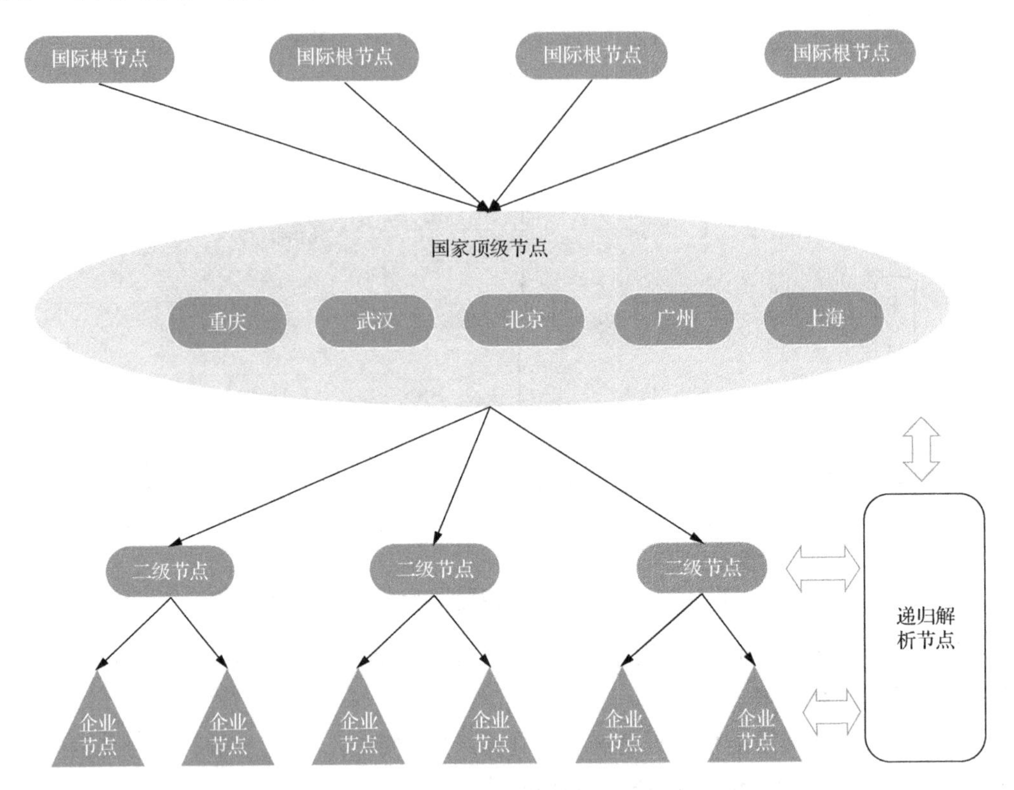

图 11-3　中国国家标识解析服务器节点结构图

目前工业互联网的标识解析体系存在的主要问题：一是功能方面，工业互联网的主体对象来源复杂、标识多样，且异构兼容性和可扩展性问题难以解决；二是性能方面，工业互联网的标识数据的规模将远超现有的网络标识数据，对解析的高效性、可靠性及低时延性提出了很高的要求。

标识解析系统的发展趋势表现在三个方面：一是私有的标识解析向开放、公共的标识解析演变；二是多种标识解析系统将在一定时期内共存；三是公平对等为标识解析系统的重要发展方向，工业互联网的标识解析要改变现有互联网 DNS 的治理格局（域名解析技术长期掌握在少数国家手中，被少数国家所垄断，存在控制权的争议问题）。

11.2.3　应用支撑体系

工业互联网网络的应用支撑体系主要包括三个方面：一是实现工业互联网应用、系统和设备之间数据集成的应用技术；二是互联网应用服务平台；三是服务化封装和集成。工业互联网网络应用支撑体系如 11-4 所示。

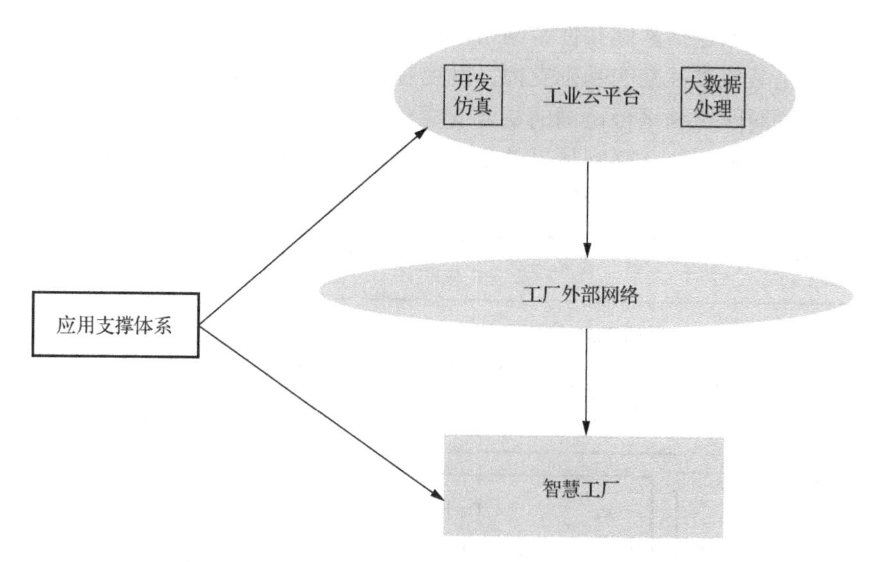

图 11-4　工业互联网网络应用支撑体系图

下面将以互联网 5G 为例，来介绍工业互联网网络的应用支撑体系，以及强化 5G 应用安全供给支撑服务在开展 5G 安全能力建设方面的具体操作。

第一，应该制定网络安全规划，尽快建立全网安全免疫系统，为关键信息基础设施保驾护航。第二，强化 5G 应用安全供给支撑服务，形成国家、地方政府、产业园区多层级的服务供给体系。第三，开展 5G 应用安全创新示范推广工作，在鼓励各地方和企业打造 5G 应用安全创新示范中心的过程中，积累经验、发现问题，不断优化 5G 应用安全解决方案，重点在工业、能源、交通、医疗等行业龙头企业梳理出可复制、规模化的安全应用场景，加强应用安全性评估和提升安全防范能力。第四，5G 网络由“To C”向“To B”转变，5G 应用场景的安全应该从“通用安全”向“按需安全”转变，各行各业和各单位需要结合业务特点，不断迭代和升级安全措施。基于未来 5G 应用场景更加丰富的判断，需要构建一个基于 5G 网络虚拟化、开放化等特点的安全架构。在这一架构中，要将终端、接口、网络和业务等不同层面的安全需求纳入考虑，通过用户信息加密、对不同接口实施统一管理、建立网络切片隔离机制、对不同业务场景设置不同安全配置的切片模板等方式，提升整个安全架构的适用性。同时，在时机成熟时引入更加规范和权威的 5G 网络安全标准，对不同的 5G 应用场景有更加统一的监管渠道和手段，督促相关行业提升 5G 网络安全管理能力。

11.3　工业互联网平台体系

11.3.1　工业互联网平台架构

自工业互联网体系结构 1.0、2.0 发布以来，其概念与内涵已获得各界广泛认同，其发展也正由理念与技术验证走向规模化应用推广。因此，在这一背景下，需要对工业互联网体系结构进行升级（3.0），以更好地支撑我国工业互联网下一阶段的发展。

工业互联网体系包括基础共性、网络、边缘计算、平台、安全和应用等六大部分。基础共性标准是其他类标准的基础支撑，网络标准是工业互联网体系的基础，边缘计算标准是工业互联网网络和平台协同的重要支撑和关键枢纽，平台标准是工业互联网体系的中枢，安全标准是工业互联网体系的保障，应用标准面向行业的具体需求，是对其他类标准的落地细化。工业互联网平台架构如图 11-5 所示。

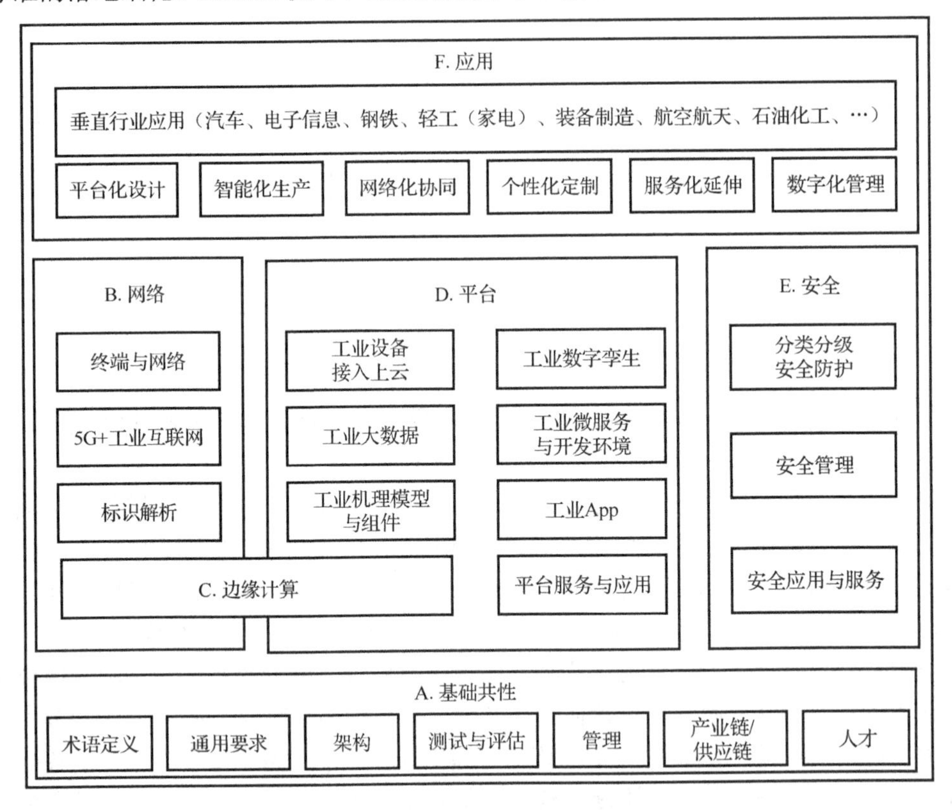

图 11-5　工业互联网平台架构图

工业互联网的重点在于构建三大优化闭环，即优化生产运营决策的闭环，优化机器设备运行的闭环，优化企业协同和用户交互与产品服务的全产业链、全价值链的闭环，并进一步形成智能化生产、网络化协同、个性化定制和服务化延伸等四大应用模式。

11.3.2　工业互联网平台要求

分析工业互联网平台要求时，应主要从功能视角出发，研究其功能、性能、安全等基本通用要求，但在具体互联网平台实现时，不同企业可以根据自己的产品和市场定位，选择实现部分能力，同时具体功能、性能、安全等的实现和技术选择还需要与具体应用领域相结合，例如，电信运营商可以侧重提供设备接入和连接性管理。

工业互联网平台可以与设备、系统、智能产品互联，以获取各种历史数据和实时数据，也可以与各种提供数据资源的系统互联，以丰富平台可采集与分析的数据，在此基础上实现更加综合与智能的分析。

工业互联网平台为各种工业互联网应用提供基础共性支撑。同时工业互联网平台与平台用户交互，为平台用户提供边缘连接、云基础资源、应用开发环境、基础应用能力等，以支撑应用的快速开发、部署和运行。

从功能实现上，工业互联网平台架构应该包括边缘连接、云基础设施、基础平台能力、基础应用能力、保障支撑体系。其中，边缘连接提供靠近边缘的分布式网络、计算、存储及应用等智能服务，云基础设施提供与云资源及云资源管理、运行和云服务调用相关的框架支撑，基础平台能力提供数据采集、处理和服务等通用基础功能，基础应用能力围绕产业链上下游协作，为用户提供可重用的微服务或行业服务，保障支撑体系提供平台运维管理和安全可信能力。

从安全实现上，平台的建设与平台的安全可信应同时进行设计、施工、验收。平台的建设方需在建设方案中考虑安全可信措施，应由与建设方不同的安全能力提供方来保障平台安全可信，进行平台的风险识别、安全设计、安全服务，以保证相互监督和相互制衡。

11.4　工业互联网数据体系

数据是工业智慧化的核心驱动，包括数据采集与交换、集成处理、建模分析、决策优化和反馈控制等功能模块，表现为通过海量资料的采集交换、异构数据的集成处理、机器数据的边缘计算、经验模型的固化反复运算、基于云的大资料计算分析，实现对生产现场状况、协作企业信息、市场用户需求的精确计算和复杂分析，从而形成企业运营的管理决策以及机器运转的控制指令，驱动从机器设备、运营管理到商业活动的智慧化和优化。

11.4.1　工业互联网数据功能架构

工业互联网数据是工业互联网的核心，是工业智能化发展的关键，其横向贯穿于企业的外部上下游产业链，内部从销售订单、研发、采购、生产到交付、售后服务，纵向从生产计划、生产执行到设备控制、仪器仪表。按照数据的来源，既有传统的企业经营管理类数据，也有工业现场的设备数据、控制指令数据；按照数据的存储方式，有结构化数据、半结构化数据、非结构化数据。

工业互联网数据有五大特征：一是数据量大，包括工业设备、仪器仪表采集的海量数据；二是分布范围广，其分布于机器设备、工业产品、经营管理系统等；三是结构复杂；四是对数据处理速度的要求高，很多情况下要求实时处理；五是对数据分析的置信度要求高，尤其是工艺优化、设备预测性维护等应用场景。因此工业互联网数据有不同于通用数据的处理框架。

典型的工业互联网数据功能架构如图 11-6 所示，它包括数据采集与交换、数据预处理与存储、数据建模、数据工程、数据分析、数据驱动下的决策与控制应用。在很多情况下，需要数据的实时分析与处理。

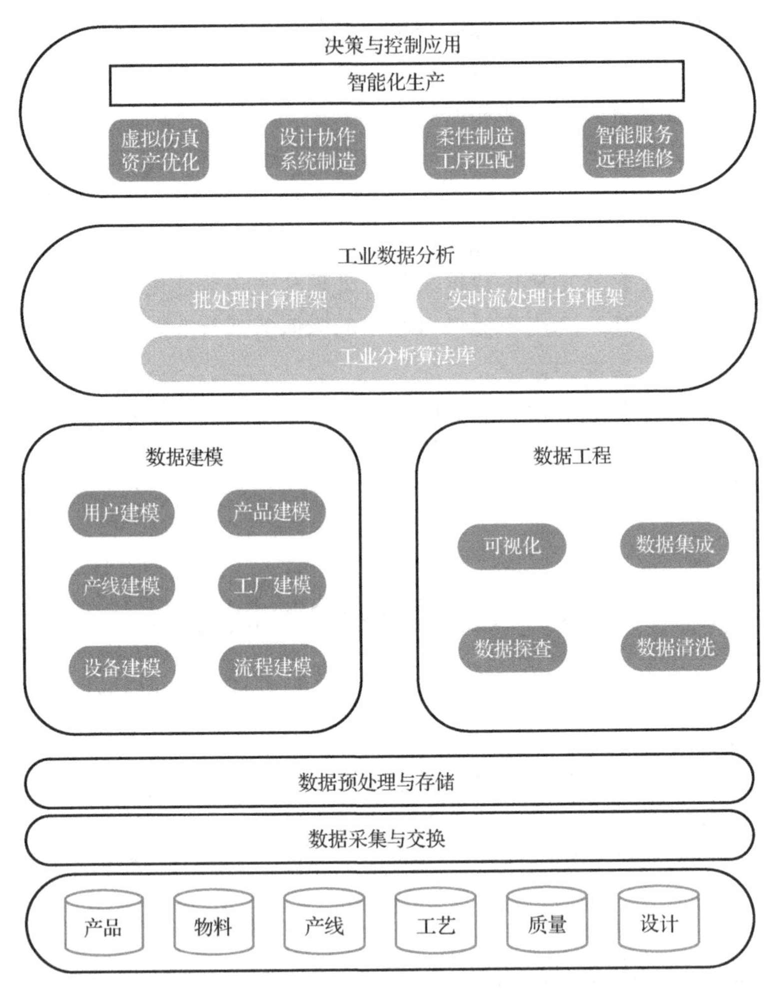

图 11-6　工业互联网数据功能架构图

11.4.2　工业互联网数据应用场景

当前，工业化与信息化融合发展是全面建成社会主义现代化强国的主线。国家推出了多项政策文件，以指导“5G+工业互联网”与制造业融合发展，2016 年，国务院印发了《关于深化制造业与互联网融合发展的指导意见》，其中部署了发展路径，提出了深化融合发展的主要任务。2017 年，《关于深化“互联网 + 先进制造业”发展工业互联网的指导意见》明确了我国工业互联网发展的指导思想、基本原则、发展目标、主要任务以及保障支撑。2019 年，工业和信息化部办公厅印发了《“5G+工业互联网”512 工程推进方案》，其中提出了 5G 和工业互联网融合创新的新设想，这意味着制造业将从单点、局部的信息技术应用转变为覆盖整个行业甚至跨行业的数字化、智能化和网络化。各省市也积极响应，跟进“5G+工业互联网”与制造业的规划和建设。

在“新基建”的浪潮下，《中华人民共和国国民经济和社会发展第十四个五年规划和 2035 年远景目标纲要》明确提出加大新型基础设施建设，包括 5G、工业互联网、工业大数据的建设。未来，工业大数据将和 5G 与工业互联网一样，成为国家战略规划重要的衡量指标，如何推动其发展是产业亟须考虑的问题。

中移物联网有限公司总结出了工业大数据的几大关键特征。工业大数据要求超低时延的控制、数据不出场、安全保护与隔离以及专有的网络资源。针对海量大数据的采集，需要多元设备的接入，对系统的稳定性、数据完整性要求超高，而且数据体量也超大。从实时数据分析来看，工业大数据有数据结构复杂度高、数据的异构性高、时效要求高，以及数据行业特征相对比较明显的特点。中移物联网有限公司主要将工业互联网数据应用于三大场景。

一是对工业设备的实时监控。先对生产设备、环境、企业 ERP 数据进行采集，通过 5G 专网将采集的数据传输至大数据平台，经过清洗转换、分析处理，生成设备实时状态的监控模型，并通过大数据的 API，向 Web 端、移动端提供相关服务，为工厂提供设备状态、设备运转等实时监控服务。

二是设备故障识别与预警的场景。先采集设备数据、环境数据以及企业的 CRM、ERP 等数据，通过 5G 专网将采集的数据传输到大数据平台，利用离线或者实时计算的框架，对设备数据、ERP 数据、历史生成的标签体系的数据结合故障训练模型，提供故障识别模型以及故障识别的结果，并为上层的 Web 端、移动端提供相关的故障预警及故障识别服务。

三是智能化的工艺流程优化。目前主要采集的是生产工艺数据、环境数据以及 ERP 数据，通过 5G 专网将采集的数据传输到大数据平台，综合历史的工艺数据以及当前实时的工艺数据，通过与决策树神经网络相关的 AI 算法来生成工艺规则的模型库以及工艺对比分析的结果，从而反推当前的工艺流程、工艺决策，通过大数据 API 的方式向上层的 Web 端、移动端提供相关的服务。

11.5　工业互联网安全体系

近年来针对工业与制造业的安全事件层出不穷，2019 年挪威铝业巨头海德鲁遭受攻击、2020 年德国硅晶圆厂遭遇破坏、2021 年美国能源系统遭到致命打击等事实证明安全是工业互联网发展的重要基础和根本前提。下面将介绍工业互联网安全体系结构和安全领域普遍存在的问题。

11.5.1　工业互联网安全体系结构

工业互联网从防护对象可分为现场设备、工业控制系统、网络基础设施、工业互联网应用和工业大数据五个层级，各层级所包含的对象都纳入了工业互联网安全防护范围。

（1）设备安全：工业智能装备和智能产品的安全，包括操作系统与相关应用软件安全以及硬件安全等。

（2）控制安全：生产控制安全，包括控制协议安全与控制软件安全等。

（3）网络安全：工厂内有线网络、无线网络的安全，以及工厂外与用户、协作企业等实现互联的公共网络的安全。

（4）应用安全：支撑工业互联网业务运行的平台安全及应用程序安全等。

（5）数据安全：工厂内部重要的生产管理数据、生产操作数据以及工厂外部数据（如用户数据）等各类数据的安全。

工业互联网安全体系结构图如 11-7 所示。

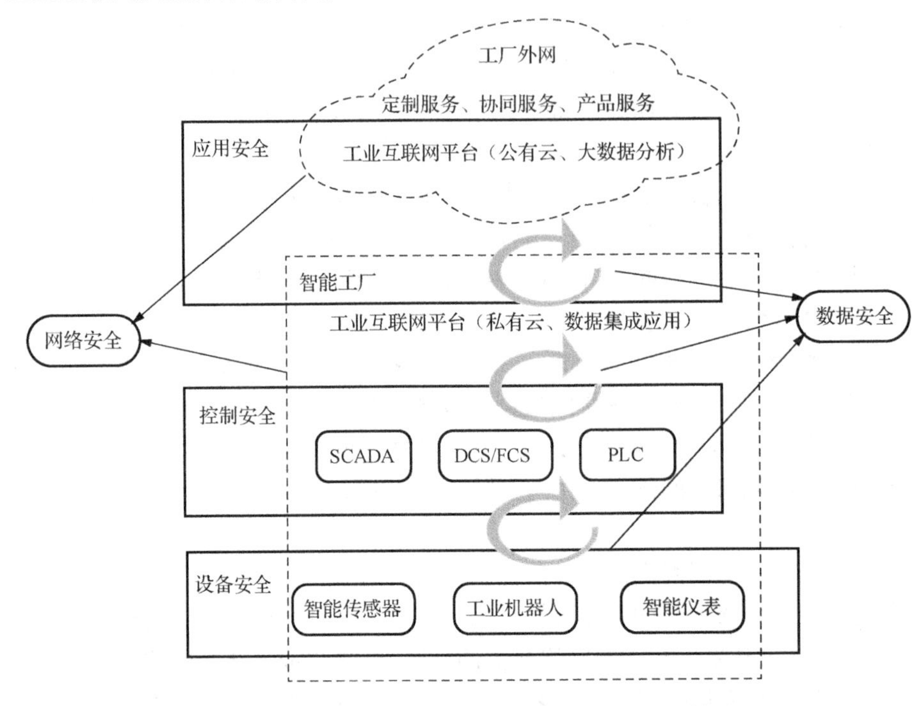

图 11-7　工业互联网安全体系结构图

工业互联网安全防护旨在提高工业互联网各层防护对象的安全水平，保障系统网络安全运营，防范网络攻击。工业互联网安全防护内容具体如下。

（1）设备安全：包括设备及运维用户的身份鉴别、访问控制，以及设备的入侵防范、安全审计等。

（2）控制安全：包括控制协议的完整性保护，以及控制软件的身份鉴别、访问控制、入侵防范、安全审计等。

（3）网络安全：包括网络与边界的划分隔离、访问控制、机密性与完整性保护、异常监测、入侵防范、安全审计等。

（4）应用安全：包括工业互联网平台及工业应用程序的访问控制、攻击防范、入侵防范、行为管控、来源控制等。

（5）数据安全：包括数据机密性保护、数据完整性保护、数据备份恢复、数据安全销毁等。

纵观全球工业互联网平台安全态势，发达国家从工业控制系统、物联网、云平台和大数据等不同角度推动工业互联网平台安全发展，与此同时，我国也重点围绕工业互联网安全，出台政策文件，制定安全标准，规范企业，以保障工业互联网平台安全。然而，我国工业互联网平台安全保障能力建设仍处于起步阶段，亟须提升企业安全防护意识，突破相关核心技术，支撑我国工业互联网平台健康发展。

11.5.2　工业互联网安全领域的普遍问题

当前，工业系统安全保障体系建设已较为完备，伴随新一代信息通信技术与工业经济的深度融合，工业互联网步入深耕落地阶段，工业互联网安全保障体系建设的重要性越发凸显。世界各国均高度重视工业互联网的发展，并将其安全放在了突出位置，发布了一系列指导文件和规范指南，为工业互联网相关企业部署安全防护提供了可借鉴的模式，从一定程度上保障了工业互联网的健康有序发展，但随着工业互联网安全攻击日益呈现出的新型化、多样化、复杂化，现有的工业互联网安全保障体系还不够完善，暴露出一些问题（董悦等，2021）。

一是隐私和数据保护形势依旧严峻。工业互联网平台采集、存储和利用的数据资源存在数据体量大、种类多、关联性强、价值分布不均等特点，因此平台数据安全存在责任主体边界模糊、分级分类保护难度较大、事件追踪溯源困难等问题。同时，工业大数据技术在工业互联网平台中的广泛应用使得平台用户信息、企业生产信息等敏感信息存在泄露隐患，出现数据交易权属不明确、监管责任不清等问题，因此工业大数据应用存在安全风险。

二是安全防护能力仍需进一步提升。大部分工业互联网相关企业重发展轻安全，对网络安全风险的认识不足。同时，缺少专业机构、网络安全企业、网络安全产品服务的信息渠道和有效支持，工业企业风险发现、应急处置等网络安全防护能力普遍较弱。另外，工业生产迭代周期长，安全防护部署滞后且整体水平低，存量设备难以快速进行安全防护升级换代，整体安全防护能力提升时间长。

三是安全可靠性难以得到充分保证。工业控制系统和设备在设计之初缺乏安全考虑，自身计算资源和存储空间有限，大部分不能支持复杂的安全防护策略，很难确保系统和设备的安全可靠。此外，仍有很多智能工厂内部未部署安全控制器、安全开关、安全光幕、报警装置、防爆产品等，并缺乏针对性的工业生产安全意识培训和操作流程规范，使得安全可靠性难以得到保证。

由此可见，对于发展工业互联网，安全问题已经到了必须解决、刻不容缓的地步，否则发展越快，承受的风险和可能的损失就会越大。

11.6　本 章 小 结

工业互联网发展的核心任务就是建设好网络体系、数据体系、安全体系。网络体系是基础，数据体系是核心，安全体系是保障。三大体系是工业互联网的关键技术设施，把三大体系建设好，基础设施建设就非常好了，在这个基础上可以更好地支撑各种创新应用发展。

第 12 章　数 字 孪 生

本章学习目标：

（1）了解数字孪生的基本概念；

（2）了解数字孪生的模型架构；

（3）了解数字孪生体的应用场景。

12.1　数字孪生概述

“孪生”的概念起源于美国国家航空航天局（NASA）的“阿波罗计划”，即构建两个相同的航天器，其中一个发射到太空用于执行任务，另一个留在地球上用于反映太空中的航天器在任务期间的工作状态，从而辅助工程师分析处理太空中出现的紧急事件。这里的两个航天器都是真实存在的物理实体。

12.1.1　数字孪生的概念

2003 年前后，关于数字孪生（Digital Twin）的设想首次出现于格里夫斯（Grieves）教授在美国密歇根大学的“产品全生命周期管理”课程上。但是当时“Digital Twin”一词还没有被正式提出，Grieves 将这一设想称为“Conceptual Ideal for PILM（ Product Lifecycle Management ）”。尽管如此，在该设想中数字孪生的基本思想也已经有所体现，即在虚拟空间构建的数字模型与物理实体交互映射，如实地描述物理实体全生命周期的运行轨迹。直到 2010 年，“Digital Twin”一词才在 NASA 的技术报告中被正式提出，并被定义为“集成了多物理量、多尺度、多概率的系统或飞行器仿真过程”。2011 年，美国空军探索了数字孪生在飞行器健康管理中的应用，并详细探讨了实施数字孪生的技术挑战。2012 年，美国国家航空航天局与美国空军联合发表了关于数字孪生的论文，指出数字孪生是驱动未来飞行器发展的关键技术之一。在接下来的几年中，越来越多的研究将数字孪生应用于航空航天领域，包括机身设计与维修、飞行器能力评估、飞行器故障预测等。

数字孪生的概念描述：数字孪生是现有或将有的物理实体对象的数字模型，通过实测、仿真和数据分析来实时感知、诊断、预测物理实体对象的状态，通过优化和指令来调控物理实体对象的行为，通过相关数字模型间的相互学习来进化自身，同时改进利益相关方在物理实体对象生命周期内的决策。

12.1.2 数字孪生的发展历程

总结数字孪生的发展历程，可以分为四个阶段。

（1）1960～2001 年，是数字孪生体的技术准备期，主要是指 CAD/CAE 建模仿真、传统系统工程等预先技术的准备。

（2）2002～2010 年，是数字孪生体的概念产生期，主要指数字孪生体模型的出现和英文术语名称的确定。这段时间，预先技术继续成熟，出现了仿真驱动的设计、基于模型的系统工程（MBSE）等先进设计范式。

（3）2011～2020 年，是数字孪生体的领先应用期，主要指 NASA、美军方和 GE 等航空航天、国防军工机构的领先应用。这段时间也是物联网、大数据、机器学习区块链、云计算等外围使能技术的准备期。目前数字孪生体的定义超过 20 个，大部分厂商、工业巨头和咨询机构都有自己的定义，或与自身业务相关的数字孪生体解决方案。从 2018 年开始，ISO、IEC、IEEE 三大标准化组织陆续开始着手与数字孪生体相关的标准化工作，ISO 第一个数字孪生体国际标准于 2019 年发布。

（4）2021～2030 年，是数字孪生体技术的深度开发和大规模扩展应用期。PLM 领域，或者说以航空航天为代表的离散制造业，是数字孪生体概念和应用的发源地。目前，数字孪生体技术的开发正与上述外围使能技术深度融合，其应用领域也正从智能制造等工业化领域向智慧城市、数字政府等城市化与全球化领域拓展。

12.1.3 数字孪生的模型架构

基于给出的数字孪生体文字定义，图 12-1 给出数字孪生模型架构图。图中粗实线代表继承和泛化关系，细实线代表属性关系，虚线代表可选属性关系。左下角蓝色是实体的相关概念，左上角绿色是实体所在域的相关概念，右半边棕色是数字孪生体的相关概念，右上角红色是数字线程的相关概念，其余分布在中间左边和底部的紫色是用于数字孪生体应用场景扩展的相关概念。

本模型有以下特点和考虑：基本认同 Grieves 博士对数字孪生体的分类；认同业界关于数字孪生体与物联网密不可分的观点；认同美军方对数字线程的定义；认同业界关于数字线程是数字孪生体关键使能技术的观点，将数字线程纳入数字孪生体的概念模型。另外，本模型从第四次工业革命的宏大视角出发，不局限于人工物理系统（如智能产品、数字化车间）的数字孪生场景，而是将数字孪生的对象扩展到包含社会系统在内的全部物理实体，并考虑从微观到宏观的各种尺度和从元素到体系的各种层次，将工业化、城市化和全球化的各种需求和应用场景都包含其中，为数字孪生体的参考架构开发和应用场景扩展提供了依据。

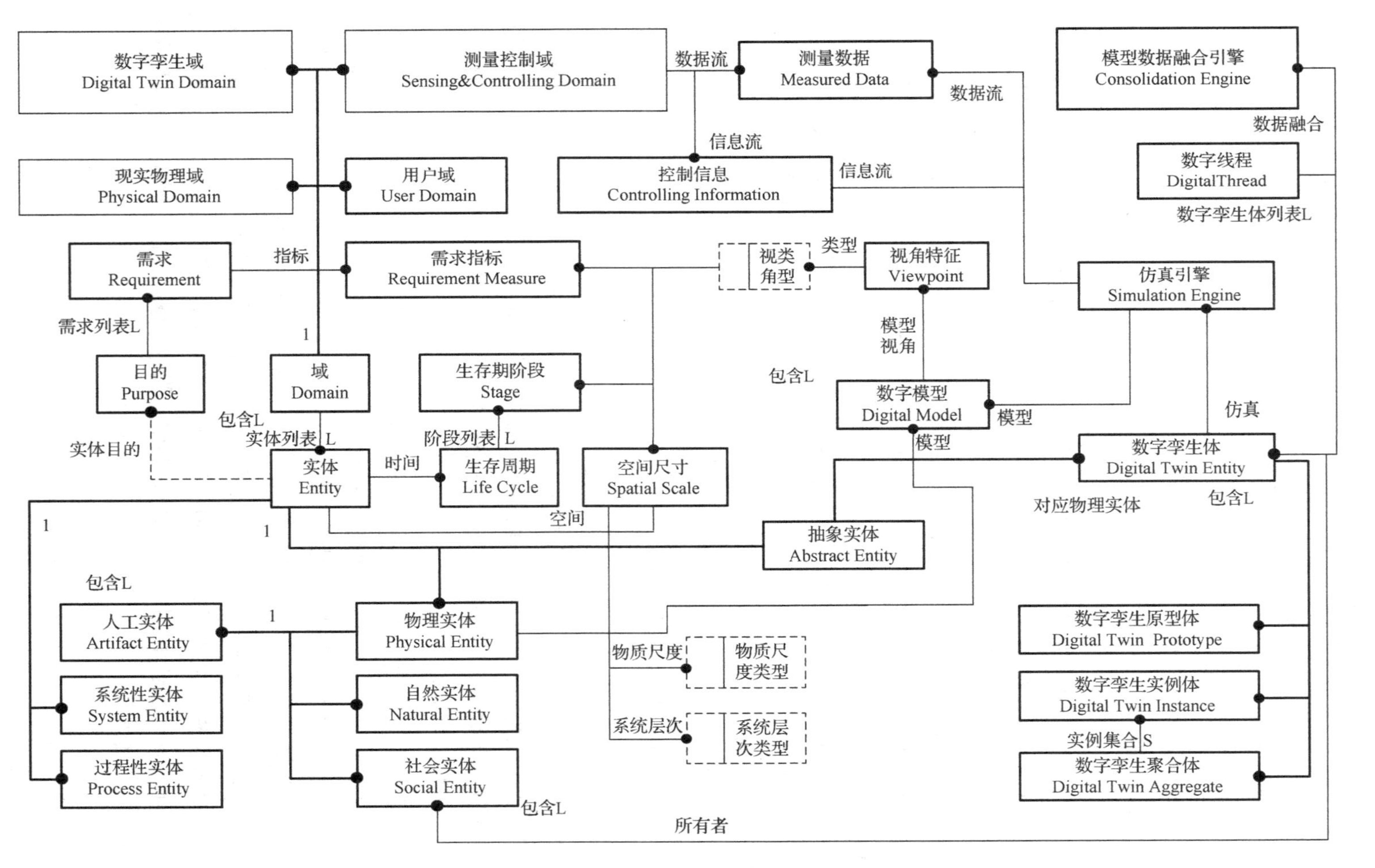

图 12-1　数字孪生模型架构图

数字孪生系统参考架构基于数字孪生体的概念模型，并参考了两个物联网参考架构标准。图 12-2 给出了数字孪生系统的通用参考架构。一个典型的数字孪生系统包括用户域、数字孪生体、测量与控制实体、现实物理域和跨域功能实体共五个层次。第一层（最上层）是使用数字孪生体的用户域，包括人、人机接口、应用软件、共智孪生。第二层是与物理实体对象对应的数字孪生体。它是反映物理对象某一视角特征的数字模型，并提供建模管理、仿真服务和孪生共智三类功能。建模管理涉及物理对象的数学建模、模型展示、模型同步和运行管理。仿真服务包括模型仿真、分析服务、报告生成和平台支持。孪生共智涉及共智孪生体等资源的接口、互操作，以及在线插拔和安全访问。建模管理、仿真服务和孪生共智之间传递实现物理对象的状态感知、诊断和预测所需的信息。第三层是处于测量控制域、连接数字孪生体和物理实体对象的测量与控制实体，实现物理对象的测量感知和对象控制功能。第四层是与数字孪生体对应的物理实体对象所处的现实物理域。测量与控制实体和现实物理域之间存在测量数据流和控制信息流的传递。测量与控制实体、数字孪生体以及用户域之间的数据流和信息流传递需要信息交换、数据保证、安全保障等跨域功能实体的支持。信息交换通过适当的协议实现数字孪生体之间交换信息。安全保障负责与数字孪生系统安保相关的认证授权、保密性和完整性。数据保证与安全保障一起负责数字孪生系统数据的准确性和完整性。

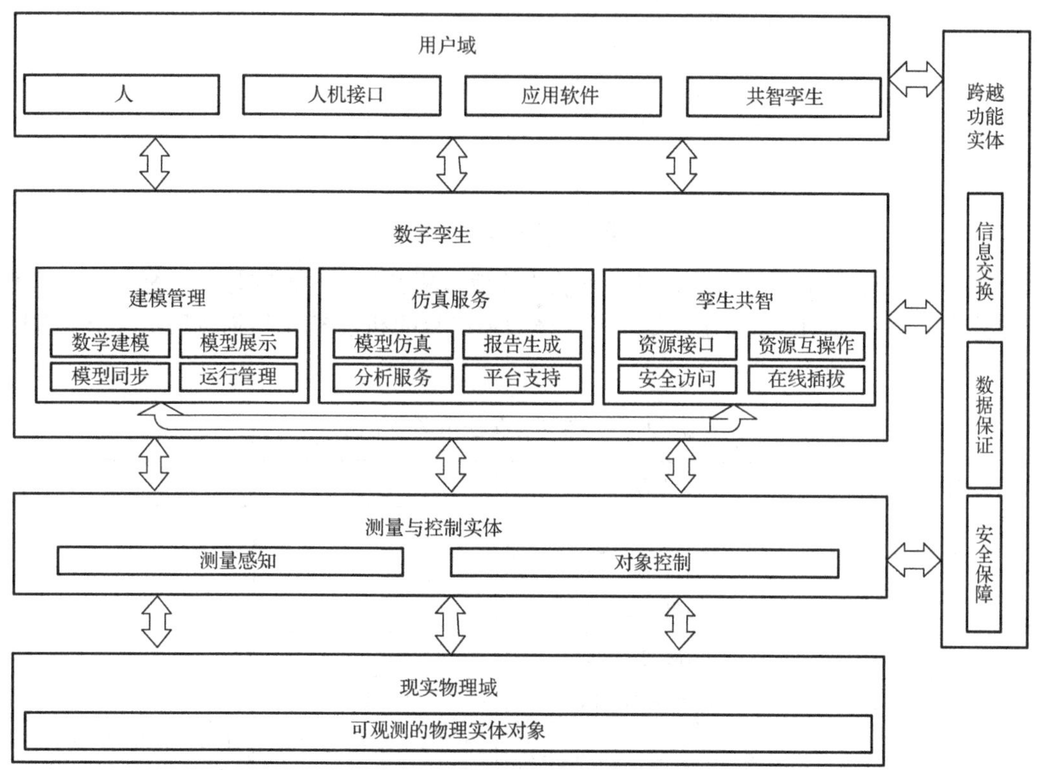

图 12-2　数字孪生系统参考架构

12.2 数字孪生的应用

12.2.1 数字孪生体应用框架

基于数字孪生模型架构图和数字孪生系统参考架构，将系统目的、系统层次/物质尺度和系统生存期三个维度构成的三维空间作为数字孪生体应用场景的参考框架，如图 12-3 所示。

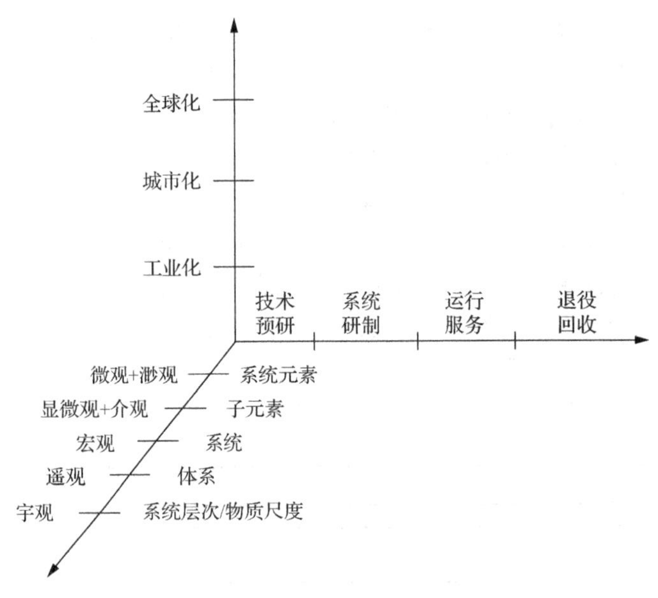

图 12-3 数字孪生体应用框架

例如，数字孪生体的创建、对象系统的故障诊断和健康管理都是在系统生存期维度上的扩展应用。表 12-1 给出了数字孪生体按系统目的和系统层次/物质尺度两个维度展开的应用场景示例。

表 12-1 数字孪生体应用场景示例

系统层次/物质尺度	工业化	城市化	全球化
微观+渺观			
显微观+介观/系统元素	集成计算材料工程、微纳制造、增材制造工艺仿真		
宏观/子系统	智能加工单元	智能家居	
宏观/系统	研发设计、智能车间/工厂	智能建筑	单个产业的全球供应网络
宏观/体系	分布式制造、服务型制造、数字农业	数字孪生城市、智慧交通、智慧医疗、智能电网、智慧能源	面向产业集群的全球供应网络、数字孪生政府、数字孪生战场
遥观/体系	太空制造	近地轨道基地	智慧地球
宇观/体系	月球/火星探测	月球/火星基地	地月一体化系统

12.2.2 数字孪生成熟度特征

数字孪生体不仅仅是物理世界的镜像，也要接收物理世界的实时信息，更要反过来实时驱动物理世界，而且进化为物理世界的先知、先觉甚至超体。这个演变过程称为成熟度进化，即一个数字孪生体的生长发育将经历数化、互动、先知、先觉和共智等几个阶段。数化阶段是对物理世界进行数字建模，互动阶段是在数字间及其与物理世界之间实时互传信息和数据，先知阶段是基于完整信息和明确机理来预测未来，先觉阶段是基于不完整信息和不明确机理来预测未来，共智阶段是多个数字孪生体之间共享智慧、共同进化。

12.2.3 数字孪生体的关键技术

由前面所提及的数字孪生体概念模型和数字孪生系统参考架构可以看出：建模、仿真和基于数据融合的数字线程是数字孪生体的三项关键技术。能够做到统领建模、仿真和数字线程的系统工程和MBSE成为数字孪生体的顶层框架技术；物联网是数字孪生体的底层伴生技术；而云计算、机器学习、大数据、区块链则是数字孪生体的外围使能技术。

建模目的是将对物理世界或问题的理解进行简化和模型化。而数字孪生体的目的或本质是通过数字化和模型化，用信息换能量，以更少的能量消除各种物理实体特别是复杂系统的不确定性。因此，建立物理实体的数字化模型或信息建模技术是创建数字孪生体、实现数字孪生的源头和关键技术，也是“数化”阶段的核心。在某个应用场景下的某种建模技术只能提供某类物理实体某个视角的视图模型。这时数字孪生体和对应物理实体间的互动（状态感知和对象控制的数据流和信息流传递）一般只能满足单个低层次具体需求指标的要求。对于复合的高层次需求指标，通常需要有反映若干建模视角的多视图模型所对应的多个数字孪生体与同一个物理实体对象实现互动。这时的多视图或多视角一般来自物理实体对象的不同生存期阶段或多个系统层次/物质尺度，多视图模型间的协同就需要数字线程技术的支持。

仿真是通过将包含了确定性规律和完整机理的模型转化成软件的方式来模拟物理世界的一种技术。只要模型正确，并拥有完整的输入信息和环境数据，就可以基本正确地反映物理世界的特性和参数。数字化模型的仿真技术是创建和运行数字孪生体、保证数字孪生体与对应物理实体实现有效闭环的关键技术。

针对与数字孪生体紧密相关的四个关键场景，即制造、产业、城市和战场，梳理其中所涉及的仿真技术，具体如下。

（1）在制造场景下，可能涉及的仿真包括产品仿真、制造仿真和生产仿真等大类。其中，产品仿真包括系统仿真、多体仿真、物理场仿真、虚拟实验等内容；制造仿真包括工艺仿真、装配仿真、数控加工仿真等内容；生产仿真包括离散制造工厂仿真、流程制造仿真等内容。

（2）在产业场景下，可能涉及的仿真包括仓储仿真、物流仿真、组织仿真、业务流程仿真等。

（3）在城市场景下，可能涉及的仿真包括城市仿真、交通仿真、人群仿真、爆破仿真、气体扩散仿真等；

（4）在军事场景下，可能涉及的仿真包括体系仿真、战场仿真、爆轰仿真、毁伤仿真等。

数字孪生体是仿真应用新巅峰。在数字孪生体成熟的每个阶段，仿真都在扮演着不可或缺的角色："数化"的核心技术建模总是和仿真联系在一起，或是仿真的一部分；"互动"是半实物仿真中司空见惯的场景；"先知"的核心技术本身就是仿真；很多学者将"先觉"中的核心技术工业大数据视为一种新的仿真范式；"共智"需要通过不同孪生体之间的多种学科耦合仿真才能让思想碰撞，产生智慧的火花。

12.2.4 数字孪生体的应用场景

在制造业的研发设计领域，数字化已经取得了长足进展。可以预见，随着数字孪生技术的进化，大数据、人工智能、机器学习、增强现实等新技术进入研发设计阶段后，研发设计将真正实现"所想即所得"：①大数据系统会收集产品使用的反馈信息，以及客户对产品的需求变化，这些动态的需求信息是数字孪生设计的输入；②根据这些信息，人工智能技术自动完成产品的需求筛选；③产品需求会传递给 CAD 系统，越来越智能的 CAD 系统将无须人工交互操作，直接实现虚拟建模；④将虚拟三维模型自动传递给智能 CAE 仿真系统，实现快速性能评估，并根据评估效果进行产品优化；⑤增强现实技术让研究人员能直接体验虚拟产品，并测试与产品功能和性能相关的各项指标；⑥利用云平台和物联网，虚拟产品能直接到达用户桌面。用户可以直接参与产品使用体验，给出反馈意见，形成新的需求信息。

数字孪生体驱动的生产制造将会实现无人车间和智能工厂之愿景。首先，在研发设计端形成的虚拟产品模型进入到生产制造端后，控制机床等生产设备的自动运行，实现高精度的数控加工和精准装配；其次，生产加工过程的工艺仿真会实时预测加工后产品的形态和性能评估结果，并根据加工结果和装配效果提前给出修改建议，实现自适应、自组织的动态响应；接着，对于流程制造业，数字孪生体直接驱动生产线的全过程，实现智能控制；最后，预估出故障发生的位置和时间，进行预维护，减少实际故障发生概率，提高流程制造的安全性和可靠性。生产制造阶段的数字孪生体和物理制造设备及生产线随时随地动态交互、共享数据，在模型的驱动下自我优化、不断进化。

12.3 数字孪生经典案例

1. ABB 利用数字孪生体设计物料堆放场

在电厂、钢铁厂、矿场都有物料堆放场，传统上，设计这些堆放场时，设计需求是人为规划的。堆放场建设运行后，却常常发现当时的设计无法满足现场需求。这种差距有时会非常大，造成巨大的浪费，为了解决这一问题，在设计新的物料堆放场时，ABB 公司使用了数字孪生体技术。从设计需求开始，设计人员就利用物联网获得历史运行数据进行大数据分析，对需求进行优化。在设计过程中，ABB 借助于 CAD、CAE、虚拟现实等技术开发了物料堆放场的数字孪生体。该数字孪生体实时反映了物料传输存储、混合、质量等随环境变化的参数。针对该物料场的设计并不是一次完成的，而是经过多次优化才定型的。在优化阶段，在数字孪生体中对物料场进行虚拟运行，通过运行反映出的动态变化，提前得知运行后可能会出现的问题，然后自动改进设计。通过多次迭代优化，形成最终的设计方案。这种通过数字孪生体设计的新方案，可以更好地满足现场需求。而且，结合物联网，设计阶段的数字孪生体会在运行阶段继续使用，不断优化物料场的运行。

2. 超临界二氧化碳循环的数字孪生体

前一个案例属于离散制造业中数字孪生体的应用，本案例是数字孪生体在流程制造业的典型应用，超临界二氧化碳循环是太阳能光热发电系统中的重要技术。由于超临界二氧化碳循环系统在极高的压力下运行，系统的微小参数波动都有可能造成不可预知的事故，这对控制系统提出了严苛要求。为了解决这一问题，印度科学学院建立了该系统的实验系统。为了实现对控制过程的动态仿真，他们开发了基于物理机理的数字孪生体，该数字孪生体以一维热流体系统仿真软件 Flownex 为核心，搭建了和实验管网系统完全相同的数字孪生体结构。Flownex 具有强大的仿真能力，可计算气体、液体、气体混合物以及两相流的流动；能够模拟分析快速变化及慢速变化的动态过程；能够计算流体和固体间的热交换，以及系统各元件的压力变化和换热情况。此外，其还具有电气模块和控制模块，可以在仿真系统中添加各种控制元件，能够对瞬态控制过程进行仿真。利用 Flownex 内嵌的部件模块，如管道、阀门、泵、压缩机、换热器、PID 控制器等，工程师快速建立了系统仿真模型。此外，物理实体的控制设备采用的是美国国家仪器有限公司（NI）的硬件设备。NI 提供了 LabVEW 软件来采集这些设备的参数，并通过接口将参数传递给 Fownex 软件。在获得现场设备的实时数据后，Flownex 的动态模拟就可以实现实时仿真。在超临界二氧化碳循环系统中，压力远远高于常规的设备范围，其控制系统的小幅度调整，都会对系统产生很大影响。利用 Flownex 搭建的数字孪生体，研究人员能在数字孪生体中模拟各个控制操作引发的后果，确认其满足调试要求后再去操作物理系统，从而保证了该系统的安全运行。

12.4 数字孪生体国际标准

2018 年，美国工业互联网联盟（IIC）成立“数字孪生体互操作性”任务组，探讨数字孪生体互操作性的需求及解决方案，重构与德国工业 4.0 的合作任务组，探讨数字孪生体与管理壳在技术和应用场景方面的异同，以及管理壳在支持数字孪生体方面的适用性和可行性。德国工业 4.0 是指德国政府倡导的一个概念，旨在推动制造业的数字化和智能化转型。而管理壳的概念也并不与数字孪生体直接相关。

2019 年初，ISO/TC 184 成立数字孪生体数据架构特别工作组，其负责定义数字孪生体术语体系和制定数字孪生体数据架构标准。

2019 年 3 月，IEEE 标准协会设立 P2806“工厂环境下物理对象数字化表征的系统架构”工作组，其简称数字化表征工作组，探讨智能制造领域工厂和车间范围内的数字孪生体标准化。

2019 年 11 月 3 日，ISO/IEC JTC 1 AG 11 数字孪生咨询组第一次面对面会议在新德里召开。各国代表围绕数字孪生关键技术、典型案例模板等进行了交流并重点讨论了 AG11 数字孪生咨询组中期研究报告。

2019 年 12 月 27 日，数字孪生体实验室与安世亚太科技股份有限公司联合正式发布了《数字孪生体技术白皮书（2019）》，该书提出了数字孪生体的概念模型、数字孪生系统的通用参考架构以及若干场景的顶层参考架构、数字孪生体应用场景扩展的参考框架、数字孪生体的成熟度模型，为数字孪生体实验室积极参与国内外相关标准化工作奠定了坚实的基础。

2020 年 11 月 9～20 日，ISO/IEC JTC 1/SC 41 第八次全体会议通过线上形式召开，会议决定成立 ISO/IEC JTC 1/SC 41/WG 6 数字孪生工作组。2020 年，ISO/IEC JTC 1/SC 41 成立 WG 6（数字孪生工作组），开展数字孪生相关技术研究，并推动了《数字孪生 概念与术语》（ISO/IEC AWI5618）和《数字孪生 应用案例》（ISO/IEC AWI5719）两项国际标准的预研和立项工作。

WG 6 数字孪生工作组是在 ISO/IEC JTC 1/AG 11 数字孪生咨询组工作的基础上成立的，在 2019～2020 年 AG 11 数字孪生咨询组运行期间，我国积极支持推动数字孪生国际标准化工作，牵头提出了《数字孪生 概念与术语》（ISO/IEC AW I5618）、《数字孪生 应用案例》（ISO/IEC AWI 5719）两项国际标准项目，并已在 JTC1 成功立项。

2023 年 1 月，中国电子技术标准化研究院颁布了《智慧城市运营白皮书》，通过充分整合智慧城市运营各相关方力量，创新性地提出了智慧城市运营总体框架，为智慧城市各类运营对象和运营模式提供了顶层指导，助力智慧城市运营的全面提升，推动智慧城市长效可持续发展。

12.5 本章小结

本章主要介绍了数字孪生的基本概念和应用领域，以及数字孪生经典案例及国际标准。为中国工业软件研发指明新的发展方向。

参考文献

陈树勋，2022. 机械结构优化设计的导重法——理论、方法、程序与工程应用[M]. 北京：科学出版社.

陈雪峰，2018. 智能运维与健康管理[M]. 北京：机械工业出版社.

丛力群，2022. 攻克制造业转型发展的最后一个堡垒——工业软件[J]. 智能制造(3)：11-13.

董悦，王志勤，田慧蓉，等，2021. 工业互联网安全技术发展研究[J]. 中国工程科学，23(2)：65-73.

冯建中，杨先山，2022. 概率论与数理统计[M]. 2 版. 北京：科学出版社.

付雷杰，曹岩，白瑀，等，2021. 国内垂直领域知识图谱发展现状与展望[J]. 计算机应用研究，38(11)：3201-3214.

傅永华，2003. 有限元分析基础[M]. 武汉：武汉大学出版社.

郭刚，鲁金屏，窦俊豪，等，2022. 我国工业软件产业发展现状与机遇[J]. 软件导刊，21(10)：26-30.

郭利文，邓月明，2011. CPLD/FPGA 设计与应用高级教程[M]. 北京：北京航空航天大学出版社.

韩昌瑞，孙伟，张玉华，2022. 有限元分析与方法[M]. 北京：科学出版社.

郝忠孝，2010. 时空数据库查询与推理[M]. 北京：科学出版社.

郝忠孝，2015. 数据库理论研究方法解析[M]. 北京：科学出版社.

何援军，2021. 国产 CAD 软件重启之路[J]. 计算机集成制造系统，27 (11)：3057-3075.

胡宗武，2007. 工业工程——原理、方法与应用[M]. 2 版. 上海：上海交通大学出版社.

黄云清，舒适，陈艳萍，等，2022. 数值计算方法[M]. 2 版. 北京：科学出版社.

孔令德，2020. 计算机图形学：理论与实践项目化教程[M]. 北京：电子工业出版社.

李琴兰，史义前，2001. 计算机辅助制造技术综述[J]. 天水师范学院学报，21(5)：53-54.

林雪萍，2021. 工业软件简史[M]. 上海：上海社会科学院出版社.

刘宏梅，曹艳丽，陈克，2018. 机械结构有限元分析及强度设计[M]. 北京：北京理工大学出版社.

刘怀兰，惠恩明，2019. 工业大数据导论[M]. 北京：机械工业出版社.

刘敏，李玲，鄢锋，2020. 智能预测性维护[M]. 北京：化学工业出版社.

刘诏书，李刚炎，2006. 制造执行系统(MES)标准的综述[J]. 自动化博览(3)：32-35.

罗鸿，2020. ERP 原理 • 设计 • 实施[M]. 5 版. 北京：电子工业出版社.

马士华，2014. 供应链管理[M]. 2 版. 武汉：华中科技大学出版社.

孟凡勇，2016. “大数据+工业云”工业 4. 0 时代的人机共融[J]. 电子技术与软件工程(10)：201-203.

闵庆飞，卢阳光，2022. 面向智能制造的数字孪生构建方法与应用[M]. 北京：科学出版社.

牟天昊，李少远，2022. 流程工业控制系统的知识图谱构建[J]. 智能科学与技术学报，4(1)：129-141.

彭舰，吴亚东，周湘杰，2022. 国产信息技术软件与操作实战[M]. 北京：科学出版社.

邱凌，张安思，李少波，等，2022. 航空制造知识图谱构建研究综述[J]. 计算机应用研究，39(4)：968-977.

邵健萍，陈少良，2003. CAD/CAM 关键技术——曲面造型[J]. 机械工程师(1)：23-25.

陶卓，黄卫东，2021. 中国工业软件产业发展路径研究[J]. 技术经济与管理研究(4)：78-82.

汪中厚，2022. CAE 技术工程应用典型案例[M]. 北京：科学出版社.

王建民，2017. 工业大数据技术综述[J]. 大数据，3(6)：3-14.

王守鹏，2009. 计算机辅助设计及辅助制造发展概述[J]. 考试周刊(34)：158.

王薇，2017. 计算机辅助工业设计中的人机交互研究[J]. 工业设计(4)：107-108.

吴峰，闫渊，龚明，2022. 能源化工计算软件及应用[M]. 北京：科学出版社.

吴信东，白婷，张杰，2022. 知识图谱[M]. 北京：科学出版社.

肖仰华，徐波，林欣，2020. 知识图谱：概念与技术[M]. 北京：电子工业出版社.

杨波，廖怡茗，2021. 面向企业动态风险的知识图谱构建与应用研究[J]. 现代情报，41(3)：110-120.

杨朝丽，2003. 计算机辅助工程（CAE）发展现状及其应用综述[J]. 昆明大学学报(2)：50-54.

杨春晖，于敏，林军，等，2022. 工业软件标准体系构建研究[J]. 中国标准化(22)：42-50.

杨依领，谢龙汉，2014. 西门子 S7-300 PLC 程序设计及应用[M]. 北京：清华大学出版社.

殷国富，杨随先，2011. 计算机辅助设计与制造技术[M]. 武汉：华中科技大学出版社.

张海藩，牟永敏，2013. 软件工程导论[M]. 6 版. 北京：清华大学出版社.

张宏韬，席斌，张晶，2017. 工业互联网＋核电产业的“化学反应”[J]. 上海信息化(7)：24-27.

张树桐，2010. 浅谈计算机辅助工程(CAE)的发展及应用[J]. 科技传播，2(16)：232-233.

张文志，韩清凯，刘亚忠，等，2016. 机械结构有限元分析[M]. 2 版. 哈尔滨：哈尔滨工业大学出版社.

张志檩，2004. 国内外制造执行系统（MES）的应用与发展[J]. 自动化博览(5)：5-11，14.

郑凤翼，等，2011. 例说西门子 S7-300/400 系列 PLC[M]. 北京：机械工业出版社.

KARNOUSKOS S, COLOMBO A W, 2011. Architecting the next generation of service-based SCADA/DCS system of systems[C]. IECON 2011 - 37th annual conference of the IEEE industrial electronics society. Melbourne.

LI J Q, YU F R, DENG G Q, et al., 2017. Industrial internet: a survey on the enabling technologies, applications, and challenges[J]. IEEE communications surveys & tutorials, 19(3): 1504-1526.

RALSTON P A S, GRAHAM J H, HIEB J L, et al., 2007. Cyber security risk assessment for SCADA and DCS networks[J]. ISA transactions, 46(4): 583-594.